AVR 单片机自学笔记

范红刚　宋彦佑　董翠莲　编著

北京航空航天大学出版社

内 容 简 介

本书以 ATmega128 单片机为核心,结合作者多年教学和指导大学生电子设计竞赛的经验编写而成。

本书继续保持《51 单片机自学笔记》一书的写作风格。以任务为中心,并在书中配有多幅卡通图片,以轻松诙谐的语言渐进式地讲述了 AVR 单片机的使用方法。本书不但讲述了 AVR 单片机的常用知识,还重点讲述了 BootLoader 及嵌入式操作系统 AVRX 的使用方法,更为重要的是书中还包括单色图形液晶屏绘图函数库的应用,同时将许多实际应用中的设计内容及调试经验融入到本书。

本书既可以作为单片机爱好者的自学用书,也可以作为大中专院校自动化、电子和计算机等相关专业的教学参考书。

图书在版编目(CIP)数据

AVR 单片机自学笔记/范红刚,宋彦佑,董翠莲编著
. --北京:北京航空航天大学出版社,2012.7
ISBN 978 - 7 - 5124 - 0834 - 0

Ⅰ.①A… Ⅱ.①范…②宋…③董… Ⅲ.①单片微型计算机 Ⅳ.①TP368.1

中国版本图书馆 CIP 数据核字(2012)第 121163 号

AVR 单片机自学笔记

范红刚　宋彦佑　董翠莲　编著

责任编辑　陈　旭

＊

北京航空航天大学出版社出版发行

北京市海淀区学院路 37 号(邮编 100191)　http://www.buaapress.com.cn
发行部电话:(010)82317024　传真:(010)82328026
读者信箱:emsbook@gmail.com　邮购电话:(010)82316936
涿州市新华印刷有限公司印装　　各地书店经销

＊

开本:710×1 000　1/16　印张:23.5　字数:501 千字
2012 年 7 月第 1 版　2012 年 7 月第 1 次印刷　印数:4 000 册
ISBN 978 - 7 - 5124 - 0834 - 0　定价:45.00 元

前　言

为什么写这本书

最初的想法是想让中国的高等教育越来越好,后来发现自己真的很渺小,能够实际做的事情很有限。所以,就想还是先从小事做起,于是就培训学生单片机应用技术,但是发现没有特别理想的书籍,就自己动手写。2010 年写了《51 单片机自学笔记》一书,经过与多家出版社联系,最终由北京航空航天大学出版社出版,出版后受到读者的好评,这增加了笔者的信心。所以,就想多写几本,于是就开始写这本《AVR 单片机自学笔记》。

本书的特色

《51 单片机自学笔记》一书是国内第一本在书中插入漫画并以神话故事开篇的单片机书籍,而这本《AVR 单片机自学笔记》将继续保持《51 单片机自学笔记》一书中的很多优点。具体体现在以下几个方面:

(1) 书中插入了大量漫画,使得原本枯燥的知识变得鲜活,让学习者在轻松的环境下掌握 AVR 单片机应用技术。

(2) 万事万物都有相通性,所以本书举了很多生活实例,这样便于读者快速理解掌握 AVR 单片机应用技术。

(3) 语言通俗,很多内容以讲述的方式叙述了 AVR 单片机技术的应用,让读者有亲切感,便于理解掌握。

(4) 书中的全部程序均已经调试通过,大部分程序都有详细注释。

出书计划

下一步打算出版的图书:

➤《C 语言与 51 单片机同行》。本书是给那些既没有单片机基础也没有太好 C 语言基础的读者准备的单片机入门书。

➤《数字电子可以这样学》。由于很多读者在学习单片机时发现自己的电子技术知识不扎实,所以这本书是给许多单片机爱好者补习数字电子知识的入门书。

➤《STM8 单片机学习笔记》和《STM32 学习笔记》。意法半导体公司的芯片的应用越来越多,相关书籍的数量比较少,所以写这两本书。

致 谢

感谢王振龙先生引领笔者走上单片机之路。

感谢黑龙江科技学院的葛天孝老师为本书的编写风格和内容安排等提出了许多宝贵的意见,并指导完成本书的写作。

感谢笔者的学生、朋友和战友张洋为本书所做的一切辛苦工作!

感谢黑龙江科技学院自动化 08-4 班的肖彤同学为本书画的大量漫画插图,给读者带来了轻松愉悦的阅读氛围。

感谢黑龙江科技学院实训中心的杜林娟老师,她帮助完成了多个章节的编写和资料整理工作。

感谢黑龙江科技学院机械学院的董金波老师,她帮助完成了多个章节的编写和资料整理工作(编写了第 1 章、第 10 章和第 2 章及第 9 章的大部分内容)。

感谢黑龙江科技学院电信学院的时颖老师,她帮助完成了多个章节的编写和资料整理工作。

感谢黑龙江科技学院电信学院的崔崇信老师,他帮助完成了多个章节的编写和资料整理工作(编写了第 3 章、第 4 章和第 5 章及第 6 章的大部分内容)。

感谢黑龙江科技学院电信学院的房俊杰老师,她帮助完成了多个章节的编写和资料整理工作。

感谢黑龙江科技学院电信学院的王安华老师付出了很多努力,他帮助完成了多个章节的编写和资料整理工作。

感谢黑龙江科技学院电信学院的尚春雨老师,他帮助完成了多个章节的编写和资料整理工作。

感谢黑龙江科技学院电信学院的学生:李雍、曲畅、秦振东、曾超、王一茹、姚纪元、范斌华、沈宗宝、魏永超、张磊、欧航、周海武、王亚楠等同学在参加培训时反馈了很多非常有价值的问题,笔者将这些问题整理后写入书中,丰富了本书的内容。

特别要感谢北京航空航天大学出版社的大力支持和帮助,才保证本书的正常出版。

最后,感谢这些年来一直关心、支持和帮助我的亲人、朋友、同学、同事和学生。

获得书中资源和学习板

很多朋友都问笔者如何才能学好单片机? 其实,也很简单,就是先爱上它,然后实际编程反复练习就可以了。为了配合读者学习,笔者开通了以下网上平台,读者可以与作者交流:

(1)"单片机同盟会"学习交流小组。该小组的"文件共享"中可以下载与本书相关的资料(如绘图函数库程序、本书大部分程序的电子版、软件等),同时可以发帖与众多单片机爱好者进行学习交流。"单片机同盟会"学习小组的网址:http://xiaozu.renren.com/xiaozu/255487(说明:需要注册人人网的账号才可以加入该小组)。

(2) 与本书配套的实验板的唯一指定购买网店：http://shop60932224.taobao.com/(实验板与本书配套，后续开发的板子会与课后习题兼容配套)。

(3) 腾讯微博：http://t.qq.com/fanhonggang_501(有关本书课后习题的解决方案、程序、读者反馈的问题及部分实验讲解视频的更新会在腾讯微博上发布)。

(4) 读者反馈信箱：fhg2002@126.com。

作　者

2012 年 3 月

于黑龙江科技学院

目　录

第 **1** 章

AVR 单片机及其开发环境简介

　　这一章是写给初学者的,帮助初学者弄清楚,什么是单片机、学单片机有什么用,在众多单片机中为什么要学习 AVR 单片机,传说中的 AVR 究竟"强"在哪儿,AVR 单片机的型号如此之多该如何选择以及开发软件的安装使用等问题。当然,本章只要简单浏览即可,不需要详细研究,很多术语、参数指标、型号都不需要背下来,只要了解即可,等到后面各个章节中具体讲到相关内容时再详细研究。

1.1　什么是单片机

　　单片机是微型计算机的一个分支。它是在一块芯片上集成了 CPU、内存 (RAM)、程序存储器(ROM)、输入/输出接口的微型计算机可以叫它微型电脑毫不过分,很多维修的师傅就直接叫它电脑。因为它具有电脑的所有基本组成部件,只不过没有常用的台式机或者电脑强大而已。例如要控制和显示电饭锅的温度,笔者相信没人会装一个台式机,一是浪费,二是台式机的体积和成本太大了,而单片机恰恰是为这样的控制而设计的,成本低廉体积小巧。目前大部分单片机还集成诸如通信接口、定时器,A/D 等外围设备。而现在最强大的单片机系统甚至可以将声音、图像、网络、复杂的输入/输出系统集成在一块芯片上。

　　早期的单片机都是 8 位或 4 位的。其中最成功的是 INTEL 的 8031,因为简单可靠且性能不错获得了好评。此后在 8031 上发展出了 MCSI-51 系列单片机系统,基于这一系统的单片机系统直到现在还在广泛使用。随着工业控制领域要求的提高,开始出现了 16 位单片机,但因为性价比不理想并未得到很广泛的应用。20 世纪 90 年代后随着消费电子产品大发展,单片机技术得到了巨大的提高。随着 INTEL 的 i960 系列特别是后来的 ARM 系列的广泛应用,32 位单片机迅速取代 16 位单片机的高端地位,并且进入主流市场。而传统的 8 位单片机的性能也得到了飞速提高,处理能力比起 20 世纪 80 年代提高了数百倍。目前,高端的 32 位单片机主频已经超过 1 GHz,性能直追 20 世纪 90 年代中期的专用处理器,而普通型号的出厂价格跌落至 1 美元,最高端的型号也只有 10 美元。当代单片机系统已经不只是在裸机环境下开发和使用,大量专用的嵌入式操作系统也广泛应用在全系列的单片机上。而作为掌上电脑、手机和智能家电等核心处理的高端单片机甚至可以直接使用专用的

Windows、Linux 或者其他嵌入式操作系统。

1.2　单片机都能干什么

单片机都能干什么？许多初学者会有这样的问题。单片机以其高可靠性（算得快）、高性价比（价格低）、低电压（纽扣电池即可工作,台式机和笔记本这样的电老虎就用不起电池了。有的朋友会说我喜欢用交流电,那么当你设计一个可以随身携带的高级电子表时,毕竟没有随身的交流电,这时低功耗正体现了 AVR 的特点,虽然AVR 不是世界上最低功耗的单片机,但是在低功耗的性能上还是很优秀的）、低功耗（一个纽扣电池在间歇工作情况下可以使用几年）等一系列优点,近几年得到迅猛发展和大范围推广,具体应用举例如图 1-1 所示。单片机广泛应用于工业控制系统（各种控制器等）、数据采集系统（如温度采集系统）、智能化仪器仪表（电表水表等）、通信设备（无线抄表系统）、商业营销设备（景点解说器）、医疗电子设备（心跳监护仪）、日常消费类产品（电磁炉）、玩具（遥控小车）、汽车电子产品等（超生波倒车测距）,并且已经深入到工业生产的各个环节以及人民生活的各个层次中。现代人们的家庭中至少有几个到数十个的单片机系统（如全自动豆浆机、电磁炉、带自动定时的微波炉等）。汽车上一般配备几十个单片机,复杂的工业控制系统（如矿泉水生产流水线）上甚至可能有数百个单片机在同时工作！单片机的数量不仅远超过 PC 机,甚至比人类的数量还要多,应该说肯定比人多,因为每个人家里都有好几个单片机控制的家电。

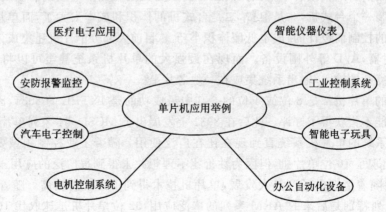

图 1-1　单片机的应用举例

1.3　学单片机一定要从 51 单片机开始吗

现在单片机的型号非常多,许多学生曾经问过笔者学单片机究竟从哪个型号学起好呢？其实,从哪个型号学都可以,只是在中国许多高校都在讲 51 单片机,其资料比较多,而且内部"部件"相对较少,比较容易入门,而且就目前中国的芯片使用量来看,51 单片机的用量仍然是非常大的。因此,笔者建议从 51 单片机开始入门学习。当然,也可以直接学习 AVR 单片机或者其他型号的单片机,因为现在的书籍很多,资料也比较容易得到。所以,关于从什么型号开始学还是主要取决于学习者想将这个单片机应用在什么项目中,选择一款适合该项目的单片机即可。既然选择了这本《AVR 单片机自学笔记》,那么,就从 AVR 单片机学起吧!

【练习 1.3.1】:你还知道哪些常用的单片机?

1.4　AVR 单片机"强"在哪儿

　　AVR 单片机功能相当强大。接下来就一起细数 AVR 的强大之处。初学者如果对下面的部分术语不清楚,请忽略它,知道有这么回事儿就可以,千万不要死记硬背,要是死记硬背就把知识学死了,就不能发挥你强大的创造能力了,就如同你学计算机一样,不能死记硬背第一下鼠标点哪里第二下点哪里,那样永远都学不会使用计算机,当我们一起学到后续章节的具体内容时就会更加清楚 AVR 的强大了,并且把那些陌生的词汇通过本书,渐渐地熟悉并且知道那些词汇的具体含义,理解后记忆并掌握。

　　AVR 单片机是 1997 年由 ATMEL 公司研发的内置 Flash 的 RISC 精简指令集高速 8 位单片机。AVR 单片机具有多种频率的内部 RC 振荡器、上电自动复位、看门狗、启动延时等功能,使得电路设计变得非常简单,并且内部资源丰富,一般都集成模/数转换器、SPI、PWM、USART、TWI 通信口和丰富的中断源等(这里出现了好多的新词汇,先不管它继续往下看)。其特性和特点简介如下:

　　(1) AVR 单片机采用具有独立的数据总线和程序总线的哈佛体系结构,采用流水线方式执行程序指令,极大地提高了指令的执行效率,大部分指令可在一个时钟周期内完成。理论上其执行速度是传统的 80C51 单片机的 12 倍,实际上在 10 倍左右。

　　(2) AVR 单片机 I/O 结构的设计使得外部电子元件数量可以达到最小化(也就是说除了单片机一个芯片外,不需要太多的其他电子元器件就可以达到设计的目的),其 I/O 端口全部带可设置的上拉电阻、可单独设定为输入或输出、可设定为高阻输入、驱动能力强(输入/输出可达 20 mA)等特性,可直接驱动数码管、LED、小型继电器等。

　　(3) AVR 单片机内嵌高质量的 Flash 程序存储器,擦写方便,可反复擦写 1 000～10 000 次,支持 ISP 和 IAP,便于产品的调试、开发、生产、更新(也许读者听说老的单片机程序只能写一次就报废了,或者有些老的 51 单片机要再写入程序时需要用紫外线擦除,费时费力,AVR 更新程序就像往 U 盘里复制和删除文件一样容易)。内嵌长寿命的 EEPROM 可长期保存关键数据,避免断电丢失。片内大容量的 RAM(内存)有效支持使用高级语言开发系统程序而不用担忧内存不够用的问题。

（4）AVR 单片机片内具备多种独立的时钟分频器，可通过软件设定分频系数，提供多种档次的定时时间。AVR 单片机中的定时器/计数器可双向计数产生三角波，再与输出比较匹配寄存器配合，产生占空比可变、频率可变、相位可变的脉冲调制输出 PWM。PWM 这个功能可以让喜欢控制电机的朋友很开心，例如小车巡线转弯时调节内外侧两个轮子的时速时就会用到 PWM 功能。

（5）片内有多通道 10 位 A/D 转换器，处理模拟信号时得心应手；串行异步通信 USART 不占用定时器和 SPI 传输功能；具有多个固定的中断向量入口，因此可快速响应中断。

1.5　AVR 8 位单片机的家族成员

AVR 单片机的家族成员很多，主要包括 TinyAVR、MegaAVR、LCDAVR、US-BAVR、DVDAVR、RFAVR、SecureAVR、FPGAAVR 等类别，可适用于各种不同场合的要求。

1.5.1　AVR 单片机的型号列表

AVR 单片机的具体型号如表 1－1 所列。表中的型号和参数很多，这个表之所以放在此处是想告诉读者 AVR 8 位单片机家族很庞大；此外，这个表的另一个作用是选择单片机时便于比较和查找，读者可根据各个单片机的特点选择一款适合自己的。

表 1－1　AVR 单片机家族成员列表

	AVR	Flash /KB	EEPROM /字节	RAM /字节	I/O 引脚	SPI	UART	TWI	8 位 定时器	16 位 定时器	A/D 通道	时钟 频率/MHz
TINY AVR	ATtiny11	1	—	—	6	—	—	—	1	—	—	0～6
	ATtiny12	1	64	—	6	—	—	—	1	—	—	0～8
	ATtiny13	1	64	64	6	—	—	—	1	—	4	0～16
	ATtiny15L	1	64	—	6	—	—	—	2	—	4	1.6
	ATtiny26	2	128	128	16	—	—	—	2	—	11	0～16
	ATtiny28	2	—	—	20	—	—	—	1	—	—	0～4
	ATtiny2313	2	128	128	18	—	1	1	1	1	—	0～16
	AT90S1200	1	64	—	15	—	—	—	1	—	—	0～12
	AT90S2313	2	128	128	15	—	1	—	1	1	—	0～10
	AT90S2323	2	128	128	3	—	—	—	1	—	—	0～10
	AT90S2343	2	128	128	4	—	—	—	1	—	—	0～10

	AVR	Flash /KB	EEPROM /字节	RAM /字节	I/O 引脚	SPI	UART	TWI	8位 定时器	16位 定时器	A/D 通道	时钟 频率/MHz
MEGA AVR	ATmega48	4	256	512	23	2	1	1	2	1	8	0～16
	ATmega8	8	512	1K	23	1	1	1	2	1	8	0～16
	ATmega88	8	512	1K	23	2	1	1	2	1	8	0～16
	ATmega8515	8	512	512	35	1	1	1	1	1	—	0～16
	ATmega8535	8	512	512	32	1	1	1	2	1	8	0～16
	ATmega16	16	512	1K	32	1	2	1	2	1	8	0～16
	ATmega162	16	512	1K	35	1	1	1	2	1	—	0～16
	ATmega168	16	512	1K	23	2	1	1	2	1	8	0～16
	ATmega32	32	1K	2K	32	1	2	1	2	1	8	0～16
	ATmega64	64	2K	4K	53	1	2	1	2	2	8	0～16
	ATmega128	128	4K	4K	53	1	2	1	2	2	8	0～16
	ATmega256	256	4K	8K	53	1	2	1	2	2	8	0～16
LCD AVR	ATmega169	16	512	1K	54	1	1	1	2	1	8	0～16
	ATmega329	32	1K	2K	54	1	1	1	2	1	8	0～16
USB AVR	AT43USB320A	—	—	512	32	1	1	1	1	1	—	0～12
	AT43USB325E		16K	512	43	—	—		1	1		0～12
	AT43USB325M		—	512	43	—	—		1	1		0～12
	AT43USB326		—	512	32	—	—		2	—		0～12
	AT43USB351M		—	1K	19	1			1	1	12	
	AT43USB353M		—	1K	15	—			1	1	12	0～24
	AT43USB355E		24K	1K	27	1			1	1	12	0～12
	AT43USB355M		—	1K	27	1			1	1	12	0～12
DVD AVR	AT76C711	—	—	8K	42	1	2		1	1		0～24
	AT78C1501		—	—	24							0～40
	AT78C1502			12K	24		1				1	0～40
RF AVR	AT86RF401	2	128	128	6	—	—		Y	—		11～19
SECURE AVR	AT90SC19236R		36K	4K	NA	—				2	—	NA
	AT90SC19264RC		64K	6K	NA	—				2	—	NA
	AT90SC25672R		72K	6K	NA	—	—	1	—	2	—	NA

	AVR	Flash/KB	EEPROM/字节	RAM/字节	I/O引脚	SPI	UART	TWI	8位定时器	16位定时器	A/D通道	时钟频率/MHz
SECURE AVR	AT90SC320856	8	56K	1.5K	NA	—	—	—		1		NA
	AT90SC3232CS	32	32K	3K	NA	1	—	1		2		NA
	AT90SC4816R	—	16K	1.5K	NA					1		NA
	AT90SC4816RS		16K	1.5K	NA					1		NA
	AT90SC6404R		4K	2K	NA					2		NA
	AT90SC6432R		32K	2K	NA					1		NA
	AT90SC6464C	64	64K	3K	NA			1		2		NA
	AT90SC6464C	64	64K	3K	NA			1		2		NA
	AT90SC9608RC		8K	3K	NA			1		2		NA
	AT90SC9616RC		16K	3K	NA			1		2		NA
	AT90SC9636RC		36K	3K	NA			1		2		NA
	AT97SC3201		32K	2K	12							0～23
FPGA AVR	AT94K05AL	4～16	—	4～16K	96	2	1	2		1		0～25
	AT94K10AL	20～32	—	4～16K	192	2	1	2		1		0～25
	AT94K40AL	20～32	—	4～16K	384	2	1	2		1		0～25

　　Tiny 系列的典型芯片,如 Tiny11、Tiny12 和 Tiny13 等,特点是把价格、性能和灵活性很好地结合在一起,典型的应用包括锂电池充电器、冰箱控制和门禁系统等。

　　MegaAVR 系列的典型芯片如 ATmega8、ATmega16、ATmega128 和 ATmega256等,该类型单片机的特点是内部带有可自编程能力的程序存储器(自编程就是单片机运行一段特殊的程序,这个程序也叫 BootLoader,这段程序有比较特殊的作用,正常情况下我们使用编程器将程序下载(烧写进单片机),而自编程可以实现单片机脱离仿真器或者下载线实现自己给自己烧写程序),单片机可以通过 SPI、USART和二线制接口(I^2C)等任何有传输功能的接口载入程序并且编程,适合于需要远程编程和设备的程序升级的应用领域;同时该类型单片机具有很全的外围设备,适合于多种应用。

　　还有一些型号增加了面向应用的特殊功能。例如,LCD AVR 单片机(如 AT-mega169)集成了字段型 LCD 驱动器,能够驱动 4×25 段的 LCD;USB AVR 单片机(如 AT43USB351M)集成了 USB 的物理层和数据链路层的硬件协议,同时由 AVR 核通过编程实现传输层的实现;DVDAVR 单片机(如 AT78C1501)内部通过 AVR 核实现内部数据通道核缓存的控制;RFAVR 单片机(如 AT86F401)可以实现无线射频数据传输;FPGAAVR 单片机(如 AT594K05A)内部集成有 FPGA。

1.5.2 选择哪一款单片机还得自己做主

这一节的内容是介绍如何根据设计来选择合适的单片机的。如果选择很高端的单片机却用在很简单场合会造成很大的浪费。笔者建议初学者先确定一个型号来入手,选择哪一款入手,在下一节笔者已经给读者量身定做选择好了,下面简单了解一下选择型号的方法。

AVR 单片机已经发展成为一个庞大的家族,包含众多的型号,它们各自的特点和应用场合不尽相同。TinyAVR 是一个 AVR 单片机的简化版,适合简单低成本的应用设计,MegaAVR 属于功能齐全性能强大,也是使用得比较多的型号,其他系列都有面向专门应用的功能。那么,面对如此多的 AVR 单片机,用户该如何选择单片机开始学习呢? 一般来说,选择单片机要考虑以下几个方面。

(1) I/O 个数(单片机"腿"的个数,个数越多相对来说越复杂,但不是说越难学习,读者可以学习高端的一小部分功能,也是比较容易精通的)。根据所连接的单片机周围的器件等需求引脚的个数,来确定选择单片机的型号。

(2) 程序空间的大小。根据程序的大小选择单片机的型号,但是在没有编程之前是无法确定的。需要提醒的是,如果要用到可以处理浮点数格式化输出的 printf() 函数,那么就要注意选一个 8 KB 以上程序存储空间的单片机,笔者建议初学者,直接选用本书建议的高端型号进行练习和设计。

(3) RAM 的大小。是否需要缓存处理大量数据? 当然,AVR 系列的许多型号的 RAM 已经比一般的单片机的 RAM 大多了,但是若要处理大量数据时还是要注意。此外,当用 AVR 单片机跑实时操作系统时,操作系统会占用很多的 RAM,因此要注意选择。

(4) EEPROM 的大小。有数据需要掉电时也保存吗? 需要存储多少数据? 这些决定了是否需要 EEPROM,以及选择一个带有多大 EEPROM 的单片机。

(5) 外围设备。比如 A/D、通信接口(SPI 及 USART 等)、PWM 输出等。是否需要这些功能,如果需要,对其要求如何?

当然,除了上面提到的几个方面以外,还有很多因素,比如封装、功耗、速度、供电电压等。总之,需要考虑的因素实在是很多,在各个因素中做选择和折中实在不是件容易的事。幸好,所有 AVR 单片机的内核都是兼容的,指令也基本兼容,如果用 C 语言编程,在各个型号之间移植是比较容易的。

下面举几个典型的例子,仅供参考,在实际项目设计中还要根据具体需要综合考虑各种因素进行选择。

➤ 基本要求:4KB FLASH ROM,8 个 I/O 以上,8 路 A/D,6 路 PWM,10 个外部中断。

推荐:ATmega48V,ATmega48。

➤ 基本要求:16KB FLASH ROM,50 个 I/O 口以上,超低功耗。

推荐：ATmega169PV，ATmega169P。

➤ 基本要求：64KB FLASH ROM，50 个 I/O 口以上，4KB EEPROM，8 路 A/D，I^2C，SPI，WDT。

推荐：ATmega64L，ATmega64。

➤ 基本要求：引脚兼容 AT89S51/S52，16KB FLASH ROM，1KB EEPROM，WDT，2 路 USART。

推荐：ATmega162V，ATmega162。

➤ 基本要求：引脚兼容 AT89C2051，2KB FLASH ROM，128BIT EEPROM，WDT。

推荐：ATtiny2313V，ATtiny2313。

1.6 简单介绍本书的主角——ATmega128

为什么会选择 Atmega128 入手呢，这个单片机的功能基本上是 AVR8 位单片机中最强大的一款。笔者是这样考虑的，其他的低端 AVR 单片机均为高端的裁剪（省略掉部分功能部件，只使用部分功能部件，可以看成是低端型号）。这样一来，读者掌握了 ATmega128 这一款，其他低端的型号也基本上掌握了，就相当于一旦掌握计算机后，换一个配置低一点的计算机仍然也会使用。

下面介绍一下 AVR 家族中功能比较强大的 ATmega128 的主要特点和引脚功能。和本章要求的主基调一致，不要试图死记硬背下面的内容，先浏览一遍，有个印象即可，当学到后面具体章节时再回头来比对着看。尤其是单片机的引脚分布情况，并不是必须要记住各个引脚的排列情况，只要用的时候会查就行。（能用书本或硬盘记的东西就不要浪费大脑中的存储空间，因为这些知识是"死"的，如 ATmega128 的引脚分布情况。它虽然叫引脚但是不会跑，无论何时想查的时候它都在，并且不会改变，爱因斯坦说过，能查到的就不需要背下来。）

1.6.1 ATmega128 单片机的主要性能

高性能、低功耗的 ATmega128 单片机的主要特点如下：

1. 先进的 RISC 结构

(1) 133 条指令：大多数指令可以在一个时钟周期内完成。

(2) 32 个 8 位通用工作寄存器和外设控制寄存器。

(3) 工作于 16 MHz 时，性能高达 16 MIPS。

(4) 只需两个时钟周期的硬件乘法器。

2. 非易失性的程序和数据存储器

(1) 128 KB 的系统内可编程 Flash，可以写或擦除 10 000 次，具有独立锁定位，并可以对锁定位进行编程以实现软件加密,可选择的启动代码区,通过片内的启动程序实现系统内编程,可以通过 SPI 实现系统内编程。

(2) 4 KB 的 EEPROM,可以写或擦除 10 000 次。

(3) 4 KB 的内部 SRAM。

3. JTAG 接口(与 IEEE 1149.1 标准兼容)

(1) 遵循 JTAG 标准的边界扫描功能。

(2) 支持扩展的片内调试。

(3) 通过 JTAG 接口实现对 Flash,EEPROM,熔丝位和锁定位的编程。

4. 外设特点

(1) 两个具有独立的预分频器和比较器功能的 8 位定时器/计数器。

(2) 两个具有预分频器、比较功能和捕捉功能的 16 位定时器/计数器。

(3) 具有独立预分频器的实时时钟计数器。

(4) 两路 8 位 PWM。

(5) 6 路分辨率可编程(2～16 位)的 PWM。

(6) 具有输出比较调制器。

(7) 8 路 10 位 ADC。可以设置成为 8 个单端通道、7 个差分通道及 2 个具有可编程增益(1×，10×,或 200×)的差分通道。

(8) 面向字节的两线接口 I^2C 总线。

(9) 两个可编程的串行 USART。

(10) 可工作于主机/从机模式的 SPI 串行接口。

(11) 具有独立片内振荡器的可编程看门狗定时器。

(12) 具有片内模拟比较器。

5. 特殊的处理器特点

(1) 上电复位以及可编程的掉电检测。

(2) 片内经过标定的 RC 振荡器。

(3) 片内/片外中断源。

(4) 6 种睡眠模式:空闲模式、ADC 噪声抑制模式、省电模式、掉电模式、Stand-by 模式以及扩展的 Standby 模式。

(5) 可以通过软件进行选择的时钟频率。

(6) 通过熔丝位可以选择 ATmega103 兼容模式。

(7) 全局上拉禁止功能。

6. I/O 和封装

(1) 具有 53 个可编程 I/O 口线。

(2) 具有 TQFP 和 MLF 两种 64 引脚封装。

7. 工作电压

(1) ATmega128L 可以工作在 2.7～5.5 V。

(2) ATmega128 可以工作在 4.5～5.5 V。

8. 速度等级

(1) ATmega128L 的速度等级为 0～8 MHz。

(2) ATmega128 的速度等级为 0～16 MHz。

1.6.2　ATmega128 单片机的引脚说明

ATmega128 单片机的引脚排列如图 1－2 所示,共有 64 个引脚:

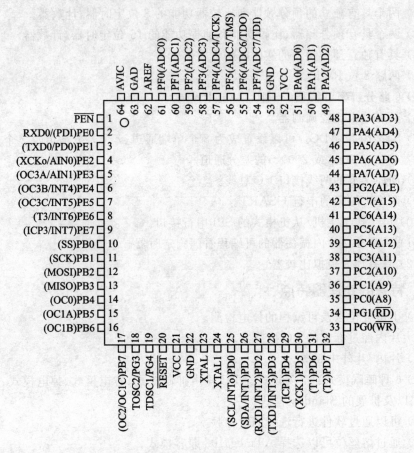

图 1－2　ATmega128 单片机的引脚排列图

(1) VCC:数字电路的电源。

(2) GND:地。

(3) 端口 A(PA7～PA0):端口 A 为 8 位双向 I/O 口,并具有可编程的内部上拉电阻。其输出缓冲器具有对称的驱动特性,可以输出和吸收大电流。作为输入使用时,若内部上拉电阻使能,则端口被外部电路拉低时将输出电流。在复位过程中,即使系统时钟还未起振,端口 A 也处于高阻状态。端口 A 也可以用作其他不同的特殊功能。

(4) RESET:复位输入引脚。超过最小门限时间的低电平将引起系统复位。低于此时间的脉冲不能保证可靠复位。

(5) XTAL1:反向振荡器放大器及片内时钟操作电路的输入。

(6) XTAL2:反向振荡器放大器的输出。

(7) AVCC:AVCC 为端口 F 以及 ADC 模数转换器的电源,需要与 VCC 相连接,即使没有使用 ADC 也应该如此。使用 ADC 时应该通过一个低通滤波器与 VCC 连接。

(8) AREF:AREF 为 ADC 的模拟基准输入引脚。

(9) PEN:PEN 是 SPI 串行下载的使能引脚。在上电复位时保持 PEN 为低电平将使器件进入 SPI 串行下载模式。在正常工作过程中 PEN 引脚没有其他功能。

(10) 端口 B、端口 C、端口 D、端口 E、端口 F、端口 G 作为普通 I/O 口时与端口 A 的功能基本相同,同时每个端口都有各自独特的其他功能。这些特殊功能会在后续章节中陆续介绍。

1.7　AVR 单片机集成开发环境的安装

工欲善其事必先利其器。先不要急于看后面的内容,我们还是一起把学习 AVR 单片机的工具备齐了。先熟悉 AVR 单片机的开发环境,包括编程软件的安装与使用,下载软件的使用,开发板与下载线简介,最后通过一个完整的实例系统地了解 AVR 单片机的基本开发流程。

AVR 单片机的开发调试软件很多,如 AVRStudio、IARAVR、ICCAVR、GCCAVR(WinAVR)、CodeVisionAVR 等。本书中采用 AVRStudio 与 GCCAVR(WinAVR)相结合的形式。AVRStudio 是 ATMEL 官方针对 AVR 系列单片机推出的集成开发环境,它集开发调试于一体,有很好的用户界面,很好的稳定性。AVRStudio 本身可以开发汇编程序,如果希望用 C 语言开发,就需要安装 C 编译器。WinAVR 是 GNU 组织推出的 AVR 单片机的 gcc 编译器,该编译器的编译效率高,而且免费开源。下面详细介绍 AVRStudio 与 WinAVR 的安装。

1.7.1　WinAVR 的安装

WinAVR 是由一系列 AVR 单片机开发工具组成的开发工具套件,它可以与 AVRStdio 无缝集成。WinAVR 支持 ATmega 系列全部型号的 AVR 单片机,对于 ATtiny 系列单片机,只支持 ATtiny22 和 ATtiny261 两种型号。WinAVR 可以在 http://sourceforge.net/projects/winavr 上免费下载,并且还提供完整的使用手册。安装软件图标如图 1-3 所示。

具体安装步骤如下：

（1）双击此软件图标，出现如图1-4所示提示，选择安装简体中文，所以单击OK按钮即可。

图1-3　WinAVR
安装软件图标

图1-4　选择语言界面

（2）出现欢迎使用WinAVR安装向导如图1-5所示，单击"下一步"按钮出现图1-6所示界面。

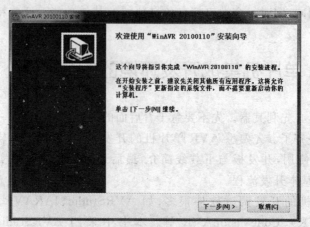

图1-5　安装WinAVR欢迎对话框

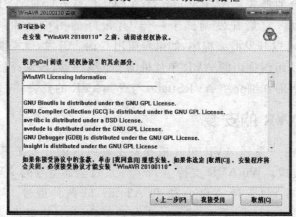

图1-6　安装许可协议对话框

(3) 单击"我接受"按钮,出现安装路径确定界面,如图1-7所示。

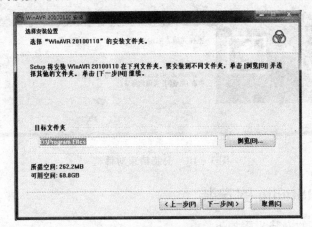

图 1-7 选择安装路径对话框

(4) 安装所需要的磁盘空间为 262.2 MB,建议使用默认路径即可,直接单击"下一步"按钮;出现图 1-8 所示的组件选择对话框,即安装组件选定,不需要修改,单击"安装"按钮即可。

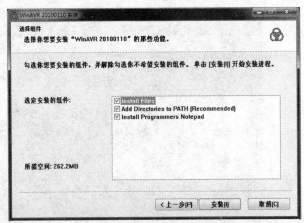

图 1-8 组件选择对话框

(5) 出现如图 1-9 所示的安装界面。

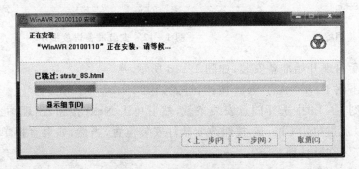

图 1-9 安装进度对话框

（6）安装结束后会出现完成安装界面，单击"完成"按钮即可，如图 1 - 10 所示。

图 1 - 10　安装结束对话框

1.7.2　AVRStudio 的安装

AVRStudio 的安装步骤如下：

（1）用鼠标双击 AVRStudio 的安装图标如图 1 - 11 所示。

（2）出现安装准备进度提示，如图 1 - 12 所示。

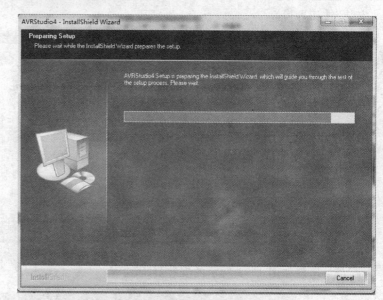

AVRStudio4Setup

图 1 - 11　安装图标　　　　　　**图 1 - 12　安装准备进度提示**

（3）然后出现开始准备安装，如图 1 - 13 所示。

（4）单击图 1 - 13 中的 Next 按钮，进入如图 1 - 14 所示界面。

（5）在图 1 - 14 中选择同意安装条款，然后单击 Next 按钮，出现图 1 - 15 所示的界面，可以通过单击 Change 按钮改变软件安装位置，当然，如果直接单击 Next 按钮，软件就安装在默认路径下。

图 1-13　开始准备安装

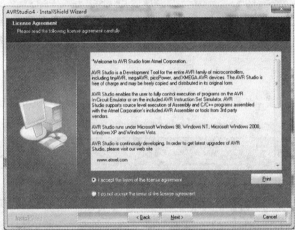

图 1-14　同意安装条款

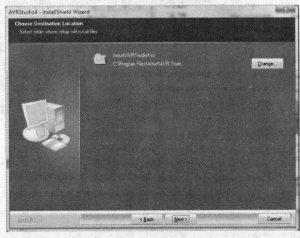

图 1-15　安装路径选择

（6）在图 1-16 中选择 USB 驱动，按照默认选择单击 Next 按钮即可。

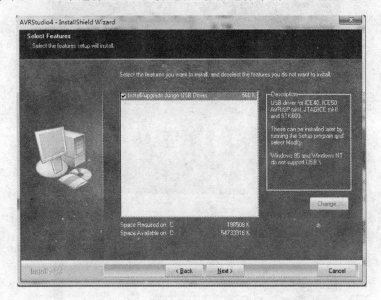

图 1-16 选择 USB 驱动

（7）确定开始安装，出现如图 1-17 所示界面。单击 Install 按钮。

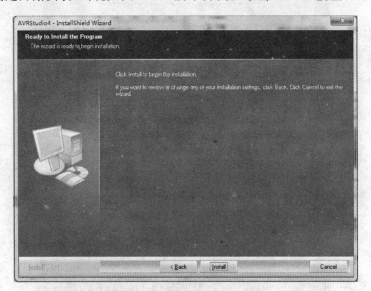

图 1-17 确定开始安装

（8）进入安装状态中，如图 1-18 所示。

（9）最后出现如图 1-19 所示界面，单击 Finish 按钮，完成安装。

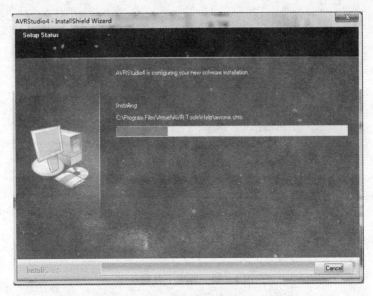

图 1 - 18 安装中

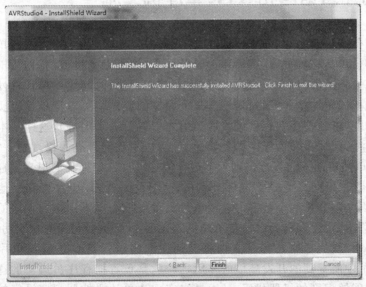

图 1 - 19 完成安装

1.7.3 下载软件

能实现把我们开发出来的程序下载到单片机中的软件和工具很多,这里介绍一款下载软件,该软件是由智峰工作室研发的,可以在 http://www.zhifengsoft.com 上下载。该软件可以支持多种接口,如串口、并口、USB 口等。打开软件界面如图 1 - 20所示。软件界面上的各个设置项按照图 1 - 20所示进行设置即可。

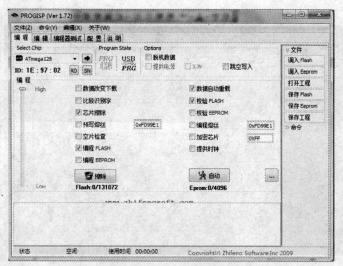

图 1-20　智峰下载软件

1.8　用什么语言和 AVR 单片机交流

所谓用什么语言与 AVR 单片机进行交流,其实,就是说开发 AVR 单片机应该用什么语言(也可以是向单片机描述它要做什么、怎么做的过程的语言,不要一听到语言就想起来外语等我们学了很多年都学不精通的语种,其实向单片机发出命令的语言只有几个固定的格式(语句),用这几个固定的语句就可以让单片机实现千变万化的控制功能,可以把语句想象成盖房子用的材料(砖、水泥等),这些基本的材料却可以构成千变万化的建筑,程序亦是如此)。当然用我们人类的语言是一定不行的,因为 AVR 单片机还不能直接识别人类语音信号,所以,如果我们想直接通过语音对 AVR 单片机发号施令,它是不能够理解的。实际上,AVR 单片机和其他单片机一样,也只认识"0"和"1"两个数字,AVR 单片机可以把一串不同排列顺序的二进制代码翻译成不同的意思和行为。这是单片机的强项,我们人类可没有这个功夫。因此,在编写程序时,我们通常选择下文即将提到的汇编语言或 C 语言与单片机进行交流,而 1.7 节中所提到的开发环境的作用之一就是负责把程序员编写的这些程序翻译成单片机能够识别的机器代码,从而最终实现让单片机按照程序设定的步骤一步一步执行实现相应的功能。

1.8.1　还是先从汇编语言谈起吧

单片机不懂人类语言,只能识别数字"0"和"1",但是用这两个数字编写的程序对于我们人类来讲太难了。因此,我们和单片机都退让了一步,选择汇编语言进行交流,实际上就是我们用汇编语言编写程序,然后通过编译软件将汇编程序再翻译成机器能识别的由数字"0"和"1"构成的机器代码。汇编语言比较接近于机器码,因此用汇编语言编写的程序执行效率高,速度快,比较适合对时间要求比较严格的场合,而且用汇编语言编写的程序占用程序存储器空间较小,因此许多场合要求存储空间小的地方也可以考虑用汇编语言编程。

有利就一定有弊,汇编语言的可读性、移植性都不太好,而且不同单片机用不同的汇编语言,例如 51 单片机的汇编语言就和 AVR 单片机的语言不同,因此,每换一个型号的单片机就可能要重新学一次汇编语言,比较麻烦。

1.8.2 强大的 C 语言能否一统天下

正因为用汇编语言开发程序存在很多缺点,因此,越来越多的人使用 C 语言开发单片机程序。C 语言是一种通用的结构化计算机程序设计语言,在国际上十分流行,它兼顾了多种高级语言的特点,并具备汇编语言的某些特点。与其他高级语言相比,C 语言可以直接对计算机硬件进行操作。C 语言有非常丰富的函数库,运算速度快,编译效率高,移植性好,表达能力强,表达方式灵活等特点。

尽管 C 语言的功能如此强大,使用得如此广泛,但是并不等于汇编语言再也没有用武之地了,在一些特殊场合还是要用到汇编语言的。如为了节省产品的生产成本,可以选择存储器空间小的单片机进行产品设计,这时为了使得编译出来的代码尽量小,通常会选择汇编语言开发。再就是当对执行时间要求比较严格时,用汇编语言编写的程序实时性能够更好一些,这时也会考虑用汇编语言开发。

当然,有时也会出现汇编语言和 C 语言混合编程的情况。这样既可以满足程序的可读性,移植性和开发速度等问题,同时也可以满足对某段程序执行的时间上的要求。

在本书中都是采用 C 语言进行编程开发的。不涉及汇编语言程序的开发。

1.9 实验设备

如果想把单片机学好就必须准备实验设备,如实验板、下载线等工具。如果没有准备好就先别忙于去学单片机,因为没有实验设备是很难学会单片机的。如果只看书没有学会还说单片机不好学那就是自己的问题了。下面给各位读者介绍一下本书中的单片机最小系统板、实验板和下载线。

1.9.1 最小系统板

学习 AVRMega 128 比较困难的是制作最小系统板,如果没有最小系统,那么前面的准备都没用了。那么怎么才能得到一块最小系统板呢? 有 3 种途径,第 1 种途径就是用覆铜板自己腐蚀制作最小系统,显然第 1 种方法成本低,但是费时间且有点难度;第 2 种途径就是应用 PCB 制板软件画图制板,然后交给加工的公司制作即可,如图 1 - 21 所示即为制好的最小系统,对应的原理图如图 1 - 22 所示,仅供大家参考;第 3 种途径是直接去买现成的,可是一般价格较高,而且不能做到个别用户定制,设计得不一定合乎每个用户的要求,但第 3 种方法是最省时间也是最容易得到板子的途径。

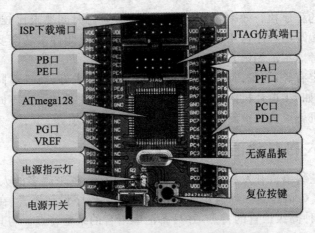

图 1-21　AVRMega128 单片机最小系统板

图 1-22 是图 1-21 最小系统板的原理图。其中包括电源电路、晶振电路和复位电路、ISP 下载接口、JTAG 仿真接口等,此外还将 Mega128 单片机的 64 个引脚引出来,便于与其他器件连接。

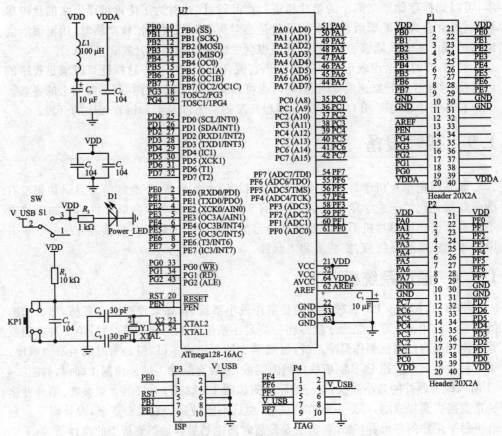

图 1-22　AVRMega128 单片机最小系统板原理图

1.9.2 本书所用的实验开发板

图 1-23 是一块实验板的实物图片，可以完成 LED 闪烁、数码管显示、独立按键、数字电子时钟、数字心率检测等实验。同时各个 I/O 口都引出来了，便于二次开发使用。具体各部分电路图及原理和应用程序会在后续章节里详细分析讲解。

1.9.3 下载线

下载线外形图如图 1-24 所示，它是 USB 接口的，使用方便。电路原理图如图 1-25 所示，其中包含一片 MEGA8 单片机，制作时需要给这片 MEGA8 单片机烧写固件程序，不过网上有很多大侠提供详细资料，具体工作原理就不多讲了，当然，可以直接在网上购买，比较便宜（比自己做成本还要低）。

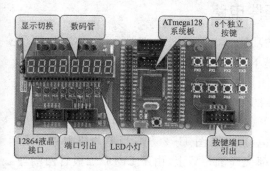

图 1-23　实验板实物图

图 1-24　USB 下载线外观图

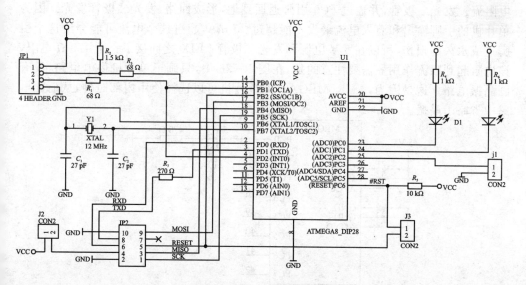

图 1-25　USB 下载线原理图

注意：图1-25中，下载线接口JP2中的MISO和MOSI并不是接在AVR-MEGA128 SPI口的MISO和MOSI上，MOSI应接到单片机的RXD0引脚，而MISO则应接单片机的TXD0引脚。其余的接口就按照名称接到单片机上即可。AVR-MEGA系列的其他型号单片机与下载线的接法可完全按照图1-25接。

1.10 一个古老神灯的闪烁例程

几乎在每本单片机的书中都提到发光二极管的实验，因为这个实验简单，而且足可以通过这个实验展示 AVR 单片机开发的基本过程。

1.10.1 一个 LED 灯闪烁的硬件电路

这一节要实现一个发光二极管闪烁的功能。电路如图 1-26 所示。PC0 口接了一个 LED0 发光二极管。单片机的引脚是单片机和外部交互的窗口，它可以读取连接到这个引脚的电压或者高低电平信号（引脚的输入功能）；它也可以向外界表达它的 1 和 0 的信息（输出）。当引脚输出为 1 的时候，这个引脚相当于连接到了 5 V 上，可以驱动这个引脚上的器件；引脚输出为 0 的时候相当于接到了地上，这个引脚可以吸收来自与该引脚相连的器件电流（灌入电流）。在图 1-26 中，当单片机 PC0 引脚输出 1 的时候，发光二极管的两端相当于都接到了 5 V 上，由于 LED0 二极管两端等电位，所以没有电流流过 LED0，发光二极管 LED0 不发光；当单片机 PC0 引脚输出 0 的时候，发光二极管的阴极相当于接到了地，这时从 5 V 电源出来的电流经 470 Ω 电阻流过发光二极管，并通过 PC0 引脚返回到地，形成回路，发光二极管发光。因为单片机的引脚输出和灌入电流最大不能超过 20 mA，超过这个电流可能会给这个引脚造成永久的损伤，所以在 5 V 电源和发光二极管 LED0 之间接了一个 470 Ω 电阻，该电阻起到限流作用。需要注意的是，在图 1-26 中，只画了单片机供电电路，没有画晶振电路。这是因为，AVR（MEGA128）单片机可以选择使用内部时钟，从而此电路中省略了晶振。

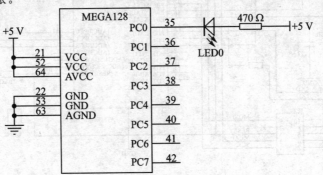

图 1-26 单片机控制一个 LED 发光二极管

1.10.2 开发软件使用

这里只是简单展示一下 AVR Studio4 软件的基本使用方法。AVR Studio4 软件使用的具体步骤如下：

（1）打开 AVR Studio4 软件，如图 1-27 所示。

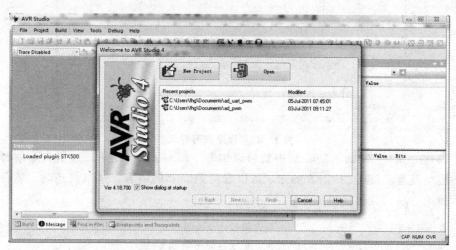

图 1-27 AVR Studio4 打开界面

（2）单击图 1-27 中的 New Project，弹出如图 1-28 所示界面，该界面让我们选择编译器，由于在接下来的程序设计中我们采用 C 语言编程，因此选择 AVR GCC（用汇编语言编程时选择 Atmel AVR Assembler）。在 Project name 对话框中输入工程名，如 led，如果不需要修改程序存储的路径，可以直接单击 Finish 按钮即可，然后会出现如图 1-29 所示的界面。

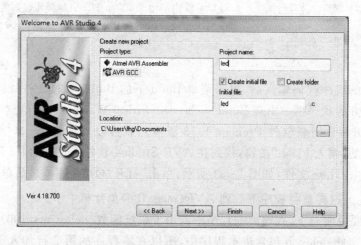

图 1-28 编译器选择及工程名输入窗口

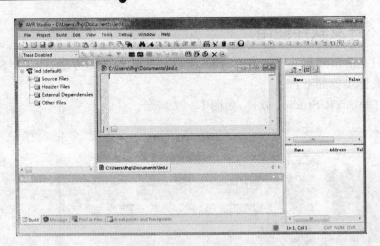

图 1-29 程序编写界面

（3）在图 1-29 所示的界面中就可以编写 LED 闪烁程序了。这里先不解释代码的编写及意义，涉及 C 语言的知识可以参考第 2 章的内容。这里只是演示软件的基本使用方法。具体代码如下：

```
# include <avr/io.h>        //包含端口定义头文件
# include <util/delay.h>    //包含系统延时库函数文件
int main(void)              //主程序入口,程序就是从这下面的第一条语句开始执行
{
  DDRC = 0XFF;              // 端口 C 设置成输出
  while(1)
    {
      PORTC = 0X00;        //端口 C 输出低电平(PC0~PC7 引脚都输出低电平 0)
      _delay_ms(100);      //调用系统延时函数_delay_ms(100);延时 100 ms
      PORTC = 0Xff;        //端口 C 输出高电平(PC0~PC7 引脚都输出高电平 1)
      _delay_ms(100);      //调用系统延时函数_delay_ms(100);延时 100 ms
    }
}
```

将上面的程序代码输入后，单击菜单 Build 下的 Build。如果程序没有问题，就会在软件下方的状态栏中出现 Build succeeded with 0 Warnings... 信息。

（4）打开程序下载软件 Progisp(1.72 版本)，软件设置如图 1-30 所示。单击图 1-30 中的"调入 Flash"按钮，找到在 AVR Studio4 软件下建立的 led 工程经过编译所生成的 led.hex 文件，如图 1-31 所示，单击"打开(O)"按钮。最后单击图 1-30 中的 **自动**，这样就将程序下载到 AVR(mega128)单片机中了。

（5）需要说明一下，在前面的程序中调用了系统函数_delay_ms(100)，使用这个函数时需将文件 delay.h 包含进本程序中，所以在本程序的第 2 行加入了 # include <util/delay.h>。函数_delay_ms(100)中的参数 100 表示调用本函数时会延时

100 ms。因此,只要改变函数括号内的参数大小就可以方便地改变延时长短。但是
这个延时是和单片机工作时所加的晶振频率有关的,所以,需要在软件 AVR Studio4
中进行相关设置。用鼠标单击菜单 Project 下的 Configuration Options,出现如
图 1 - 32 所示的界面。修改 Frequency 后面的数字,使得这个数字和实际熔丝位(关
于熔丝位的内容在 10.5 节中讲解)配置的晶振频率相同。通过调用系统延时函数_
delay_ms(100)就代表延时 100 ms。

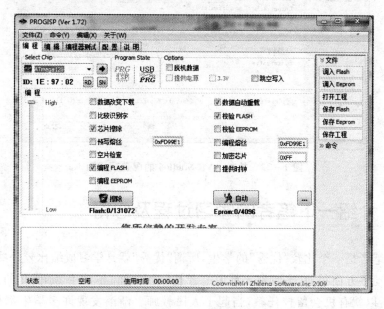

图 1 - 30 Progisp 下载软件界面

图 1 - 31 用 Progisp 软件打开文件 led. hex

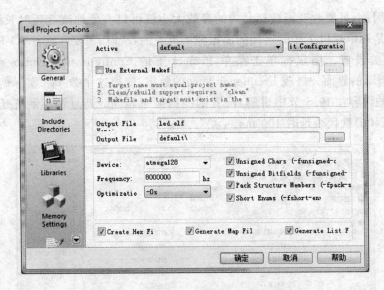

图 1-32　软件 AVR Studio4 的配置项界面

1.11　介绍一下笔者的学习过程及心得

当年笔者是一个比较"优秀"的学生,所谓"优秀"就是学习成绩比较好些(自夸一下),实践动手方面很差,当时别人都说笔者是"君子动口不动手"那伙儿的。正因为"优秀",所以就有机会留校任教,当起了人民教师。渐渐发现许多学生都想学单片机,而且他们想让笔者帮帮忙,然而他们哪儿知道笔者也是个单片机里的新手,后来就产生了学习单片机的想法,找了几本单片机书整天看,但是水平还是没什么提高,再后来才发现单片机这东西还真得边实践边学习,只看书根本不管用。在王振龙先生的陪同下笔者开始了正规的单片机学习之路,开始做实验了,也说不清楚是哪天就学会了。总之,奉劝各位读者如果不想动手练习学单片机就不要开始学。因为只看不练根本不行。只有动手才能领悟到其中的奥妙。想想大家是如何学会骑自行车的吧,没有哪个高级教授可以在教室里单纯讲解可以让你学会骑自行车的,当然开汽车也是一个道理。所以,当自己只看书没有学会单片机时,不要气馁,因为,即使是个天才只看书不实践也是学不会的。所以,一边看书,一边动手制作,一边编写程序,……,这样你一定能学会的,祝你好运!

1.11.1　笔者是如何"上 AVR 道"儿的

下面说说笔者与 AVR 的缘分吧。其实,笔者是从 51 单片机开始学的,正当笔者感觉自己 51 单片机已经学得不错时,笔者的学生,现在的朋友、本书的第 2 作者宋彦佑(宋:呵呵好东西大家分享)向笔者推荐 AVR 单片机,他说 AVR 单片机功能如何强大,使用如何方便,存储空间大,外设资源丰富等。笔者想既然这款单片机这么好就学学吧,彦佑送笔者一条下载线和一块单片机最小系统板(本书最小系统板的雏形),这条下载线是他手工飞线 DIY 的。就这样笔者开始了 AVR 单片机的学习,一上手就从 Mega128 开始学,当时 Mega128 的书非常少,只有马潮老师编写的一本书,后来笔者又在图书馆借了一本 Mega8515 的书,两本结合起来学,用一块万能板焊接几个小灯、数码管、按键就开始学了。

1.11.2　最快的学习方法就是跟随成功者的脚步

宋彦佑原来是笔者的学生,在接触 AVR 单片机方面他却比笔者早,而且当时比笔者的水平要高,笔者就虚心向他请教,他每当发现一些好的资料时也会主动拿给笔者看,就这样我们成为了朋友,经常在一起探讨单片机应用的相关话题。通过这个学习过程,笔者感受到学习单片机和做其他事情都是一样的,最快的学习方法就是向一个已经找到成功之路的人学习,和朋友一起分享学习经验。这大概就像攀岩一样,共同协作可以登得更高,为了让更多的学生和爱好者能够理解这件事,笔者开办了单片机培训课程,想把笔者的学习方法告诉他们,并且希望大多数学生参加笔者搞的培训,因为在黑暗中自己苦苦挣扎学习的效率实在是太低,而且所有的经验性的东西都要自己亲自去尝试才能掌握。笔者给学生的建议是有条件就买现成的实验开发板并且报名参加培训课程,这样可以加速学习进程,缩短摸索时间,同时可以买到一些别人的实践经验。将省下来的时间再用于下一步的高级内容的学习上,如果能快速学会单片机可以再学习一下 ARM,这样在大学期间就把很多需要在工作单位里才开始学的内容都学完了,为将来工作打下良好基础。这个地方就不多说了,总之,要懂得向成功的人学习(走他开凿出来的路,这样可以省下开路的时间和少走弯路),要有创新和投资的概念。

1.11.3　谁没郁闷过

在学习的过程中出点问题是很正常的,笔者刚学的时候就让熔丝位的设置问题给整惨了,当时锁死一片单片机,怎么弄都不好使,郁闷极了,后来费了很大劲儿才把这片单片机"救过来"。还有,记得有一年指导学生参加全国大学生电子大赛,程序根本就没动过,然而下载到单片机中现象却不同,有时单片机还罢工,这些问题在实践中都会遇到,但是请记住,单片机是不会骗人的,没有无因之果,也没有无果之因。所以,当问题出现时不要慌,仔细分析,一定可以找到正确的解决办法。所以,如果读者真正喜欢单片机,相信读者也不会被几个小问题给绊住,只要坚持,在快乐中学习,一定会有柳暗花明的一天。其实,谁也不是传说,每个人都是从新手做起,也都有成为所谓的高手的机会。

1.11.4　欢迎加入"单片机同盟会"

正是由于共同的爱好,使想学习更多知识的朋友走到了一起,网上有句话说:不会锁相环就等于不会模拟电路,不会单片机就等于不会数字电路,作为爱好或者从事这方面工作的人,咱们怎么也不能一样也不会吧,现在是数字的世界,所以我们要掌握这样好东东。单片机会让喜欢设计的人如鱼得水。单片机这个数字系统的大脑,可以让你想象的设计变成现实,让梦想成真。

在一个物欲横飞的年代,想静下心来学点东西,做点事情确实不是件容易的事,很多人都一心向"钱"看,当然这并没有错,但是笔者要向读者说的是在学习单片机这件事情上,最好不要太"功利",最好能做到"从来没学习,永远不工作"的境界。就是别把学习当成"学习",要像玩一样去学习,在快乐中学习,不让任何痛苦的感觉掺进学习这么美好的过程中;还有,即使单片机设计是您的工作,也不要当成是我们观念中的"工作",要当成玩,像玩电子游戏一样。也就是把学习和工作都当成玩,这样就一直被幸福、新奇所包围……

还有,不要成为在单片机世界里翱翔的一只孤雁,最好和朋友一起学习,这样既增进友谊,又锻炼团队合作精神,还可以利用思维的碰撞产生奇妙的设计灵感。当然,也一定可以相互帮助共同进步,如果身边没有这样志同道合的朋友,那就在网上找组织吧,现在有很多学习交流群和论坛。当然,也欢迎加入人人小组"单片机同盟会",该小组的网址是 http://xiaozu.renren.com/xiaozu/255487,读者朋友们可以相互交流,分享设计经验。

第2章

重温C语言

C语言这门课程在全国各所大学都开设。但是,并不是所有学生都知道这个C语言究竟在什么地方可以用到,更没有预料到C语言和单片机之间有多么密切的关系。因此,许多学生在刚开始学C语言时有些掉以轻心,导致C语言基础掌握得不够好。所以,在这一章和大家一起重温往日的C语言,去探寻C语言和人类语言的血脉渊源。当然,如果读者已经是一个C语言的老手,请跳过本章的内容,继续下一段AVR单片机学习之旅。

2.1 C语言的四梁八柱——C语言的结构

C语言的编程格式比较自由,也正因为自由,许多初学者却不知从何开始,怎么设计自己的程序。情急之下,变成了拿来主义者,先看看别人的大作吧,却发现许多现成的程序代码是如此之长,看得是像雾像雨又像风,最后还是一头雾水。因此,这一节首先介绍C语言的一般结构,让大家在脑海里先建立起这个结构的概念,然后剩下添砖加瓦的事就水到渠成了。

2.1.1 C语言的基本结构

一个完整的C语言程序的一般结构如图2-1所示。大致由3个部分组成,分别是:声明、main函数、其他子函数若干个。

1. 声 明

声明这部分内容的作用主要是对下面要使用的一些变量、函数进行事先声明,免得在下面的程序中出现了这些变量和函数时,系统会出现"我不认识这个变量或函数"的错误提示;此外,声明中的另一个非常重要的作用是对指定的其他文件进行包含。那么,"包含"是什么意思呢?所谓包含其实就是把这个指定的文件中的内容复制到当前的程序中的意思。为什么要包含这些指定的文件呢?因为在这些指定的文件中包含的内容在当前程序中要用到,这样就不用重复编写相同的功能程序或者定义了(太省事了);如果不包含进来这些内容,则在使用这些内容时就需要自己定义,否则系统还是会出现"我不认识这个变量或函数"的错误提示。总之,声明的作用就是给下面的程序引见一些内容,免得大家相互不认识,在工作时发生冲突。

2. main 主函数

main 函数是个特殊的函数,称之为主函数,在整个程序中只能有一个,并且主函数的名字 main 是不可更改的。主函数可以调用其他子函数,子函数之间也可以相互调用,但是所有子函数都没有权利调用主函数。此外,单片机复位或上电时,一定是从 main 主函数开始执行的,而非从声明部分开始执行。

3. 其他子函数

在 C 语言中子函数可以简单地理解为子程序,整个 C 程序就是由这些函数集合而成的。整个程序要完成的大任务被分解成若干个小任务,这些小任务由各个子函数完成。从而形成清晰的模块化结构,这样不但便于阅读和理解,也便于程序的维护。这些子函数的名字是编程人员给起的名字,可以相对随意地命名。

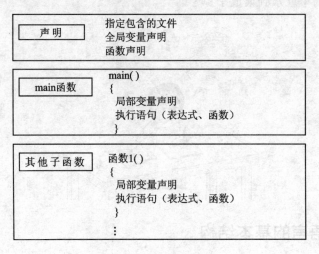

图 2-1　C程序的基本构成

2.1.2　C 语言的执行过程

在上一节中通过介绍 C 语言的基本结构,我们对一个完整的 C 程序有了一个比较清楚的认识。那么,C 语言的执行过程又是怎么样的呢? 这一节结合生活中的实例谈谈 C 语言的执行过程,首先,结合图 2-2 听听阿范是怎么理解的。

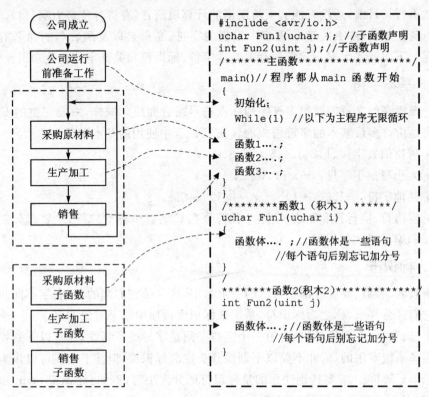

图 2-2　C 程序与公司运营对比

阿范如是说:

我个人认为一个完整的程序的执行过程与一个公司的运营有些类似,公司成立之前就应该有合伙人章程或相应的声明,这就有些类似 C 语言中的声明部分;当公司成立后,正常运营之前还需要做很多准备工作,这在 C 程序中相当于是初始化;当这一切都准备好后,就需要各个部门都工作起来,如采购部门需要进行采购原材料,然后生产部门进行生产,然后销售部门进行销售,而且这几个部门的工作是无限循环进行的,这部分就相当于 C 程序中用 while(1) 控制调用 3 个不同功能子函数无限循环执行的过程。而真正的函数体部分都在主函数的下面分别给出,并且在主函数的前面都有声明。当然,复杂的程序可能不只是这几个功能函数,也许会有很多,但是,无论多少,基本的结构都是这样,而且执行的顺序也是如此。请在后面的各个章节的学习中仔细体会吧。

2.2 C语言的基本字符、标识符和关键字

通过上文大家也看到了 C 语言中出现的函数、变量等都会有自己独一无二的名字。那么,这些名字是随便起的吗? 如果要起个名为"小芳"的中文变量可以吗? 这个显然不行。目前,还没有能够支持汉语的计算机语言(有待各位努力啊!!!)。既然不可以随便起名,那么关于 C 程序中出现的字符、变量名以及函数名的命名有什么规则呢? 下面就和大家一起学习有关基本字符、标识符和关键字的相关知识。

1. 基本字符

一篇漂亮的文章需要很多汉字和标点符号组合而成。同样,一段完整的 C 语言程序也是由许多最基本的字符构成的。在 C 语言中使用的基本字符有:

- ▶ 阿拉伯数字:0、1、2、3、4、5、6、7、8、9;
- ▶ 大小写拉丁字母:a~z 和 A~Z;
- ▶ 其他字符:~!%&﹡()_-+=[]{};:<>,.? /|\;
- ▶ 空格符、换行符和制表符:这 3 种符号在 C 语言中称空白符,主要起分割成分和编排格式的作用。

2. 标识符

函数名、参数、变量等都有自己的一个名字,这是给它们起的名,名字不同所以可以把它们区分开来,称之为标识符,是用来标识源程序中以上对象的名字。一个标识符由字母、数字、下划线等组成,第一个字符必须是字母或下划线,通常以下划线开头的是编译系统专用的,因此不要以下划线开头定义标识符,但是下划线可以作为分段符,如 max_value。需要特别注意的是标识符区分大小写,例如:标识符 main 和标识符 Main 是两个完全不同的标识符。

3. 关键字

关键字就是系统预留的一些特殊标识符,也可以认为关键字是由系统抢注的名字,并且有一定的特殊意义。用户不可以再定义与关键字同名的变量或函数了。这些关键字在系统中有指定的意义。C 语言中的关键字如表 2-1 所列。当然,这么多关键字一时也记不住,现在不用特意去背,后面用到的时候会详细讲,在用的过程中就自然记住了,记不住也没有关系,可以现查,因为我们的大脑不是简单的存储器,我们的大脑是CPU,会思考就行,存储这个活儿还是交给计算机硬盘或书籍来完成吧。

表 2-1 C语言关键字

关键字	用 途	说 明
auto	存储种类说明	用以说明局部变量,默认值为此

续表 2-1

关键字	用　途	说　明
break	程序语句	退出最内层循环体
case	程序语句	switch 语句中的选择项
char	数据类型说明	单字节整型数或字符型数据
const	存储类型说明	在程序执行时不能更改的常量值
continue	程序语句	转向下一次循环
default	程序语句	switch 语句中的失败选择项
do	程序语句	do…while 循环结构
double	数据类型说明	双精度浮点数
else	程序语句	构成 if…else 选择结构
enum	数据类型说明	枚举
extern	存储种类说明	在其他程序模块中说明了的全局变量
float	数据类型说明	单精度浮点数
for	程序语句	构成 for 循环结构
goto	程序语句	构成 goto 转移结构
if	程序语句	构成 if…else 选择结构
int	数据类型说明	基本整型数
long	数据类型说明	长整型数
register	存储种类说明	是用 cpu 内部寄存的变量
return	程序语句	函数返回
short	数据类型说明	短整数
signed	数据类型说明	有符号数,二进制数据的最高位为符号位
sizeof	运算符	计算表达式或数据类型的字节数
static	存储种类说明	静态变量
struct	数据类型说明	结构类型数据
switch	程序语句	构成 switch 选择结构
typeof	数据类型说明	重新进行数据类型定义
union	数据类型说明	联合类型数据
unsigned	数据类型说明	无符号数数据
void	数据类型说明	无类型数据
volatile	数据类型说明	该变量在程序执行中可被隐含地改变
while	程序语句	构成 while 和 do…while 循环结构

注意：在 AVR 系统中，除了表 2-1 中的这些关键字以外，还有一些标识符也被系统指定为具有特殊意义，如单片机引脚端口的名称、特殊寄存器的名称等，如PORTA、TCCR1A等就不可以再次声明用于它处了。

2.3 从储物盒想起 C 语言中的基本数据类型

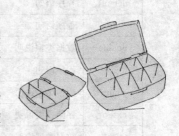

储物盒能够存储大小不同的物品，有的储物盒比较大能够放体积比较大的东西，有的储物盒比较小能够放体积比较小的东西，那么如何选择储物盒呢？其实这就要根据东西体积的大小而定。数据类型也和储物盒是一个道理，如果用到的数比较大就选择一个能够存放比较大数据的数据类型，如果用到的数比较小就选择小一点的数据类型。有的初学者可能会想如果都用大的数据类型来存放数据不就可以了吗？理论上是可以的，但是会很浪费空间，程序执行起来速度也会变慢。因此，还是了解一些有关数据类型的知识吧。

C 语言中常用的数据类型有整型、字符型、实型等。由这几种基本的数据类型还可以构成复杂的数据类型，图 2-3 列出了 C 语言数据类型。详细介绍会在后面用到的时候给出。

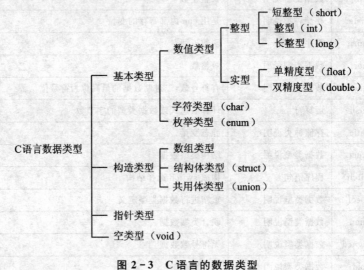

图 2-3 C 语言的数据类型

2.3.1 常量与变量

常量就是恒定不变的量，在程序运行过程中，不能改变常量的值；变量就是可以改变的量,在程序运行过程中,可以改变变量的值。

1. 常 量

使用常量时可以直接给出常量的值,如 10,0x0A 等(0x0A 是 C 语言中的十六进制表示法,此数据就是 10,C 语言中十六进制数据前要加 0x);也可以用一个符号代替常量,这个符号称为"符号常量"。下面给出一段程序说明符号常量是如何定义和使用的。

```
#include <avr/io.h>
#define    LED7    0X7F          // 这里 LED7 就是一个符号常量,代表了 0X7F
void main()
{
    DDRC = 0XFF;                        ┌─────────────────────────┐
                                        │ C 语言程序中 "//" 后面的部分 │
    while(1)                            │ 表示程序注释部分,不参与编译。 │
                                        └─────────────────────────┘
    {
        PORTC = LED7;    //相当于 PORTA = 0X7F;
    }
}
```

程序中用"#define   LED7   0X7F"来定义符号常量 LED7,以后出现 LED7 的地方均会用 0X7F 来替代,这里的 #define 是 C 语言中常用的伪指令。因此,这个程序的执行结果就是 PORTC=0X7F。

那么使用符号常量究竟有什么好处呢? 首先,见名知义。比如本例中的 LED7 很容易就知道是第 7 个 LED 小灯,所以当要点亮第 7 个灯时,就可以用 PORTC=LED7 这条语句即可。其次,便于修改。还以上面的程序为例,如果这个程序较长,并且在多处出现 LED7,现在我们的要求改变了,想点亮第 0 个 LED 小灯了,最快的方法是将 #define LED7 0X7F 改写成 #define LED7 0XFE,这样在程序中所有出现 LED7 的位置就都变成了 0XFE 了。

2. 变 量

一个变量应该有一个名字,在内存中占据一定的存储单元,并在该存储单元中存放变量的值。C 语言程序中的所有变量必须先定义然后才可以使用。那么在 C 语言中如何定义变量呢? 其一般格式如下:

类型说明符　变量名;

例如:char i;定义了一个字符型变量 i。类型说明符说明了变量的类型,也就是变量在内存中占据的存储单元的数量,字符型变量占 1 个字节的内存存储单元;再如:int j;定义了一个整型变量 j,整型变量占 2 个字节的内存存储单元。存储单元越多,说明该变量所能够存储的数据越大。使用变量比较简单,只要给变量赋值就可以了,例如:i=20。

注意：变量一定要先定义后使用；常量的值在程序运行过程中不可以修改，而变量的值可以修改；此外要注意符号常量和变量的区别，符号常量也是常量，在程序运行过程中是不可以修改的。

2.3.2　整型数据

整型数据包括整型常量和整型变量，下面分别介绍。

1. 整型常量

整型常量即整型常数。C 语言的整型常数可用以下 3 种形式表示：

（1）十进制整数：十进制整型常数没有前缀。其数码为 0～9。如 237，−568 等。

（2）八进制整数：八进制整型常数必须以"0"开头，即以 0 作为八进制数的前缀。数码取值为 0～7。如 0224 表示八进制数 224，其值为 $2\times8^2+2\times8^1+4\times8^0=148$。−024 表示八进制数−24，相当于十进制的−20。

（3）十六进制整数：十六进制整型常数的前缀为"0X"或"0x"。其数码取值为 0～9，A～F 或 a～f。如 0X2A，其值为 $2\times16^1+10\times16^0=42$。−0X23 表示十六制数−23，相当于十进制的−35。

2. 整型变量

变量定义的一般形式为：

类型说明符　变量名标识符；

定义一个一般整型变量用 int；现在定义一个整型变量 i，并给 i 赋一个值 10，即 i=10，那么这个数 10 在内存中是如何存放的呢？int 型数据在内存中占 2 个字节的存储单元，变量 i 在内存中的实际占用情况如下：

高8位								低8位							
0	0	0	0	0	0	0	0	0	0	0	0	1	0	1	0

基本整型变量 int 前可以加修饰符 long、signed 和 unsigned。在 int 前加 long 修饰符，那么这个数是"长整数"，长整数占用 4 个字节的内存存储单元。显然，长整数的表示范围比整数更大。

加修饰符 signed 表示该整数是有符号整数，即可以存储正整数也可以存储负整数；对于 unsigned int 而言，表示的是非负整数，即无符号整数，这个无符号整数也是用 2 个字节表示一个数，但其数值范围是 0～65 535；对于 unsigned long int 而言，是 4 个字节表示一个数，但其数值范围是 0～4 294 967 295。下面将整型数据做个总结，如表 2-2 所列。

表 2-2 整型变量的数据类型

数类型	符 号	字节数/byte	数据长度/bit	表示形式	数值范围
	带	2	16	signed int	−32 768~＋32 767
	符	2	16	signed short	−32 768~＋32 767
整	号	4	32	signed long	−2 147 483 648~＋2 147 483 647
数	无	2	16	unsigned int	0~65 535
型	符	2	16	unsigned short	0~65 535
	号	4	32	unsigned long	0~4 294 967 295

下面举例说明如何定义一个整型变量。

```
int i,j;                    /* 定义两个整型变量 i 和 j */
long a,b;                   /* 定义两个长整型变量 a 和 b */
unsigned int x;            /* 定义无符号整型变量 x */
unsigned long int y;       /* 定义无符号长整型变量 y */
```

> 注意：一般来说，如果不是需要负整数，尽量使用无符号整数表示，这样可以减少系统处理符号的工作，从而提高程序的执行效率。

2.3.3 字符型数据

定义字符型变量的修饰符是 char。例如：char i,j;它表示 i,j 为字符型变量,可以各存放一个字符。可以用下面的语句对其进行赋值:i='a';j='b';。字符在单片机中仍然以数字的形式表示,这个数字就是该字符的 ASCII 码。将一个字符常量存入一个字符型变量,实际上是将该字符的 ASCII 码存到存储单元中。例如:char c='a';该语句用来定义一个字符型变量 c,并将字符 a 赋给该变量。实际上是将 a 的 ASCII 码 97 赋给变量 c,因此完成后 c 的值是 97。既然字符最终也是以数值形式存储的,那么同如下语句:int i=97;有什么区别呢? 实际上它们是非常类似的,区别仅仅在于 i 是 16 位的,而 c 是 8 位的。

可以在字符型变量前加修饰符 unsigned 和 signed。当加 signed 时,其表达的数据范围是−128~＋127;而加上了 unsigned 后,其表达的数据范围为 0~255。举例如下:

```
char a,b;                  /* 定义两个字符型变量 a 和 b,分别存放的数据范围是 −128~＋127 */
unsigned char x;          /* 定义无符号字符型变量 x,表示的数据范围是 0~255 */
```

> 注意：无论是 char 型还是 int 型，要尽可能采用 unsigned 型的数据。因为在处理有符号数时，程序要对符号进行判断和处理，运算速度会减慢；而且对单片机而言，速度比不上 PC 机，又工作于实时状态，所以任何提高效率的方法都要考虑。

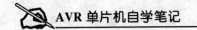

2.3.4　实型数据

实型变量用得最多的地方就是数据处理,例如:用 A/D 测量直流电压时,模数转换后的数字量要还原成实际的模拟量,这样就必须进行数据处理,为了保证处理后的精度必须使用实型变量。实型变量定义格式如下:

| 修饰符　　变量名 |

定义实型变量的修饰符是 float,如 float i,定义的 i 是实型数据。一个实型数据一般在内存中占 4 B(32 b),并且实型变量都是有符号数。

> 锦囊:注意尽量不要用浮点数,因为浮点数会降低程序执行的速度和增加程序长度;如要表示 0.001~9.999 这个范围的一个数,可以用一个 1~9 999 之间的一个整数来表示,只要最后把计算结果除以 1 000 就可以了。

2.4　C 语言中的运算符

上文说到 C 语言中的一般数据类型,那么学完了数据类型接下来学什么呢? 这一节将和大家一同探讨有关 C 语言中的运算符的问题。什么是运算符呢? 先举个例子吧,比如 a+b,这里面 a 和 b 就是两个变量,而这个"+"号就是一个运算符。

那么,如何来理解运算符呢? 这个运算符和我们人类语言中的元素又有何联系呢? 笔者是这么认为的,人类语言中不是有字有句有段有文章吗,C 语言中也有对应的内容,定义好类型的变量就相当于是字,把变量用运算符连接起来就相当于是句,而若干个句子有机地组合起来就成段了,这个段就相当于是 C 语言中的函数,多个函数的集合就构成了整个 C 程序,也就相当于是一篇完整的文章就搞定了。说得似乎有点多,还是回头看看这个运算符究竟是什么吧。运算符相当于人类语言中的动词,比如"a+b",意思是说 a 和 b 相加,如果用人类语言找出这个表达式对应的下联的话,可以是"我爱你",或者"你打我"。因此,我们可以把 C 语言中的运算符理解成为人类语言中的动词。

C 语言中的运算符比较多,按其在表达式中所起的作用,可分为赋值运算符、算术运算符、增量与减量运算符、关系运算符、逻辑运算符、位运算符、复合运算符、逗号运算符、条件运算符、指针和地址运算符、强制类型转换运算符和 sizeof 运算符等。接下来就和大家一起学习。

2.4.1 谁不懂"复制"啊——赋值运算符

赋值运算符是"=",其作用是将赋值运算符右边的值复制给左边的变量,利用赋值运算符将一个变量与一个表达式连接起来的式子称为赋值表达式,在赋值表达式的后面加一个分号";"便构成了赋值语句。一个赋值语句的格式如下:

变量 = 表达式;

例如:i=5;作用是将数字 5 赋值给变量 i。但是,需要注意的是在 C 语言中,很多人容易将"="和"=="弄混。赋值运算符"="是"赋值"的意思,也可以理解为复制的意思。但是"=="是关系运算符,用来判断此运算符两端的值是否相等的意思。

> 注意:在使用赋值运算符"="时应注意不要与关系运算符"=="相混淆,运算符"="用来给变量赋值,运算符"=="用来进行相等关系判断。

2.4.2 加、减、乘、除少不了——算术运算符

算数运算符的作用就是帮助变量进行数学上简单的加、减、乘、除等运算的。具体有:

+:加或取正值运算符;
−:减或取负值运算符;
*:乘法运算符;
/:除法运算符;
%:取余运算符。

上面 5 种算术运算符的功能比较容易理解。但是,需要注意的是:除法运算比较特殊,如果有两个数相除,结果为整数,舍去小数部分,例:10/3 的结果为 3,这一点很重要,和计算机中的计算器可不一样啊。取余运算符和除法运算符正好相反,运算结果取的是余数。例:10%3 的结果是 1。

用算术运算符将运算对象连接起来的式子即为算术表达式。算术表达式的一般形式为:

表达式 1 算术运算符 表达式 2

例如:a+b/(x+y)。C 语言规定了运算符的优先级和结合性。在求一个表达式的值时,要按运算符的优先级别进行。算数运算符的优先级从高到低如下:

取负值(−)→乘法(*)→除法(/)→取余(%)→加法和减法

因此,a＋b/(x＋y)的运算顺序是先进行括号里面 x 与 y 的加法运算,然后是 b 除以 x 与 y 加的结果,最后再用这个结果与 a 相加。

2.4.3 加、减的另一种表示——增量和减量运算符

增量和减量运算符的作用是对运算对象作加 1 和减 1 运算。其符号如下:

```
＋＋:增量运算符;
－－:减量运算符
```

例如:＋＋i,i＋＋,－－j,j－－等。看起来＋＋i 和 i＋＋的作用都是使变量 i 的值加 1,但是由于运算符＋＋所处的位置不同,使变量 i 加 1 的运算过程也不同。＋＋i(或－－i)是先执行 i＋1(或 i－1)操作,再使用 i 的值;而 i＋＋(或 i－－)则是先使用 i 的值,再执行 i＋1(或 i－1)操作。很多初学者总是容易混淆增量和减量运算符的执行顺序。关于这个问题还是再看看下面的例子吧,或许会清楚一些。

```
int m,n;        //定义两个整型变量 m 和 n
m=＋＋n;         //n 先加 1,然后把加 1 后的 n 的值复制给 m
m=n＋＋;         //先把 n 的值复制给变量 m,然后 n 再加 1
```

> 注意:其实区分增量和减量运算符究竟是先使用变量然后再进行运算,还是先进行运算后使用变量的方法也很简单。主要是看增量和减量运算符的位置,位于变量前就先运算,位于变量后就后运算。当然,最好的办法就是不用这两个运算符,改用普通的加或减运算。

2.4.4 谁大谁小要弄清——关系运算符

关系运算符的作用是比较两个值的大小关系。关系运算符共有 6 种:

```
＞:大于吗?
＜:小于吗?
＞＝:大于等于吗?
＜＝:小于等于吗?
＝＝:是否相等呢?
!＝:不相等吗?
```

用关系运算符将两个表达式连接起来的式子称为关系表达式。关系表达式的一般形式:

```
表达式 1 关系运算符 表达式 2
```

例如:x＞y,y＜＝z。

关系表达式通常用来判别某个条件是否满足,关系表达式的结果只有 0 和非 0 两种值。0 表示所判断的关系不满足(即逻辑假);而非 0 表示所判断的关系满足(即逻辑真)。

现在举例加以说明。有一个智能小车可以检测出沿途遇到的铁片数量,当检测到的铁片数量大于等于 3 的时候小车停止运行。这段代码的设计如下:

```
if(tiepianshuliang>=3)
小车停止;
else 小车继续运行;
```

上面的程序中用了 if…else 语句,意思是当 if 后面括号里的内容成立的话(也就是 tiepianshuliang>=3 成立的话),就执行"小车停止",如果不成立就执行 else 后面的"小车继续运行"。当然小车怎么停止和怎么继续运行会在后面详细讲解,这里主要是为了说明关系运算符的使用。

前 4 种关系运算符具有相同的优先级,后两种关系运算符也具有相同的优先级;但前 4 种的优先级高于后 2 种。关系运算符的优先级低于算术运算符,高于赋值运算符。下面给出一个例子说明优先级的问题。

例如:y=3+5>6,请问 y 的结果是多少?

由于算术运算符的级别高,所以先进行 3+5 运算,结果为 8,再进行关系运算判断 8 是否大于 6,当然大于 6,所以结果为真,最后再执行赋值运算,所以 y 等于 1。

> 注意:很多初学者可能会觉得运算符的优先级别记不住,还有当判断两个表达式的关系时弄不清楚先计算加法还是先判断谁大谁小,还是先赋值,或者是先执行自加运算?是不有些晕啊,其实这没关系,不要被这些细节给绊住了,可以多加些"()",如 x+y>z,可以写成 (x+y)>z,总之这些都没有记住也没关系,等到后面学到具体应用时自然会掌握的,现在只要有个印象就可以了。

2.4.5 与、或、非——逻辑运算符

基本逻辑运算有 3 种,分别是:与、或、非。具体的运算符如下:

```
||:逻辑或;
&&:逻辑与;
!:逻辑非。
```

用逻辑运算符连接的式子是逻辑表达式。逻辑表达式的一般形式为:

逻辑与:条件式1 && 条件式2;

逻辑或:条件式1 || 条件式2;

逻辑非:! 条件式。

表2-3是逻辑运算符的真值表,表示当变量 x 和 y 取不同的值时,x 和 y 的逻辑运算的结果。

表2-3 逻辑运算符的真值表

x	y	x&&y	x||y	! x
真	真	真	真	假
真	假	假	真	假
假	真	假	真	真
假	假	假	假	真

阿范如是说:

举例说明一下逻辑运算,例如有一个运水机器人,只有当机器人装满了水且按下运行按键后机器人才出发,那么此时装满水和按键按下必须同时满足机器人才出发,也就说这两个条件是逻辑"与"的关系。

再举一个例子,某单位员工如果要请假必须经领导签字批准才可以,这个部门有一个书记和一个院长,只要这两个领导中有一个人签字即可。那么一个员工能否请下来假与这两位领导之间的关系就是"或"的关系,即只要有一个人同意即可。

现在说说非运算,记得有一次笔者请些朋友吃饭,其中有两个人之间有矛盾,一个就说了,某某人要是去得话我就不去了,只要他不去我就去。这两个人之间的关系就是"非"的关系。

总结一下,逻辑"与"运算相当于汉语中的"两个都……才……";逻辑"或"运算相当于汉语中的"只要两个中的一个……就……";逻辑"非"运算相当于汉语中的"你死我活"的意思。具体应用会在后面的实例中与大家分享。

逻辑运算符的优先级为:!(非)→&&(与)→||(或),逻辑非的优先级最高。

2.4.6 位运算符

C语言中没有与二进制位对应的数据类型,因此对位的操作必须通过位运算进行。位运算在单片机系统里是非常重要的。例如设置控制寄存器中的相应的控制位,对外部输入/输出设备进行控制等。

C 语言有 6 种位运算符。这 6 种位运算符按优先级从高到低依次是:(括号内是运算符)

按位取反(～)→左移(＜＜)和右移(＞＞)→按位与(&)→按位异或(∧)→按位或(|)。

位运算实际上就是把要运算的数据先转换成二进制形式,然后按照对应位进行运算。下面举例说明位运算符的用法。

1. 按位取反符"～"

计算～0XF0,首先将十六进制形式的数据 0XF0 转换成二进制数 11110000,然后逐个按位取反,则结果的二进制形式为 00001111,即结果的十六进制形式为 0X0F。

2. 左移运算符"＜＜"

左移运算的作用是将操作数的各二进制位左移若干位,空出来的数据位用 0 填充,移出的数据位丢失。例如 PORTA＝1＜＜7;那么 PORTA 最后的结果是什么呢? 首先将 1 转换成二进制数 00000001,然后左移 7 位,该数据变为二进制数 10000000,最后,通过赋值运算符"＝",则 PORTA 的最终结果为 10000000,即 PORTA 的十六进制结果为 0X80。右移运算符"＞＞"的用法与左移运算符的用法相同。

3. 与运算符"&"

与运算的作用就是将两个操作数对应位作逻辑与运算。例如,0XF0&0X0F,实际上就是二进制数 11110000 与 00001111 的对应位相与,因此,结果是二进制数 00000000。

4. 或运算符"|"

或运算符"|"的作用就是将两个操作数对应位作逻辑或运算。例如,0XF0|0X0F,实际上就是二进制数 11110000 与 00001111 的对应位相或,因此,结果是 11111111,即 0XFF。

5. 异或运算符"∧"

异或运算符"∧"的作用就是将两个操作数对应位作逻辑异或运算。所谓异或就是当两个数据不一样时结果为 1,一样时结果为 0。例如 0X50∧0X01,即二进制数 01010000 与二进制数 00000001 相异或,则结果的二进制形式为 01010001,十六进制为 0X51。

表 2-4 列出了按位取反、按位与、按位或和按位异或的逻辑运算表。

表 2 - 4 按位取反、按位与、按位或和按位异或的逻辑运算表

x	y	~x	~y	x&y	x|y	x^y
0	0	1	1	0	0	0
0	1	1	0	0	1	1
1	0	0	1	0	1	1
1	1	0	0	1	1	0

互动环节：

春阳：第 2.4.5 小节中所学的逻辑运算符与"&&"、或"||"、非"!"和这一节所学的位运算符与"&"、或"|"、非"~"的主要区别是什么？

阿范：第 2.4.5 小节中所学的逻辑运算符与"&&"、或"||"、非"!"是针对两个操作数整体进行逻辑运算，例如 0X55&&0XAA，两个数都是非零的数，因此进行与运算后结果为真，即结果为逻辑 1；而 0X55&0XAA 是两个操作数按位进行与操作，即二进制数 01010101 与 10101010 相与，结果为 00000000。下面再给一些例子，比较逻辑运算与位运算。

```
a = 0X55(相当于是二进制数 01010101)，b = 0X0f(相当于是二进制数 00001111)。
则：a&&b    结果为 1
    a&b     结果为 00000101
    a||b    结果为 1
    a|b     结果为 01011111
    ! a     结果为 0
    ~a      结果为 10101010
    a^b     结果为 01011010
    a<<2 结果为 01010100(将最高两位移动"没了"，低两位用"0"补)
```

春阳：能不能结合一个实例分析一下移位运算符"<<"和">>"的应用？

阿范：关于移位运算我强调 4 点：第 1，作移位运算时一定要把其他进制形式的数据先转换成二进制数再移动；第 2，数据每左移一次就相当于将数据乘 2，而每右移一次就相当于将数据除以 2；第 3，用移位运算符"<<"和">>"将数据移位时，被移"没"的位用"0"补；第 4，移位运算符"<<"和">>"在单片机系统中的一个典型的用法是对控制寄存器或单片机引脚端口进行赋值。例如将单片机 PORTA 口最高位置 1：PORTA=1<<7；如何理解这条语句呢？1 的二进制表示形式是 00000001，将此数据左移 7 位为 10000000，再将此数据赋值给 PORTA，这样 PORTA 的最高位就被置 1 了。那么如果想将 PORTA 的最高位置零怎么办呢？可以通过语句 PORTA=~(1<<7)来完成，怎么理解呢？首先执行括号里的部分，即将 1 左移 7 位变成数据 10000000，然后通过取反运算符"~"将 10000000 按位取反，此时数据变成了 01111111，最后通过赋值运算把 01111111 赋值给 PORTA，这样就实现了将 PORTA

的最高位置 0 了。

注意:(1) 位运算符不能用来对浮点型数据进行操作,只能对整型数据进行处理。

(2) 用移位运算符"<<"和">>"将数据移位时,被移"没"的用"0"补。

有关移位运算大家可以看看下面的图片,移位后的空位用"鹅蛋"补。

2.4.7　复合赋值运算符

在赋值运算符"="的前面加上其他运算符,就构成了复合赋值运算符:

+ = :加法赋值;　　　>> = :右移位赋值;
- = :减法赋值;　　　& = :逻辑与赋值;
* = :乘法赋值;　　　| = :逻辑或赋值;
/ = :除法赋值;　　　^ = :逻辑异或赋值;
% = :取模赋值;　　　~ = :逻辑非赋值;
<< = :左移位赋值。

复合赋值运算首先对变量进行某种运算,然后将运算的结果再赋给该变量。复合运算的一般形式为:

变量　复合赋值运算符　表达式

例如:语句 i+=5;相当于是将 i 加上 5 所得到的结果再重新赋值给 i;语句 j<<=1;相当于是将 j 左移一位,然后将所得到的新结果再赋值给 j。

2.4.8　条件运算符

条件运算符"?:"是 C 语言中唯一的一个 3 目运算符,有 3 个运算对象,用它可以将 3 个表达式连接构成一个条件表达式。条件表达式的一般形式如下:

逻辑表达式? 表达式 1:表达式 2

其功能是首先计算逻辑表达式,当其值为真(非 0 值)时,将表达式 1 的值作为整个条件表达式的值；当逻辑表达式的值为假(0 值)时，将表达式 2 的值作为整个条件表达式的值。例如条件表达式 max＝(a＞b)？a：b，这条语句执行完 max 的值是多少呢？怎么得到的呢？是这样的，首先计算(a＞b)这个逻辑表达式的值是否为真，即是否成立，如果成立，则把 a 的值赋给 max；如果(a＞b)这个逻辑表达式的值为假，即a 大于 b 这件事不成立，就把 b 的值赋给 max。

2.4.9　指针和地址运算符

指针是 C 语言中一个十分重要的概念，是 C 语言的精髓。也是 C 语言中比较难以理解的知识，这一节中先简单给大家介绍一下，在第 2.9 节中会详细介绍指针的使用方法。指针本身也是一个变量，笔者称它为特殊变量，特殊变量里面存放的数据是其他某个变量的地址。为了表示指针变量和它所指向的变量地址之间的关系，C 语言提供了两个专门的运算符：

　＊：取内容；
　＆：取地址。

取内容和取地址运算的一般形式分别为：

变量 = ＊指针变量；
指针变量 = ＆目标变量。

取内容运算的含义是将指针变量所指向的目标变量的值赋给左边的变量；取地址运算的含义是将目标变量的地址赋给左边的变量。需要注意的是，指针变量中只能存放地址，不要将一个非指针类型的数据赋给一个指针变量。

2.4.10　强制类型转换运算符

c 语言中的圆括号"()"也可以作为一种运算符使用，这就是强制类型转换运算符，它的作用是将表达式或变量的类型强制转换成所指定的类型。看左图，圆圆的西瓜都被强制转换成方的了，更别说一个小小的数据，在计算机中把一种数据类型强制转换为其他类型简直就是小 CASE。

强制类型转换运算符的一般使用形式为：

(类型)(表达式)

例如：

(float)　a　　　　把 a 强制转换为实型数据
(int)　(x＋y)　　　把 x＋y 这个结果强制转换为整型数据
(int)　x＋y　　　　把 x 强制转换为整型数据再和 y 相加

注意： 这里需要注意的是在强制类型转换时，得到一个所需类型的中间变量，原来的变量的
类型没有发生变化。例如：(int) x，如果原来 x 是 float 型，进行强制类型运算后得到一个 int
型的中间变量，它的值等于 x 的整数部分，而 x 的类型不变，仍然是 float 型。

如：x=3.6; i=(int)x; 则 x 还是 3.6，而 i 却等于 3。

此外，在数据之间的运算过程中，如果几个变量的类型不同，即使不用强制类型
转换"()"对某个变量进行转换，也会先自动转换为同一类型，然后再进行运算。由低
向高转换的规则是：char→int→unsigned→float。注意箭头方向只表示数据类型级
别的高低，由低向高转换，并不是什么类型的数据都一步一步地最终都变成了 float
型，要看出现的数据最高级别的是什么类型，比如有两个数据，一个是 char 型，一个
是 int 型，那么最终的结果就是 int 型，而非 float 型。

现在将前面讲过的运算符整理总结如表 2-5 所列。部分没有讲到的在后面详细讲解。

表 2-5　运算符优先级和结合型

优先级	类　别	运算符名称	运算符	结合型
1	强制转换	强制类型转换	（ ）	右结合
	数组	下标	[ ]	
	结构、联合	存取结构或联合成员	－ ＞	
2	逻辑	逻辑非	！	左结合
	字位	按位取反	～	
	增量	增1	＋＋	
	减量	减1	－－	
	指针	取地址	＆	
		取内容	＊	
	算术	单目减	－	
	长度计算	长度计算	sizeof	
3	算术	乘、除、取模	＊ / ％	
4	算术和	加	＋	
	指针运算	减	－	
5	字位	左移	＜＜	
		右移	＞＞	
6	关系	大于等于	＞＝	右结合
		大于	＞	
		小于等于	＜＝	
		小于	＜	
7		恒等于	＝＝	
		不等于	！＝	
8		按位与	＆	
9	字位	按位异或	＾	
10		按位或	｜	

优先级	类　别	运算符名称	运算符	结合型
11	逻辑	逻辑与	&&	左结合
12		逻辑或	|	
13	条件	条件运算	?:	
14	赋值	赋值 复合赋值	＝ op＝	
15	逗号	逗号运算	,	右结合

2.5　利益共同体——函数

　　用汇编语言编过程序的人都知道,在程序中有一个子程序会被频繁地多次调用,这个程序就是延时子程序。采用子程序的设计模式不但可以使程序实现模块化,便于阅读,而且还可以节省程序存储空间。而在 C 语言中则采用函数的形式实现模块化设计。

2.5.1　函数究竟是什么

阿范如是说:

　　如果把完整的程序比作一篇文章,那么函数就相当于一篇文章的一段,这个函数段笔者称之为利益共同体,也可以理解为一个团队,即函数是由一些有着"共同理想"、"共同价值观"的表达式、语句组合而成的。正是这些语句、表达式和变量的有机结合才使得函数能够出色地完成一个特定的任务。书归正传,下面继续回到函数的定义和使用中来。

2.5.2　系统库函数

　　C 语言的函数可以分为系统自带的函数和用户自己定义编写的函数。系统自带的函数称为库函数,库函数不需要用户编写,只要在程序中调用即可。在使用库函数之前,必须加载含有库函数声明的头文件。加载头文件使用 C 的预处理指令。加载头文件的格式为:

```
# include ＜头文件名＞
或者 # include"头文件名"
```

　　两种文件加载方式的区别为:用双引号的 include 指令首先在当前文件的所在目录寻找包含的文件,如果找不到再到系统指定的文件包含目录去寻找。使用尖括号的 include 指令直接到系统指定的包含目录去找要包含的文件。一般为了保险起见,尽量使用双引号形式的 include 指令。

现在举例说明库函数是如何使用的。例如想计算变量 x 的正弦值就可以调用系统数学函数库中的正弦函数 sin()。调用的方法是：首先，用 include"math.h"将算术运算函数库包含到程序中。然后在程序的指定位置就可以用 sin(x)计算出 x 的正弦值了。

2.5.3 用户自定义编写的函数

用户可以自己编写的函数有两种，分别是无参数函数和有参数函数。下面分别介绍无参数和有参数函数的定义和使用。

1. 无参数函数的定义形式

```
类型标识符 函数名()
{
    变量声明部分
    语句
      ⋮
    return 返回值
}
```

类型标识符用以指明函数返回值的类型。该类型标识符与前面介绍的各种数据类型说明符相同。函数名是由用户定义的标识符，可以任意定义名称，但是不要与关键字同名。函数名后有一个空括号，其中无参数，但括号不可少，当表示无参数时也可以在括号内加 void。同样，如果函数也无返回值也可以将函数类型标识符改写成 void。

｛｝中的内容称为函数体。在函数体中的声明部分，是对函数体内部所用到的变量的类型说明。

下面举一个例子：

```
int add(void)          //声明一个名为 add 的无参数整型函数
{
  int a,b,c;           //声明 3 个整型变量 a、b、c
  a = 3;               //给 a 赋初始值 3
  b = 5;               //给 b 赋初始值 5
  c = a+b;             //a 和 b 相加,然后将结果赋给 c
  return(c);           //返回 c 的值(8)
}
```

结合上面的例子说明以下 4 点：

（1）函数体中的每条语句都必须以";"结束。

（2）函数的返回值只能通过 return 语句得到，返回值返回给主函数中调用该函数的变量。例如:在主函数中有一条语句 i＝add(),则执行完 add()函数时,通过最后一条语句 return(c)将结果 8 返回给变量 i。

(3)函数最终通过 return 返回的数据类型要与函数定义中的类型相同,如果两者不一致,则以函数类型为准,自动进行类型转换。

(4)如果函数没有要返回的数据,即函数中没有 return 语句,则该函数为不返回函数值的函数,这样就可以在函数定义时明确地指明该函数为"空类型",即可以用空类型说明符 void 进行说明。如 void add()。

2. 有参数函数的定义形式

有参数函数的定义形式如下:

```
类型标识符 函数名(类型 形式参数名,类型 形式参数名…)
    {
    声明部分
    语句
    ⋮
    return 返回值
    }
```

有参函数比无参函数多了一个内容,即形式参数。形式参数可以是各种类型的变量,各参数之间用逗号间隔。在进行函数调用时,主调函数将赋予这些形式参数实际的值。

例如,定义一个函数,用于求两个数中较大的数,可写为:

```
int max(int a, int b)        //定义一个名为 max 的函数,函数返回值
    {                        //为整型,并且有两个形式参数 a 和 b
    if (a＞b) return a;      //如果 a＞b 成立,则返回 a
    else return b;           //否则返回 b(即如果 a 不大于 b,返回 b)
    }
```

第一行说明 max 函数是一个整型函数,其返回的函数值是一个整数。形参为 a 和 b 均为整型量。a 和 b 的具体值是由主调函数在调用时传送过来的。在{}中的函数体内,除形参外没有使用其他变量,因此只有语句而没有声明部分。在 max 函数体中的 return 语句是把 a(或 b)的值作为函数的值返回给主调函数。

互动环节:

洋洲:有参数函数中的形式参数的作用是什么呢?

阿范:这得从形式参数和实际参数的概念说起,形式参数是指在定义函数时,函数名后面括号里的变量名称,简称形参;而实际参数是指在调用函数时,函数名后面括号中的表达式,简称实参。形参出现在函数定义时,而实参出现在函数调用时。下面结合一段完整的程序进一步说明有关函数参数的问题。

```
    int max(int a, int b)      //定义一个名为 max 的函数,函数返回值
    {                          //为整型,并且有两个形式参数 a 和 b
      if (a>b) return a;       //如果 a>b 成立,则返回 a
      else return b;           //否则返回 b(即如果 a 不大于 b,返回 b)
    }
    /***************** 以下为主函数 *****************/
    void main(void)            //主函数中无返回值,无参数
    {float x,y,z;              //声明 3 个实型变量 x、y 和 z
      x = 10.5;                //给变量 x 赋值 10.5
      y = 20;                  //给变量 y 赋值 20
      z = max(x,y);            //调用函数 max(x,y),并将返回值赋给变量 z
    }
```

结合上面程序说明形参和实参如下:

(1) 在上面的程序中定义了一个函数 int max(int a, int b),这里面的 a 和 b 就是两个形参;而在主函数 main() 中调用函数时的 z=max(x,y) 中的 x 和 y 就是实参。

(2) 在未出现函数调用时,形参并不占用内存中的存储单元。只有在发生函数调用时,函数 max 中的形参 a 和 b 才被分配存储单元。在调用结束后,形参所占用的内存单元也被释放。

(3) 在函数调用时实参会把自己的值复制给形参,因此,要求形参和实参的数据类型要一致或满足赋值兼容。复制后形参和实参不再有任何关系,即使在后来函数执行过程中形参的数值被改变,而实参也不会发生任何改变。

(4) 实参可以是常量、变量或表达式,例如:z=max(x,x+y),在调用执行时实参 x 的值复制给形参变量 a,而 x 和 y 相加后的结果复制给形参变量 b。

洋洲:我还有一个问题,除了主函数 mian() 以外,其他函数都是子函数,这些函数在程序中必须放在主函数的前面吗?

阿范:这可不是绝对的。一个函数调用另一个函数,前者称为主调函数,而后者称为被调函数。如果被调函数是库函数,则需要在程序的开头用"♯include"命令将被调函数所在的文件"包含"到本程序文件中。这方面的内容已在第 2.5.2 小节中一起学过了。如果被调函数是用户自定义的,且主调函数和被调函数在同一个程序文件中,则主调函数和被调函数的位置关系有以下几种情况:

(1) 当被调函数位于主调函数下方时,可以在主调函数体中对被调函数进行声明,这样编译系统就知道主调函数要调用被调函数了,否则编译系统会出现"我不认识这个被调函数啊!"的错误。举例如下:

```
    void main(void)           //主函数中无返回值,无参数
    {int max(int a, int b);   //对被调函数的声明
      float x,y,z;             //声明 3 个实型变量 x、y 和 z
      x = 10.5;               //给变量 x 赋值 10.5
```

```
        y = 20;                    //给变量 y 赋值 20
        z = max(x,y);              //调用函数 max(x,y),并将返回值赋给变量 z
    }
/****************** 以下为子函数 ******************/
int max(int a, int b)              //定义一个名为 max 的函数,函数返回值
    {                              //为整型,并且有两个形式参数 a 和 b
    if (a>b) return a;             //如果 a>b 成立,则返回 a
    else return b;                 //否则返回 b(即如果 a 不大于 b,返回 b)
    }
```

当然在函数声明时可以不写形参名,而只写形参的类型。例如:

```
int max(int, int);//对被调函数的声明
```

(2) 被调函数出现在主调函数之前时,可以不必加以声明。

(3) 当函数较多,且相互之间调用关系较复杂时,这时再采用(1)中所叙述的在主调函数体中对被调函数进行声明的方法就显得非常繁琐了。这时采用的方法是在所有函数之前(通常是在程序的开头处)把所有函数都提前进行声明,这样就免去了在各个主调函数中声明的麻烦了。这样各个子函数在程序中的位置就没有任何限制了。当然,主函数 main()是不必声明的。举例如下:

```
int max(int a, int b);      //对被调函数的声明
int min(int, int);          //对被调函数的声明
void main(void)             //主函数中无返回值,无参数
    {float x,y,z,d;         //声明 4 个实型变量 x、y、z 和 d
    x = 10.5;               //给变量 x 赋值 10.5
    y = 20;                 //给变量 y 赋值 20
    z = max(x,y);           //调用函数 max(x,y),并将返回值赋给变量 z
    d = min(x,y);           //调用函数 mix(x,y),并将返回值赋给变量 d
    }
/****************** 以下为子函数 max ******************/
int max(int a, int b)       //定义一个名为 max 的函数,函数返回值
    {                       //为整型,并且有两个形式参数 a 和 b
    if (a>b) return a;      //如果 a>b 成立,则返回 a
    else return b;          //否则返回 b(即如果 a 不大于 b,返回 b)
    }
/****************** 以下为子函数 min ******************/
int min(int a, int b)       //定义一个名为 min 的函数,函数返回值
    {                       //为整型,并且有两个形式参数 a 和 b
    if (a>b) return b;      //如果 a>b 成立,则返回 b
    else return a;          //否则返回 a(即如果 a 不大于 b,返回 a)
    }
```

洋洲:我还有最后一个问题,程序每行的末尾都必须加分号";"吗?还有,在上面的这段程序中,子函数 min 和 max 中用了相同的形参变量"a"和"b",这样可以吗?

阿范:先说第一个问题,在 C 语言中要求每条语句都要以";"结束,但是在定义函数时不可以加";",而声明函数时必须要加";"。还有,在程序中出现了一句"if (a＞b) return a;"这是完整的一句,而在有些地方习惯将程序写成如下形式:

```
if (a>b)
  return a;
```

很多初学者感到奇怪,为什么在"if (a＞b)"的后面没有加";"呢?其实,是这样的,if 判断条件连同后面的语句一起是一个完整的语句,而单独的"if (a＞b)"只是判断的条件,不是完整的一句,所以在这不可以加";"。

子函数 min 和 max 中用了相同的形参变量"a"和"b"这是可以的,具体相关内容请继续看第 2.5.4 小节中的内容。

2.5.4 变量的势力范围和生命时间

阿范是这么理解的:

我们可以从空间和时间两个角度去看 C 语言程序中的变量。从空间的角度来看,有的变量如同一个国家的主席(或总统),这些主席(或总统)只在各自的国家是主席,而在其他国家不是;而有些变量如同联合国的官员,这些官员不是只代表某一个国家的利益,他们无论身处何处都是全球各个国家的官员。因此,从空间的角度讲,有的变量的势力范围只在程序的某个子函数内部有效,而有的变量则在整个程序的各个函数中都有效。再从时间的角度来看,有些变量只在程序执行的某个瞬间存活,随后就消失在历史的车轮之下,只能祈盼来生(即程序再次执行到此处)才能重新复活一次;而有些变量则似乎是食用了唐僧肉,长生不老,在程序执行的全过程中一直永生。

那么,在现实的程序中该如何定义变量,以保证变量在合适的场合合适的时间完成自己的任务呢?下面就从空间的角度来研究一下变量的作用范围。

1. 局部变量和全局变量

在一个函数内部定义的变量或形参,它只在本函数范围内有效。也就是说,只有在本函数内才能使用它们,在此函数以外是不能使用这些变量的。这些变量称为"局部变量"。例如:

```
/ ***************** 以下为子函数 max *****************/
int max(int a, int b)
  { float c;                  //本函数内有 a、b、c 共 3 个变量
    if (a>b) return a;
    else return b;
  }
/ ***************** 以下为子函数 min *****************/
int min(int a, int b)
  { char   x;                 //本函数内有 a、b、x 共 3 个变量
    if (a>b) return b;
    else return a;
  }
/ ***************** 以下为主函数 main *****************/
void main(void)
{float x,y,z,d;               //本函数内有 x、y、z、d 共 4 个变量
  x = 10.5;
  y = 20;
  z = max(x,y);
  d = min(x,y);
  }
```

结合上面程序说明以下几点:

(1) main 主函数中定义的变量(x、y、z、d)只在 main 函数中有效,不因其调用了 max 和 min 函数就认为这 4 个变量也在 max 和 min 函数中有效。

(2) 不同函数中可以使用相同名字的变量,它们代表不同的对象,互不干扰。如 max 中的形参 a 和 b 与 min 中的形参 a 和 b 是不同的变量,在内存中占用不同的内存单元。

(3) 形参也是局部变量,只在各自的函数中起作用。

(4) 用"{ }"括起来的复合语句中也可以定义变量,这些变量的作用范围更小,只在本复合语句中起作用。

例如:

```
void main(void)
{float x,y,z,d;
   ……
      { int a;                //变量 a 只在本复合语句中有效
      ……
      }
   }
```

变量 a 只在本复合语句中有效,离开该复合语句该变量就不能使用了。

接下来研究一下全局变量。在函数外面定义的变量为全局变量。全局变量的有

效范围为从定义变量的位置到本源程序文件的结束。

例如：

```
int biaozhi,jihao;
int max(int a, int b)
  { float c;                    //本函数内有 a、b、c 共 3 个变量
    if (a>b) return a;
    else return b;
  }
char flag,wendu;
int min(int a, int b)
  { char   x;                   //本函数内有 a、b、x 共 3 个变量
    if (a>b) return b;
    else return a;
  }
/ ***************** 以下为主函数 main ********************/
void main(void)
  {float x,y,z,d;               //本函数内有 x、y、z、d 共 4 个变量
   x = 10.5;
   y = 20;
   z = max(x,y);
   d = min(x,y);
  }
```

biaozhi、jihao、flag、wendu 都是全局变量,但是它们的作用范围不同。在函数 main 和 min 中这 4 个变量都可以使用,但是在函数 max 中只能使用全局变量 biaozhi 和 jihao。而不能使用 flag 和 wendu。

一个函数中既可以使用本函数中定义的局部变量,也可以使用有效的全局变量。那么,使用全局变量究竟有什么好处,又有什么不好的呢? 听听阿范是怎么说的吧!

阿范如是说:

现在的年青人不知道啊,在改革开放之前的那个年代,大姑娘和小伙子处对象都像地下工作者似的,为什么这么说呢? 是这样的,在那个没有手机和计算机的年代,在一个村庄的两个年青人处对象通常是要在一个地点约会,如果胆儿小的,可能就得靠通信了,怎么通信呢? 一般他们会选择一个地点(某棵大树下),把写好的信放在那,然后另一个人去取,看完信后回 信,把回复的信再放回原处,就这样实现了通信。那么,他们的这种通信方式和全局变量的使用有什么关系呢? 是这样的,在 C 语言程序中,有时候两个函数之间会进行

数据交换,这时如果使用全局变量就非常方便了,因为一个全局变量在两个函数中都可以使用,如果在一个函数中修改了这个全局变量的值,那么在另一个函数中就会发现,从而实现了"消息"的通信。两个函数就相当于前面提到的村里的两个恋人,全局变量就是那棵树里面藏的信纸,而全局变量中的内容就是那封信。

接着上面的话题,下面继续研究全局变量在单片机系统中应用。例如,单片机控制智能小车,当小车检测到3个铁片时就立刻停止运动。在设计程序时,可以把小车检测铁片这个任务用一个函数来实现,把小车寻迹向前运动用一个函数来实现,但是,在这两个函数中都涉及一个用来存储铁片数量的全局变量,在检测铁片函数中只是当检测到了铁片时将存储铁片数量的全局变量加1,在小车寻迹向前运动的函数中判断这个全局变量是否等于3,如果等于3就让小车立刻停车,否则继续前进。当然全局变量的用法要和具体应用结合起来,在后续章节中会结合实例练习。

2. 变量的存储类别

上文说到,每个变量都有自己的势力范围和生命时间。现在即将与大家一起探讨的就是有关变量生命时间的重要话题,即研究一下变量的存储类别。那么,如何理解存储类别呢? 在 C 语言中为什么要区分存储类别呢? 下面听听阿范是怎么说的吧!

阿范如是说:

从变量的生命时间来看,变量的存储可以分为动态存储和静态存储。如何理解这两种存储方式呢? 这得先从生活中那些事儿谈起,中国人口多,对楼房的需求也多,楼价一直攀升,这就导致有些人买了属于自己的房子,而有些人只能租房子住了。买了自己的房子的就算安居乐业了;而租房子住的则是居无定所,会频繁地更换住所。当然了,长期来看,这些房子都是人活着的时候的临时住所而已。好了,现在来说说变量的两种存储方式。静态存储方式是指在程序的运行期间给变量分配固定的存储空间的方式。动态存储方式是指在程序运行期间根据需要进行动态地分配存储空间的方式。关于变量的两种存储方式与前面提到的两种住房人的关系请自行体会吧。

书归正传,知道变量有两种存储方式了。那么,究竟怎么设置变量的存储方式呢? 又是如何决定将变量的存储方式设置成静态还是动态的呢? 请随笔者慢慢向下看。

在 C 语言中,有 4 个关键字用来描述变量的存储类别,即这 4 个关键字可以决定每个变量的生命长短,它们分别是:自动的(auto)、静态的(static)、寄存器的(register)、外部的(extern)。

(1) auto 自动变量(动态存储)

函数中的局部变量,如不专门声明为 static 存储类别,都是动态地分配存储空间的,数据存储在动态存储区中。函数中的形参和在函数中定义的变量(包括在复合语句中定义的变量),都属此类,在调用该函数时系统会给它们分配存储空间,在函数调用结束时就自动释放这些存储空间。这类局部变量称为自动变量。自动变量用关键字 auto 作存储类别的声明。

例如:

```
int f(int a)          /* 定义 f 函数,a 为参数 */
{auto int b,c = 3;    /* 定义 b,c 自动变量 */
……
}
```

在实际程序中 auto 可以省略,因此,程序中未加特别声明的局部变量都是动态存储的自动变量。

(2) static 静态变量(静态存储)

有时希望函数中的局部变量的值在函数调用结束后不消失而保留原值,即其占用的存储单元不释放,在下一次调用该函数时,该变量的值仍得以保留。这时就应该为此局部变量指定为"静态局部变量",用关键字 static 进行声明。

在单片机系统中,利用定时器作跑马灯实验,每次定时器中断都会将一个变量里的数据赋值给单片机的 I/O 口,然后左移数据并保存到该变量中,以备下一次定时器中断使用。当然,使用全局变量也可以实现这样的功能,但是当这个变量只在定时器中断函数中使用时最好就不要使用全局变量,使用静态的 static 型变量较为合适。

例如,定义一个静态整型局部变量 i:

```
static int i;
```

(3) register 寄存器变量(动态存储)

为了提高效率,C 语言允许将局部变量的值放在 CPU 的寄存器中,这种变量叫"寄存器变量",用关键字 register 声明。这类变量是动态存储的。

> 注意:(1) 只有局部自动变量和形式参数可以作为寄存器变量。
> (2) ATmega128 单片机只有 32 个寄存器,不能定义任意多个寄存器变量。
> (3) 局部静态变量不能定义为寄存器变量,即 static 和 register "不共戴天"。

(4) extern 外部变量(静态存储)

外部变量(即全局变量)是在函数的外部定义的,它的作用域为从变量定义处开始,到本程序文件的末尾。如果外部变量不在文件的开头定义,其有效的作用范围只限于定义处到文件终了。如果在定义点之前的函数想引用该外部变量,则应该在引用之前用关键字 extern 对该变量作"外部变量声明"。表示该变量是一个已经定义的外部变量。有了此声明,就可以从"声明"处起,合法地使用该外部变量了。

例如:用 extern 声明外部变量,扩展程序文件中的作用域。

```
int min(int a, int b)
  {
    if (a>b) return b;
    else return a;
  }
void main(void)
  {
    extern A,B;
    float d;
    d = min(A,B);
  }
int A = 10,B = 5;
```

说明:在本程序文件的最后 1 行定义了外部变量 A 和 B,但由于外部变量定义的位置在函数 main 之后,因此本来在 main 函数中不能引用外部变量 A 和 B。现在在 main 函数中用 extern 对 A 和 B 进行"外部变量声明",就可以从"声明"处起,合法地使用该外部变量 A 和 B 了。

2.6 程序结构和流程控制语句

如果读者以前没有 C 语言的基础,那么,笔者想当读者学到这个份儿上的时候,会有一种武松晚上上山的感觉,这怎么讲呢? 武松当年上山打老虎,开始的时候很自信,可是当天越来越黑的时候,武松就有些害怕,还有些后悔,更弄不清楚山上究竟有几只老虎,想必现在的读者就有这种感觉吧。好的,还是先听听阿范是怎么说的,让他帮我们指引一下前进的方向吧。

阿范如是说:

通过前面的学习,我们已经掌握了一些 C 语言的基础知识。如关键字、标识符、表达式、函数等。如果用 C 语言和人类语言进行比较的话,前面学的这些基础知识就相当于人类语言中的语素、字、词、句和段。现在基础知识储备也算可以了,如果想完成一篇漂亮的文章,那还得补充点有关文章结构的知识,记得在语文中学过一些文章的结构,尽管我语文从来没有及格过,但是还是能隐约记得几种文章的结构,如分总式、总分式、总分总式,好像还有什么倒叙、插叙等。语文学得不好,也弄不太清,总之,接下来要学的知识是有关 C 语言程序的几种基本结构以及实现这些结构所常用的控制语句。

从程序流程的角度来看,程序可以分为 3 种基本结构,即顺序结构、选择结构、循环结构。这 3 种基本结构可以组成所有的复杂程序。C 语言提供了多种语句来实现这些程序结构。

2.6.1 按部就班——顺序结构

记得有这么一句话用来形容某人简单、固执,这句话就是"某某人脑袋一根筋,一条道跑到黑"。在 C 语言中顺序结构就有这样的特点。顺序结构是一种最基本,最简单的编程结构。在这种结构中程序单纯地从低地址端开始向高地址端按顺序执行指令代码。

2.6.2 人生的十字路口——选择结构

其实人每天都在选择,从小到大,从读哪所小学到读哪所大学,从早上开始选择穿什么衣服到中午选择在哪个饭店吃饭等。

在单片机程序设计中也存在一种结构就是选择结构,选择结构就是有选择地执行程序,而不像顺序结构那样按部就班的一条语句一条语句的执行。选择结构的程序首先要判断条件,如果条件满足,则执行一些语句,如果条件不满足,则执行另一些语句。选择结构主要有 if 语句、if 的嵌套语句及 switch/case 语句等。下面一起详细研究如何用这几个语句实现选择结构程序的设计。

1. if 语句

用 if 语句可以构成分支结构。它根据给定的条件进行判断,以决定执行某个分支程序段。C 语言的 if 语句有 3 种基本形式:

第 1 种形式为基本形式:if

    if(表达式)语句;

其语义是:如果表达式的值为真,则执行其后的语句,否则不执行该语句,继续执行这条语句下面的程序。其过程可表示为图 2-4 所示。

第 2 种形式为:if…else

```
if(表达式)
        语句 1;
else
        语句 2;
```

其语义是：如果表达式的值为真，则执行语句 1，否则执行语句 2。

其执行过程可表示为图 2-5 所示。

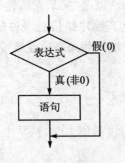

图 2-4 if 结构流程 1

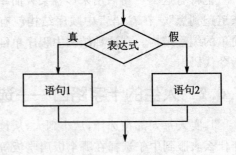

图 2-5 if 结构流程 2

第 3 种形式为：if…else…if

前两种形式的 if 语句一般都用于两个分支的情况。当有多个分支选择时，可采用 if…else…if 语句，其一般形式为：

```
if(表达式 1)
        语句 1;
    else  if(表达式 2)
        语句 2;
        else  if(表达式 3)
            语句 3;
            …
            else  if(表达式 m)
                语句 m;
                else
                    语句 n;
```

其语义是：依次判断表达式的值，只要出现某个表达式的值为真时，则执行其对应的语句。然后跳到整个 if 语句之外继续执行程序。如果所有的表达式均为假，则执行最后一条语句 n。然后继续执行后续程序。if…else…if 语句的执行过程如图 2-6 所示。

下面举一个应用 if…else…if 语句构成的选择结构的程序。ATmega128 单片机端口 D 接了 4 个按键，端口 C 接了 8 个 LED 发光二极管。具体电路如图 2-7 所示。当有按键按下时，点亮一个 LED 小灯，当没有任何按键按下时，把所有小灯熄灭。

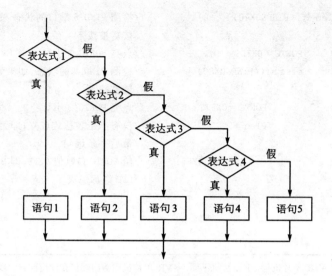

图 2-6　if 结构流程 3

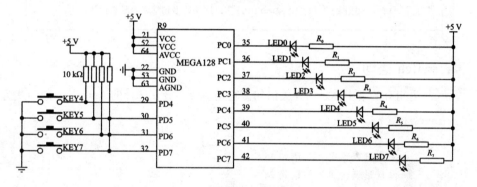

图 2-7　按键控制 LED 小灯

具体程序代码如下:

```
#include <avr/io.h> //将单片机寄存器定义文件包含到本文件
int main(void)
{
    DDRD = 0X00; //将端口 D 设置为输入
    DDRC = 0XFF; //将端口 C 设置为输入
    while(1) //while(1)死循环语句
/******"&"为按位与逻辑运算符 ******************/
    {
    if((PIND&0X10) == 0)        //检测 PIND.4 端口的状态,如果为零说明有按键被按下
    PORTC = 0XFE;               //点亮 PORTC.0 小灯
    else if((PIND&0X20) == 0)   //检测 PIND.5 端口的状态,如果为零说明有按键被按下
        PORTC = 0XFD;           //点亮 PORTC.1 小灯
```

注意别把 "==" 写成 "="

```
        else if((PIND&0X40) = = 0)        //检测 PIND.6 端口的状态,如果为零说明有
                                          //按键被按下
            PORTC = 0XFB;                 //点亮 PORTC.2 小灯
            else if((PIND&0X80) = = 0)    //检测 PIND.7 的状态,如果为零说明有按
                                          //键被按下
                PORTC = 0XF7;             //点亮 PORTC.3 小灯
                else                      //没有一个表达式成立,即无键按下,则执行
                                          //最后一条语句
                    PORTC = 0XFF;         //给 PORTC 口赋值 0XFF,即 8 个 1,所有 8 个
                                          //LED 灯都熄灭
    }
}
```

> 注意:AVR 单片机与 51 单片机不同,AVR 单片机的输出端口在使用前一定要声明端口的输入输出方向。如在本例中端口 C 为输出,端口 D 为输入,因此在程序初始化时加上了"DDRC=0XFF;"和"DDRD=0X00;",这是许多初学者容易忘记的地方。

2. switch 语句

switch 语句有的书中称之为开关语句。它是一个多分支选择的语句,其一般形式为:

```
switch(表达式)
{
        case 常量表达式 1:   语句 1;
        case 常量表达式 2:   语句 2;
        ……
        case 常量表达式 n:   语句 n;
        default        :   语句 n + 1;
}
```

其语义是:先计算表达式的值,然后逐个与 case 后面的常量表达式的值相比较,当表达式的值与某个常量表达式的值相等时,执行其后的语句,然后不再进行判断,继续执行后面所有 case 后的语句。如表达式的值与所有 case 后的常量表达式均不相同时,则只执行 default 后的语句。

注意:需要说明的是,执行完某个 case 语句后,该 case 后面的所有语句都会被执行,如果读者不想采用这样的执行方式,可以应用 break 语句。应用 break 的 switch 语句形式为:

```
switch(表达式)
{
  case 常量表达式 1:语句 1;break;
```

```
case 常量表达式 2：语句 2；break；
case 常量表达式 3：语句 3；break；
……
case 常量表达式 n：语句 n；break；
default     ：语句 n+1；
}
```

注意：case 后面常量表达式的值不能相等，否则会出现矛盾。

下面完成一个流水灯的实验，进一步理解 switch 语句的应用。LED 小灯仍然接在 PORTC 口，具体的电路参考图 2-7。

```
#include <avr/io.h>            //将单片机寄存器定义文件包含到本文件
#define uchar unsigned char    //定义伪指令，uchar 代表了 unsigned char
#define uint unsigned int      //定义伪指令，uint 代表了 unsigned int
/ ******************** 延时子程序 ********************* /
void DelayMs(uint i)
{
uint j;
for(;i!=0;i--)                 //两层 for 循环嵌套实现延时
   {
   for(j=10000;j!=0;j--);      //分号表示 for 循环体是空语句
   }
   }
/ *****************************************
功能说明：根据 i 值执行相应的功能，遇到 Break 语句跳出开关函数
"~"为按位取反运算符。
***************************************** /
void Ledlight(uchar i)
{
switch(i)
  {
    case 0：PORTC = ~0x01; break; //取反码,LED 是共阳极接法,低电平点亮,PORTC.0 小灯亮
    case 1：PORTC = ~0x02; break; //取反码,LED 是共阳极接法,低电平点亮,PORTC.1 小灯亮
    case 2：PORTC = ~0x04; break; //取反码,LED 是共阳极接法,低电平点亮,PORTC.2 小灯亮
    case 3：PORTC = ~0x08; break; //取反码,LED 是共阳极接法,低电平点亮,PORTC.3 小灯亮
    case 4：PORTC = ~0x10; break; //取反码,LED 是共阳极接法,低电平点亮,PORTC.4 小灯亮
    case 5：PORTC = ~0x20; break; //取反码,LED 是共阳极接法,低电平点亮,PORTC.5 小灯亮
    case 6：PORTC = ~0x40; break; //取反码,LED 是共阳极接法,低电平点亮,PORTC.6 小灯亮
    case 7：PORTC = ~0x80; break; //取反码,LED 是共阳极接法,低电平点亮,PORTC.7 小灯亮
```

```
            default:break;                      //无匹配值返回
          }
}
/ ************************* 主函数程序 *************************/
int main(void)
{
uchar i;                                //无符号字符型变量
DDRC = OXFF;                            //端口 C 设置为输出
while(1)                                //while 死循环,主函数必须是死循环
  {
    for(i = 0;i<8;i++)                  //for 循环语句 i 从 0~7 变化
      {
        Ledlight(i);                    //调用灯亮函数
        DelayMs(1000);                  //延时,以便能够观察到灯亮灭效果
      }
  }
}
```

注意： 在 DelayMs( )延时函数里和主函数 main(void)里都定义了变量 i,但是它们是不同的,而且只在自己的函数体内"好使",相当于两个城市的"老大",但是都是只在自己的那片儿好使。还有,关于 for 循环语句在下面讲解,如果没有 C 语言基础也不要盯住 for 不放,下面讲完 for 语句再回头来看上面这段程序就可以了。最后,需要说明一点,如果使用 AVR STUDIO软件编译上面的程序,需要将菜单 Project下的configuration里的优化等级选项 Optimizatio 设置为"00"。

2.6.3　小毛驴拉完磨就放你回去——循环结构

左图是一个驴拉磨的情景,想想在没有完成拉磨任务前,能放驴出去吗?肯定不能吧。只有当驴把活儿干完了,才能放它走。在单片机的程序设计中有一种结构就是循环结构。循环结构是程序中一种很重要的结构。其特点是,在给定条件成立时,反复执行某程序段,此时 CPU(驴)甭想离开这段程序,要一直执行,直到条件不成立为止。给定的条件称为循环条件,反复执行的程序段称为循环

体。C 语言提供了多种循环语句,可以组成各种不同形式的循环结构。

1. goto 语句以及用 goto 语句构成循环

goto 语句是一种无条件转移语句,就是指 goto 语句可以跳转到程序的任何地方。goto 语句的使用格式为:

```
goto  语句标号;
```

其中标号是一个有效的标识符,这个标识符加上一个":"一起出现在程序中,执行 goto 语句后,程序将跳转到该标号处并执行其后的语句。通常 goto 语句与 if 条件语句一起使用,当满足某一条件时,程序跳到标号处运行。

由于 goto 语句跳转的范围非常广,程序的流向也很容易被打乱,所以在现代的结构化设计方法中,应该尽量限制 goto 语句的使用,有人提出要取消 goto 语句。笔者建议尽量不使用 goto 语句,而是使用下面介绍的几条循环语句,它们具有很好的结构化特性。

> 注意: goto 语句所能跳转到的标号必须与 goto 语句同处于一个函数中,但可以不在一个循环层中。

2. while 语句

while 语句的一般形式为:

```
while(表达式)  语句
```

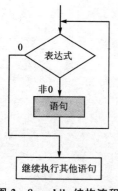

图 2-8 **while 结构流程**

其中表达式是循环条件,语句为循环体。while 语句的执行过程如图 2-8 所示。

while 语句的表达式可以是常量、变量和各种表达式,while 语句计算表达式的值,只要这个表达式所描述的事情成立或该表达式经过计算后的值是非 0 值,就一直循环执行其后面的语句;当表达式所描述的事情不成立或经过计算后表达式的值为 0 时,就不再执行其后面的语句,并跳出 while 循环。while 的语句部分可以是单条语句,也可以是由大括号"{}"扩起来的语句体。

例如:

```
while(1)   PORTC = 0X00;
```

上面的语句中,表达式的位置是一个常量 1,该数据是个非 0 值,也就是条件一直成立,所以将一直循环执行语句 PORTC = 0X00,程序会"死"在此处。再举个例子:

```
...
char i, j;
i = 3;
j = 5;
while(j>i)
    {
        PORTC = 0X00;
        j = j - 1;
    }
...
```

在上面的这段程序中,定义了两个变量 i 和 j,并且给它们赋了初始值,分别为 3 和 5。接下来判断表达式 j>i 是否成立,只要 j>i 成立就执行一遍循环体中的内容,在循环体中每次将 j 减 1,当执行两次循环体的内容后,j 的值变成了 3,此时 j>i 已经不再成立了,所以循环体中的内容将不再执行,而是继续执行下面的程序。下面再举一个例子,练习使用 while 语句控制 LED 小灯交替闪烁,电路参考图 2-7。

```
/* 练习使用 while 语句,当表达式成立时(值为非 0 时)执行循环体的内容 */
/* 让 LED 小灯的亮灭状态取反,小灯闪烁 */
# include <avr/io.h>               //将单片机寄存器定义文件包含到本文件
# define uchar unsigned char       //定义伪指令,uchar 代表了 unsigned char
# define uint unsigned int         //定义伪指令,uint 代表了 unsigned int
/******************** 延时子程序 ********************/
void DelayMs(uint i)
{
uint j;
for (;i!=0;i--)                    //两层 for 循环嵌套实现延时
    {
        for (j=1000;j!=0;j--);     //分号表示 for 循环体是空语句
    }
}
/******************** 主程序 ********************/
int main(void)
{   uchar i = 10;                  //变量 i 控制 LED 闪烁次数
    DDRC = 0XFF;                   //单片机端口 C 设置为输出
    PORTC = 0X55;                  //给 PORTC 口赋初始值,让 LED 小灯隔一个亮一个
    while(i--)                     //当条件为真时执行函数体,变量 i 自减,然后
                                   //重新判断条件是否为真

    {
    PORTC = ~PORTC;               //PORTC 端口按位取反,高电平变低电平,低电平
                                   //变高电平
    DelayMs(10);                   //调用延时函数 DelayMs()
```

```
    if (i = = 0)                    //为了使 LED 连续闪烁,需要用 if 语句判断恢复变量 i 的初
                                    //始值
    i = 10;                         //重新给 i 赋值 10
    }
}
```

3. do…while 语句

do…while 语句的一般形式为:

```
        do
            语句;
            while(表达式);
```

注意这里有个 ";"

这个循环与 while 循环的不同之处在于:do…while 结构不管三七二十一先执行一次循环中的语句,然后再判断表达式是否为真,如果为真则继续循环;如果为假,则终止循环。因此,do…while 循环至少要执行一次循环语句。其执行过程可用图 2-9 表示。

把上面的小灯取反闪烁程序的"while( )"语句控制的循环体改为"do {} while( );"控制的循环体后,程序如下。通过程序体会"do {} while( );"的应用。

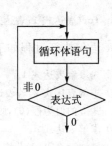

图 2-9 do…while 结构流程

```
/*练习使用 do…while 语句,当表达式成立时(值为非 0 时)执行循环体的内容*/
/*让 LED 小灯的亮灭状态取反,小灯闪烁*/
#include <avr/io.h>              //将单片机寄存器定义文件包含到本文件
#define uchar unsigned char      //定义伪指令,uchar 代表了 unsigned char
#define uint unsigned int        //定义伪指令,uint 代表了 unsigned int
/***********************延时子程序************************/
void DelayMs(uint i)
{
uint j;
for (;i!=0;i--)                  //两层 for 循环嵌套实现延时
    {
        for (j=1000;j!=0;j--);   //分号表示 for 循环体是空语句
    }
}
/***********************主程序************************/
int main(void)
{   uchar i = 10;                //变量 i 控制 LED 闪烁次数
    DDRC = 0XFF;                 //单片机端口 C 设置为输出
    PORTC = 0X55;                //给 PORTC 口赋初始值,让 LED 小灯隔一个亮一个
```

```
do
{
PORTC = ～PORTC;            //PORTC 端口按位取反,高电平变低电平,低电平变高电平
DelayMs(10);               //调用延时函数 DelayMs()
if (i = = 0)               //为了使 LED 连续闪烁,需要用 if 语句判断恢复变量 i 的初始值
i = 10;                    //重新给 i 赋值 10
}
while(1);
}
```

4. for 语句

在 C 语言中,for 语句使用最为灵活,它的一般形式为:

for(表达式 1;表达式 2;表达式 3) 语句

for 语句执行过程如下:

(1) 先求解表达式 1。
(2) 求解表达式 2,若表达式 2 的值为真(非 0),则执行语句,然后执行下面第(3)步;若表达式 2 的值为假(0),则结束循环,转到第(5)步。
(3) 求解表达式 3。
(4) 转回上面第(2)步继续执行。
(5) 表达式 2 条件不成立,循环结束,执行 for 语句后面的语句。

其执行过程可用图 2-10 表示。

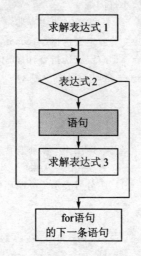

图 2-10 for 循环结构流程图

也可以用下面的形式描述 for 语句:

for(循环变量赋初值;循环条件;循环变量增量) 语句

循环变量赋初值是一个赋值语句,它用来给循环控制变量赋初值;循环条件是一个关系表达式,它决定什么时候退出循环;循环变量增量用于定义循环控制变量每循环一次后按什么方式变化。这 3 个部分之间用";"分开,而不是","。

例如:

```
for(i = 1; i< = 100; i + + ) sum = sum + i;
```

先给 i 赋初值 1,判断 i 是否小于等于 100,若是则执行"sum = sum + i;"语句,之后 i 值增加 1,再重新判断,直到条件为假,即 i>100 时,结束循环,就不再执行语句"sum = sum+i;"了。

可以用 while 语句将上面的程序改写如下:

```
i = 1;
while(i< = 100)
    {
        sum = sum + i;
        i + + ;
    }
```

对于 for 循环中语句的一般形式,就是如下的 while 循环形式:

```
表达式 1;
while(表达式 2)
    {语句
     表达式 3;
    }
```

互动环节:

阿宽:for 循环中的表达式是否可以省略呢?

阿范:当然可以了,循环中的"表达式 1(循环变量赋初值)"、"表达式 2(循环条件)"和"表达式 3(循环变量增量)"都是选择项,可以缺省,但是需要注意的是";"不能缺省。

阿宽:如果省略了表达式 1 会产生怎样的效果呢?

阿范:省略表达式 1 表示不对循环变量初始值进行控制,可能会对程序产生影响。

小红:那么如果省略表达式 2 会怎么样?

阿范:如果省略了 2 更加糟糕,程序成了死循环,当然有时我们还会利用这种死循环。

春旭:如果省略了表达式 3 会产生什么影响呢?

阿范:如果省略了表达式 3 则不对循环变量进行增减控制。

下面用 for 语句完成一个方波发生器的程序,代码如下;

```
/* while 语句和 for 语句混合应用,实现产生两种频率的方波的功能 */
#include <avr/io.h>                    //将单片机寄存器定义文件包含到本文件
#define uchar unsigned char            //定义伪指令,用 uchar 代表 unsigned char
#define uint unsigned int              //定义伪指令,用 uint 代表 unsigned int
/********************* 延时子程序 *************************/
void DelayMs(uint i)
{
uint j;
for(;i!=0;i--)                         //两层 for 循环嵌套实现延时
    {
        for(j=1000;j!=0;j--);          //分号表示 for 循环体是空语句
    }
}
/********************** 主函数 ***************************/
int main(void)
{
  uchar j;                             //定义一个字符变量 j
  DDRC = 0XFF;                         //端口 C 设置为输出
  PORTC = 0X00;                        //端口 C 输出低电平
  while(1)                             //用 while 语句实现无限循环
  {
    for(j=20;j>0;j--)
      {
        PORTC = ~PORTC;                //端口 C 取反,为了产生方波
        DelayMs(10);                   //延时
      }
    for(j=20;j>0;j--)
      {
        PORTC = ~PORTC;                //端口 C 取反,为了产生方波
        DelayMs(10);                   //延时
        DelayMs(10);                   //延时
      }
  }
}
```

　　上面的程序从 main() 主函数开始执行,首先进行初始化,在初始化时定义了一个变量 j 并通过"DDRC=0XFF;"将端口 C 设置为输出。然后程序进入一个无限循环的循环体中(因为 while 语句中的表达式为 1,条件永远成立,所以程序出不了while 的循环体),在 while 循环体中又包含两个 for 语句循环,分别用于产生两种频率的方波,因为单片机的 CPU"跑"得太快了,所以在每次取反 PORTC 口状态(通过PORTC=~PORTC 取反 C 口状态,从而产生方波)后都要调用延时函数(目的是把

CPU 弄到延时函数那里去"转圈跑",达到延时的目的);延时函数"DelayMs()"是通过两个 for 循环语句嵌套实现的,需要注意的是"for (j=10000;j!=0;j－－);"中的";"绝对不可以省略。

5. break 语句与 continue 语句

(1) break 语句

break 语句通常用在循环语句和开关语句中。当 break 用于开关语句 switch 中时,可使程序跳出 switch 而执行 switch 以后的语句。break 在 switch 中的用法已在前面介绍开关语句时的例子中介绍了,这里不再举例。

当 break 语句用于 do…while、for、while 循环语句中时,可使程序终止循环而执行循环后面的语句,通常 break 语句与 if 语句在一起使用,当满足条件时便跳出循环,结构如下所示,对应的流程图如图 2-11 所示。

```
while(表达式 1)
    { ……
       if(表达式 2) break;
       ……
    }
       ……
       ……
```

当遇到 break 时,程序就跳出了循环体,继续执行"{}"外的语句!!!

注意:(1)break 语句对 if…else 的条件语句不起作用。

(2)在多层循环中,一个 break 语句只向外跳一层。

(2) continue 语句

continue 语句的作用是跳过循环体中剩余的语句而强行执行下一次循环。continue 语句只用在 for、while、do…while 等循环体中,常与 if 条件语句一起使用,用来加速循环。结构如下所示,程序流程图如图 2-12 所示。

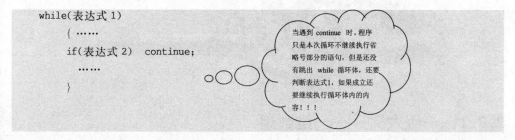

```
while(表达式 1)
    { ……
    if(表达式 2)  continue;
       ……
    }
```

当遇到 continue 时,程序只是本次循环不继续执行省略号部分的语句,但是还没有跳出 while 循环体,还要判断表达式1,如果成立还要继续执行循环体内的内容!!!

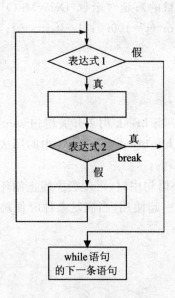

图 2-11 break 循环终止循环

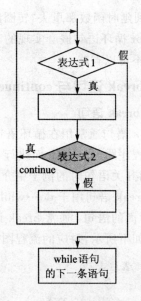

图 2-12 continue 执行下次循环

2.7 物以类聚说数组

人们常说:"物以类聚,人以群分",也就是说具有相同特点的人或物往往会聚在一起,他们有共同的特点,比如:勤劳、善良、朴实等。现实生活中这种现象比较多,我们把具有相同类型特点的数据组合在一起就构成了一种新的数据类型,称它为数组。数组中的每个成员都是数组的一份子,都有其在这个家庭中的作用,也都有相同的特点。

2.7.1 一行大树——一维数组

我们应该如何组建这个新的数据类型呢? 其实方法很简单。如下面所示:

类型说明符 数组名[常量表达式];

一个数组要有一个类型说明符,这是为什么呢? 由于数组中的成员具有相同的特点,那这个共同的特点是如何表示的呢? 我们就是用"类型说明符"来进行说明的。

例如:

```
unsigned char a[10];
```

这里定义一个数组,它的名字叫 a;它的类型是无符号字符型(unsigned char),即数组中的每个成员都是无符号字符型数据,每个成员在内存中占一个字节的存储单元;[ ]表示定义的是数组,常量表达式表示数组长度,也就是这个数组一共有多少个成员。如果定义的数组 a 一共有 10 个成员,那么如何来使用数组中的成员呢?

例如:

```
unsigned char i,j,k;
unsigned char a[10];
```

可以在程序中用"i＝a[0];j＝a[1];k＝a[2];"来引用数组中的第 1 个成员,第 2 个成员,第 3 个成员,以此类推。需要强调的是:在引用数组成员时,数组有一个下标[n],这里的 n 是从 0 开始的,例如数组 a[10],一共有 10 个成员,数据的下标是从 0～9。如果还是有些晕,那么就请大家看看上面这幅图片,上面有几棵大树,这些树就相当于是数组中的成员,当想找第 4 棵树时,就从头数到 4 就找到想要的那棵树了,但是要注意要找数组中的第 4 个数据,并把这个数据复制给 i,则应该是 i＝a[3]。

如何给数组赋初始值呢? 可以采用下面的方法:

```
unsigned char dis[] = {0xfe,0xfd,0xfb,0xf7,0xef,0xdf,0xbf,0x7f};
```

在上例中定义了一个名为 dis 的无符号字符型数组,这里没有指定数组的成员数量,此时数组成员的数量由"{ }"内的数据个数决定。

下面举一个例子说明数组在程序设计中是如何应用的。电路如图 2-13 所示。所实现的功能是让接在端口 C 上的 8 个 LED 小灯跑起来,即完成跑马灯实验。

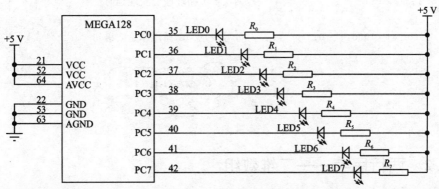

图 2-13　流水灯电路

软件设计思想:定时将数组中事先存好的数据依次取出来复制给单片机接有 LED 小灯的端口 C,也就是定时改变端口 C 上的数据从而改变小灯的亮灭状态,这样,从视觉上就会看到跑马灯的现象了。这里就不给程序流程图了。

具体程序代码如下:

```
/*练习使用数组,实现跑马灯实验的功能*/
#include <avr/io.h>              //将单片机寄存器定义文件包含到本文件
#define uchar unsigned char      //定义伪指令,用 uchar 代表 unsigned char
#define uint unsigned int        //定义伪指令,用 uint 代表 unsigned int
void DelayMs(uint i);            //函数声明,因为 DelayMs 函数位于 main 函数下方,
                                 //所以必须声明
unsigned char dis[]={0xfe,0xfd,0xfb,0xf7,0xef,0xdf,0xbf,0x7f};//定义一个数组
/******************************* 主函数 *******************************/
int main(void)
{
unsigned char i;                 //定义一个无符号字符型局部变量 i
DDRC = 0XFF;                     //将端口 C 设置为输出
while(1)                         //用 while 语句实现无限循环
    {
        for(i=0;i<8;i++)         //用 for 语句实现循环 8 次
          {
            PORTC = dis[i];      //将数组 dis 中的指定成员数据拷贝给 PORTC
            DelayMs(10);         //为了让人眼看清楚,调延时函数
          }
    }
}
/************** 延时子程序 **************/
void DelayMs(uint i)
{
uint j;                          //定义一个无符号整型局部变量 j
for(;i!=0;i--)                   //两层 for 循环嵌套实现延时
    {
    for(j=1000;j!=0;j--);        //分号表示 for 循环体是空语句
    }
}
```

> for 循环语句中 i 的值每次加 1,所以 PORTC=dis[i];就每一次都取数组中的下一个数据!!!

> 别忘了这里有个 ";" 噢!!!

2.7.2 两行民宅——二维数组

尽管一维数组很好用,但是在有些实际应用的处理上,一维数组却有些力不从心。比如:如想表示出 x,y 轴上的横纵坐标,根据横纵坐标绘制出曲线,这时用一维数组就很难实现了。因此,这一节中开始引入二维数组和多维数组的概念。

应该如何组建二维数组呢？如下面所示：

```
类型说明符 数组名[常量表达式][常量表达式];
```

例如：

```
unsigned char b[2][7];
```

这里定义了一个二维数组，它的类型说明符是 unsigned char，数组名为 b，这和一维数组完全一致，所不同的是数组有两个常量表达式，第一个常量表达式表示二维数组一共有 2 行，第二个常量表达式表示一共有 7 列。

那么，如何给二维数组赋初始值呢？可以给数组中的全部成员赋值，也可以给部分成员赋值。首先介绍如何给全部成员赋值，有两种方法：

第一种：

```
int display[2][3] = {{0,1,2},{3,4,5}};
```

第二种：

```
int display[2][3] = { 0,1,2,3,4,5};
```

上面定义的二维数组是两行三列的，所以可以把全部的 6 个数据都放在一个大括号里，也可以分成两行，把每行的元素放在一个大括号里，然后再在外边加一个"{ }"。

对部分成员赋值，如：

```
int display[2][3] = {{1},{3}};
```

则赋值后的情况如下所示：

1	0	0
3	0	0

定义和赋值都明白了，但是如何找到想用的那个数据呢？还是先给大家讲个故事吧，记得有一个人到笔者所住的村子找一户人家，笔者爱做好事啊，就告诉他怎么走能找到他想找的人家。笔者是这样和他说的，"你找的那个人家住在村子的第二行民房从西头数第 3 户人家就是了。"，那个人按照笔者说的果然找到了。

注意：这里需要注意，当定义了一个两行三列的整型数组，如："int display[2][3]={{0,1,2},{3,4,5}};"
但是当想把第 2 行第 2 个数据复制给变量 i 时，应该是 i=display[1][1]，而非 i=display
[2][2]，这是为什们呢？因为[]的下标是从 0 开始的。

下面通过具体的应用实例让大家进一步体会二维数组的应用。电路如图 3 - 13
所示。要求单片机端口 C 上接的两个 LED 交替闪烁。

软件设计思想：利用在民宅里找指定住户的思想，通过指定二维数组的行与列精确
地找到想找的数据，然后把该数据赋值给单片机端口 C，从而点亮 LED 小灯，不断交替
变化着把二维数组中的数据复制给单片机端口 C，最终实现两个 LED 小灯交替闪烁。

具体程序代码如下：

```
#include <avr/io.h>            //将单片机寄存器定义文件包含到本文件中
#define uchar unsigned char    //定义伪指令,用 uchar 代表 unsigned char
#define uint unsigned int      //定义伪指令,用 uint 代表 unsigned int
void DelayMs(uint i);          //函数声明,因为 DelayMs 函数位于 main 函数下方,
                               //所以必须声明
/*********************************************/
//定义一个二维数组,5 行 8 列,存储 40 个彩灯数据。每行数据间用逗号隔开
/*********************************************/
unsigned char dis[5][8] =
{
{0xfe,0xfd,0xfb,0xf7,0xef,0xdf,0xbf,0x7f}
,{0x7f,0xbf,0xdf,0xef,0xf7,0xfb,0xfd,0xfe}
,{0x00,0xff,0x00,0xff,0x00,0xff,0x00,0xff}
,{0x7f,0x3f,0x1f,0x0f,0x07,0x03,0x01,0x00}
,{0x00,0x01,0x03,0x07,0x0f,0x1f,0x3f,0x7f}
};
    //注意,此处有一个分号
/*********************** 主函数 ***********************/
int main(void)
{
DDRC = 0XFF;                   //将端口 C 设置为输出
while(1)
    {
        PORTC = dis[0][0];     //数组中第一个数据复制给 PORTC
```

数组中这 40 个数据就
存放在单片机片内数
据储存器中。

```
        DelayMs(20);              //调用延时函数
        PORTC = dis[4][7];        //把数组中最后一个数据复制给 PORTC
        DelayMs(20);              //调用延时函数
    }
}
/*****************  延时子程序  ***********************/
void DelayMs(uint i)
{
uint j;                          //定义一个无符号整型局部变量 j
for (;i!=0;i--)                  //两层 for 循环嵌套实现延时
    {
        for (j=1000;j!=0;j--);   //分号表示 for 循环体是空语句
    }
}
/********************  程序结束  **************************/
```

下面再用二维数组实现古老神灯的多样化闪烁,电路参考图 2-13。

软件设计思想:将二维数组中的数据依次取出来送到接有 LED 小灯的 PORTC 口,不断地取二维数组中的下一个数据,小灯自然亮灭状态不同,所以看上去就是多样化闪烁。

程序代码如下:

```
# include <avr/io.h>            //将单片机寄存器定义文件包含到本文件中
# define uchar unsigned char    //定义伪指令,用 uchar 代表 unsigned char
# define uint unsigned int      //定义伪指令,用 uint 代表 unsigned int
void DelayMs(uint i);           //函数声明,因为 DelayMs 函数位于 main 函数下方,
                                //所以必须声明
/********************************************/
//定义一个二维数组,5 行 8 列,存储 40 个彩灯数据。每行数据间用逗号隔开
/********************************************/
unsigned char dis[5][8] =
{
{0xfe,0xfd,0xfb,0xf7,0xef,0xdf,0xbf,0x7f}
,{0x7f,0xbf,0xdf,0xef,0xf7,0xfb,0xfd,0xfe}
,{0x00,0xff,0x00,0xff,0x00,0xff,0x00,0xff}
,{0x7f,0x3f,0x1f,0x0f,0x07,0x03,0x01,0x00}
,{0x00,0x01,0x03,0x07,0x0f,0x1f,0x3f,0x7f}
};    //注意,此处有一个分号
/*******************  主函数  *******************/
int main(void)
{
unsigned char i;                //定义一个无符号字符型变量 i,用来指定二维数组的列
```

```
unsigned char j;                    //定义一个无符号字符型变量 j,用来指定二维数组的行
DDRC = 0XFF;                        //将端口 C 设置为输出
while(1)
   {
       for(j = 0;j<5;j ++ )
          {
           for(i = 0;i<8;i ++ )
              {
                PORTC = dis[j][i]; //二维数组的引用方式,"双下标"
                DelayMs(10);       //调延时子函数
              }
          }
      }
   }
/ ******************延时子程序 *************************/
void DelayMs(uint i)
{
uint j;                             //定义一个无符号整型局部变量 j
for (;i! = 0;i--)                   //两层 for 循环嵌套实现延时
   {
       for (j = 1000;j! = 0;j--); //分号表示 for 循环体是空语句
   }
}
/ ******************程序结束 *************************/
```

用两个 for 循环语句改变 i 和 j 的值,从而达到取数组 dis 中不同数据的目的,第一个 for 循环用来改变数组的行,第二个 for 循环用于改变行中的列数据

程序分析:这是一个比较常用的多样化彩灯实现方案,定义一个二维数组,里面存放了 40 个彩灯数据,主函数的主要工作就是将数组中的数据取出来送给 PORTC 端口供 LED 显示用。用 unsigned char dis[5][8] 定义了一个 5 行 8 列的数组,并且在定义数组时进行了初始化操作,用{}扩起来的数据表示的是一行中的数据,每行之间要用","号进行隔离。那么如何引用数组中的元素呢? 这里采用了双下标,"PORTC=dis[j][i];",在程序中通过两个 for 循环来不断地改变 i 和 j 的值,从而达到取数组 dis 中不同数据的目的。将数组中获得的彩灯数据送给单片机 PORTC 口,PORTC 口控制 LED 灯的显示状态,最终实现了彩灯效果。

2.7.3　字符数组

字符型数组就是数组的元素为字符型变量的数组。字符型一维组的声明形式为:

```
char 数组名[常量表达式];
```

字符型二维数组的声明形式为:

```
char 数组名[常量表达式 1][常量表达式 2];
```

字符串是指用双引号括起来的一串字符,如"hello"。在 C 语言中没有字符串类型的变量。C 语言是用字符数组处理字符串的。在 C 语言里规定,字符串必须以'\0'字符结束,'\0'字符叫作结束符。例如,字符串"GNU"含有 4 个字符,分别是:'G'
'N''U''\0',在存储该字符时,C 语言将该字符串放到一个含有 4 个字符型变量的字符数组中。字符串一般采用如下形式进行声明:

```
char 字符串名[ ] = "字符串";
```

例如:

```
char string[] = "hello";
```

上面的定义中没有指定字符数组的长度,C 语言编译器会根据字符串的长度自动分配 6 个变量的空间给字符数组 string,用于存储字符串"hello"。这里需要注意的是,编译器分配给数组的是 6 个变量的存储空间,而不是 5 个,因为结束符'\0'需要占用 1 个。字符串也可以按照字符数组的方式声明,上例可以改写为:

```
char string[] = {'h', 'e', 'l', 'l', 'o', '\0'};
```

需要注意的是字符串不能在程序中用赋值符直接赋值,例如:

```
char a[5] = "hello";        /*声明一个字符串*/
char b[5];                  /*声明一个字符数组*/
b = a;                      /*这个操作是错误的*/
```

如果要对字符串进行复制,可以借助循环语句一个变量一个变量地复制。例如:

```
for(i = 0;i<5;i++)
b[i] = a[i];
```

使用字符数组时要注意:C 语言不会对数组的越界访问进行检查,因此,一定不要发生越界访问的错误,防止程序产生异常。那么,何为越界访问呢?例如,定义一个字符数组并赋了初始值,char a[5] = "hello";假如想访问这个字符串中的字符'o',而却访问了 a[5],这就不对了,因为 a[5]存储的是结束字符'\0',当然了,访问 a[6]就更不对了。

一般的变量和数组均存储在系统的数据存储器 RAM 中。AVR - GCC 还支持存储在程序存储器 ROM 中。如果数据存储在 ROM 中需要用关键字 PROGMEM 进行声明,例如:

```
const char str[ ] PROGMEM = "hello";   /*声明了一个存储在 ROM 中的字符串*/
```

需要注意的是只是在程序中用上面的形式进行声明还不够,需要用"＃include
<avr/pgmspace.h>"将头文件 pgmspace.h 包含进程序中才可以。

注意:(1)字符串都有结束符"\0"。

(2)不要越界访问。

(3)库函数中提供了许多字符串的操作函数。

(4)字符串不但可以存储于 RAM 中,还可以存储于 ROM 中,注意头文件包含。

(5)字符数组在单片机系统中常用于控制液晶屏的显示。

2.7.4　数组与函数

在第 2.5 节中介绍了有关函数的形参和实参的内容,并且知道一般数据类型的变量可以作为函数的参数,那么数组也是一种数据类型,它可不可以作为函数的参数呢? 当然可以,这一节我们就一起研究数组作为函数参数的应用,并比较数组作为函数的参数与一般类型的变量作为函数的参数的异同。

数组作为函数的参数时分两种情况:数组元素作为函数参数和整个数组作为函数参数。

1. 数组元素作为函数参数

先通过一个实例来具体看一下数组元素是如何给函数当参数的。电路可以参考图 2-13。实现的功能是将数组的第一个元素和最后一个元素传递给一个函数,在这个函数中完成这两个元素的加运算,然后将相加的结果返回给一个变量,最后再通过将这个变量赋给单片机端口 C 观看 LED 小灯的亮灭状态,从而体会整个程序的内容,并通过程序及实验现象体会数组元素作为函数参数的用法。

```
# include <avr/io.h>          //将单片机寄存器定义文件包含到本文件中
# define uchar unsigned char  //定义伪指令,用 uchar 代表 unsigned char
# define uint unsigned int    //定义伪指令,用 uint 代表 unsigned int
uint add(uint a,uint b);      //声明函数 add(),此函数返回值是整型数据,有两个
                              //整型参数
/******************************************/
//定义一个一维数组
/******************************************/
uint shuju[5] = {1,4,7,45,6}; //注意,此处有一个分号
/********************* 主函数 *******************/
int main(void)
{uint jieguo;                 //定义一个无符号整型变量 jieguo
DDRC = 0XFF;                  //将单片机端口 C 设置为输出
```

```
while(1)                                    //用 while(1)实现无限循环执行
   {
     jieguo = add(shuju[0],shuju[4]);       //调加法函数,并将数组中的两个数据传递给
                                            //加法
                                            //函数中的形参,计算后的结果返回来赋给
                                            //变量 jieguo
     PORTC = jieguo;                         //把 jieguo 赋值给单片机端口 C,以便观看结果
   }
}
/ ******************* 加法函数 ***************************/
uint add(uint a,uint b)
{
uint j;                                     //定义一个无符号整型变量 j
j = a + b;                                   //a 和 b 相加,结果赋给 j
return(j);                                   //返回 a 和 b 相加的结果 j
}
/ *********************** 程序结束 ***************************/
```

在上面的程序中通过语句"jieguo＝add(shuju[0],shuju[4]);"将数组的第一个元素 shuju[0] 和最后一个元素 shuju[4] 分别复制给了 add 函数中的形参 a 和 b,也就是将数组 shuju 中的数据 1 和 6 复制给了 a 和 b。因此,在加法函数 add 中计算后的结果为 7,然后通过返回语句 return(j)将结果 7 返回给了主函数中调用加法函数的变量 jieguo,然后,又通过语句"PORTC＝jieguo;"将 7 赋值给了单片机端口 C,这样,就可以看到单片机端口 C 上接的 8 个 LED 小灯中有 5 个亮,3 个不亮,即相当于二进制数据 00000111,也就是十进制数据 7。

通过上面的程序可知,数组元素是可以作为函数的参数进行传递的,但要求数组元素的数据类型与函数形参的数据类型要一致。数组元素作为函数参数时,数组元素与普通变量一样,数组元素只是把数据复制给了函数的形参,在函数执行过程中数组元素没有被修改。

2. 数组名作为函数参数

数组名也可以作为函数的参数,但是数组名作为函数参数与数组元素作为函数参数有着本质的区别。先通过一个实例观察实验现象,然后再和读者细说两者的区别。电路仍然可以参考图 2－13。实现的功能将一个数组的所有变量相加,然后将相加后的结果赋值给单片机的端口 C,通过 LED 小灯观察实验结果是否正确,进而体会数组名作为函数参数的使用方法。

具体的程序代码如下:

```
# include ＜avr/io. h＞            //将单片机寄存器定义文件包含到本文件
# define uchar unsigned char       //定义伪指令,用 uchar 代表 unsigned char
```

```
#define uint unsigned int          //定义伪指令,用 uint 代表 unsigned int
uint add(uint temp[5]);            //声明函数 add(),此函数返回值是整型
                                   //数据
/ *******************************************/
//定义一个一维数组
/ *******************************************/
uint shuju[5] = {1,2,3,2,1};       //注意,此处有一个分号
/ ****************** 主函数 ******************/
int main(void)
{uint jieguo;                      //定义一个无符号整型变量 jieguo
DDRC = 0XFF;                       //将单片机端口 C 设置为输出
while(1)                           //用 while(1)实现无限循环执行
  {
    jieguo = add(shuju);           //调加法函数,并将数组名传递给加法
                                   //函数中的形参,计算后的结果返回来
                                   //赋给变量 jieguo
    PORTC = jieguo;                //把 jieguo 赋值给单片机端口 C,以便
                                   //观看结果
  }
}
/ ****************** 加法函数 ******************/
uint add(uint temp[5])
{
uint j;                                              //定义一个无符号整型变量 j
j = temp[0] + temp[1] + temp[2] + temp[3] + temp[4]; //数组 temp 中 5 个元素相加,
                                                     //结果赋给 j
return(j);                                           //返回结果 j
}
/ *********************** 程序结束 ***********************/
```

将上面的程序通过软件编译后下载到单片机中,观察实验现象发现有 6 个 LED 小灯亮,有 2 个 LED 小灯灭,用二进制数表示 LED 灯的状态为 00001001(0 表示灯亮,1 表示灯灭),也就是说明上面程序计算数组元素的和是 9,证明将数组 shuju 中的数据相加结果是正确的。那么,这个过程是如何实现的呢? 是这样的,在主函数中通过语句"jieguo = add(shuju);"调用了加法函数 add,在调用时数组 shuju[5] 的名字 shuju 作为函数的参数传递给了函数的形参 temp[5]。数组名作为函数的参数与前面数组元素作为函数参数有着本质的区别,用数组名作为函数的参数时,要求函数的形参必须是数组或指针,而数组

元素作为函数参数时没有此要求。另外一点,也是最重要的一点,用数组元素作为函数参数时是把数组元素复制给函数的行参,而用数组名作为函数的参数时是数组本身变成了行参,如何理解这句话呢? 在主函数中用语句"jieguo＝add(shuju);"调用加法函数时,数组 shuju 作为函数参数传递给了函数的行参 temp[5],其实质是数组 shuju 直接"跑"到了函数 add 中参与运算,并将自己改名为 temp。因此,在加法函数 add 中出现的 temp 实际上就是数组 shuju。有点"鬼上身"被"附体"了的感觉。

　　如果在函数中把数组 temp 中的元素值改变了,那么数组 shuju 中的数据就真的被改变了。因为,此时它们只是名字不同,其实操作的是相同的内存地址。那么,该如何避免这种情况呢? 可以使用 const 关键字修饰限制形式参数,这样形参就是只读的了。如果误修改的话,系统编译时就能检查出错误。修改后的程序代码如下:

```c
#include <avr/io.h>              //将单片机寄存器定义文件包含到本文件
#define uchar unsigned char      //定义伪指令,用 uchar 代表 unsigned char
#define uint unsigned int        //定义伪指令,用 uint 代表 unsigned int
uint add(const uint temp[ ]);    //声明函数 add(),此函数返回值是整型数据
/*********************************/
//定义一个一维数组
/*********************************/
uint shuju[5] = {1,2,3,2,1};     //注意,此处有一个分号
/********************* 主函数 *********************/
int main(void)
{uint jieguo;                    //定义一个无符号整型变量 jieguo
DDRC = 0XFF;                     //将单片机端口 C 设置为输出
while(1)                         //用 while(1)实现无限循环执行
  {
    jieguo = add(shuju);         //调加法函数,并将数组名传递给加法
                                 //函数中的形参,计算后的结果返回来赋给
                                 //变量 jieguo
    PORTC = jieguo;              //把 jieguo 赋值给单片机端口 C,以便观看结果
  }
}
/********************* 加法函数 *********************/
uint add(const  uint temp[ ])
{
uint j;                          //定义一个无符号整型变量 j
j = temp[0]+temp[1]+temp[2]+temp[3]+temp[4];  //数组 temp 中 5 个元素相加,结果
                                 //赋给 j
return(j);                       //返回结果 j
}
/********************* 程序结束 *********************/
```

这里再补充说明一点,当数组作为形式参数时,可以不指定数组内成员的数量。

> **注意:** 数组元素和数组名作为函数的参数是有本质区别的。用数组元素作为参数时,系统单独给开辟内存, 因此数组元素的值不会被改变,而用数组名作为参数时,系统不单独给开辟内存空间,所以, 一旦在函数中改变了那个形参数组中的数据就真的把原数组中的数据给改变了,因为, 原数组与形参数组实际上就是一个数组,只是在不同的位置用了两个名字而已。

2.8 指桑骂槐言指针

什么是指针呢?还是先听听阿范是怎么理解的。

阿范如是说:

还是先讲个故事吧。有一次我让一个学生帮忙取一份文件,他说找不到,于是我就拿了一张纸在上面写清楚了文件存放的具体地址,他根据地址就把文件取来了。其实,这张纸就相当于一个指针变量,纸上面写的文字就相当于是指针变量里存放的数据,而这张纸上写的内容并不是我真正想要的,我想要的是由这个地址所能确定出来的文件,因此,一般来说指针变量里存储的数据并不是我真正想得到的,我是想用指针变量里的数据作为新的地址,根据这个地址找到我真正想得到的数据。因为在 C 程序中,地址和数据都是以数的形式存在的,因此,许多初学者就搞不清楚什么是指针变量,什么是指针变量中存储的内容,什么又是真正想找的数据。导致许多人都会谈"指"色变,对指针产生了恐惧心理,其实没那么可怕,下面我们一起来研究指针的应用。

2.8.1 环顾左右而言它——指针究竟在指谁

其实指针变量和普通变量一样都要占数据存储空间的某个单元地址,用来存储数据,只不过是这样的,普通的变量里面存储的确实是真正的数据,而指针变量里存储的这个数据比较特殊,指针变量存储的数据是其他某个变量在内存中所占的存储单元的地址,即指针变量里面存储的是其他变量的地址。下面结合图 2-14 分析一下普通变量和指针变量的区别。现在有两个字符型(char)变量 a 和 b 以及一个指针型变量 p。从图 2-14 中可以看出,普通变量 a 和 b 以及指针变量 p 都占用内存空间,a 占用内存空间 0X05 这个单元,并在这个单元中存储了数据 0XAA;变量 b 在内存中占用了 0X07 这个单元,并在这个单元中存储了数据

内存空间地址	内存空间	变量
0X05	0XAA	a
0X06		
0X07	0X55	b
0X08		
0X09	0X05	p
0X0A		

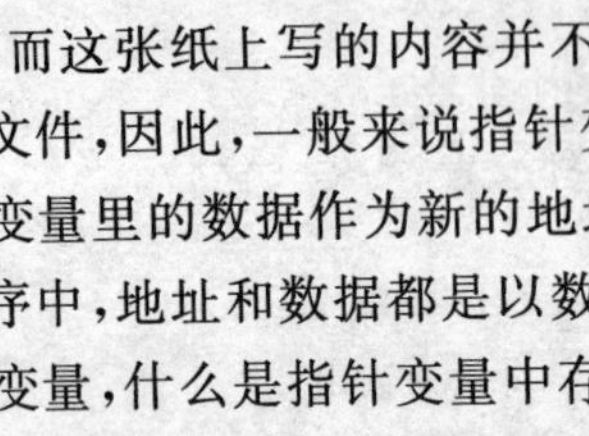

图 2-14 普通变量与指针变量
在内存中的存放情况

0X55;指针变量 p 在内存中占用 0X09 这个存储单元,并在这个单元中存储了数据 0X05。现在,还看不出来指针变量和普通变量之间的区别,下面还是先研究一下如何定义指针变量,然后再说它们之间的区别以及指针变量的使用。

指针变量的定义与一般变量的定义类似,其一般形式如下:

数据类型　　　*指针变量名

数据类型说明了该指针变量所指向的变量的类型;指针变量名称前要加"＊"表示定义的该变量是指针变量。需要注意的是指针变量中只能存放地址,不能将一个整型量(或任意其他非地址类型的数据)赋给一个指针变量。如:

```
char a = 100;
char  * p;
p = a;              //这是绝对不可以的
```

在上面这段程序中定义了一个字符型变量 a 并赋初始值 100,又定义了一个指针变量 p,这都没有错,但是把 a 中的数据 100 复制给指针变量 a,这就错了,这是不允许的。但是如果将变量 a 所占的内存地址赋给指针变量 p,这是可以的。那么怎么才能把变量 a 所占的内存地址赋给指令变量 p 呢?下面介绍两个运算符。

& :取地址运算符;

＊:指针运算符(或称"间接访问"运算符)。

下面给出几条语句练习一下这两个运算符的应用:(假设 a 所占的内存地址是 0X05 单元)

```
char  * p;
char   b;
char a = 0XAA;
p = &a;
b = * p;
```

通过执行上面的程序,最终的结果是 p 等于 0X05;b 等于 0XAA。为什么是这样的结果呢?是这样的,开始时定义了一个指针变量 p 和两个字符型变量 a 和 b,给 a 赋初始值 0XAA,并假设 a 在内存中占用 0X05 这个单元,也就是变量 a 所在的地址是 0X05,a 中(也就是内存 0X05 这个单元)存的数据是 0XAA。通过"p＝＆a;"语句把变量 a 所占的内存单元的地址复制给了指针变量 p,也就是把 0X05 这个数复制给了指针变量 P,最后通过"b＝＊p;"给 b 赋了一个值,这个值是 0XAA,为什么是这个数呢? 其实"b＝＊p;"这条语句的意思是把指针变量 p 中存储的数据(0X05)作为地址,把这个地址里存放的数据复制给变量 b,也就是把内存 0X05 单元中的数据 0XAA 复制给 b。

如果非要用一个形象的例子说明的话,我们可以一起看看下面的图片。如果定义一个指针变量:"int ＊p;"。那么 p 的值就是车库的门牌号 X5,而"＊p"的值就是真正的宝马 X5 了。

注意：现在感觉有点儿乱了吧，好好从头捋一捋。开始定义指针变量时，在指针变量名字前要加一个"*"号，如 char *p 定义完成后，在后面如果再出现*p 就表示指针变量所指向的内容，（回到本小节开始处看看，*p 就相当于是那个文件，而 p 中存储的相当于是纸上写的地址，而 p 本身就相当于是那张纸）。

2.8.2 指针与一维数组

为了进一步加深对指针变量的理解和应用，下面再做一遍跑马灯这个实验。电路可以参考图 2－13。实现跑马灯实验。

具体程序代码如下：

```
# include <avr/io.h>                 //将单片机寄存器定义文件包含到本文件中
# define uchar unsigned char         //定义伪指令,用 uchar 代表 unsigned char
# define uint unsigned int           //定义伪指令,用 uint 代表 unsigned int
uchar dis[] = {0xfe,0xfd,0xfb,0xf7,0xef,0xdf,0xbf,0x7f};   //定义一个无符号字符型数
                                                           //组并赋初值
void DelayMs(uint i);                //函数声明,因为 DelayMs 函数位于 main 函数下方
                                     //所以必须声明
/ ********************** 主函数 **************************/
int main(void)
{
unsigned char i, * p;                //定义一个无符号字符型变量 i 和一个指向无符
                                     //号字符型变量的指针变量 p
DDRC = 0XFF;                         //将单片机端口 C 设置为输出
while(1)
  {
    p = &dis[0];                     //把数组中第一个成员数据(0xfe)所占的内存
                                     //地址赋给指针变量 p
    for(i = 0;i<8;i+ +)              // 在此循环 8 次
      {
```

```
        PORTC = * p;              //取指针指向的数组元素,并复制给单片机的 P0 口
        p + +;                    //指针加 1,指向数组的下一个元素
        DelayMs(10);              //调用延时函数
        }
    }
}
/ ******************延时子程序 ******************/
void DelayMs(uint i)
{
uint j;                          //定义一个无符号整型局部变量 j
for (;i!=0;i--)                  //两层 for 循环嵌套实现延时
    {
for (j=1000;j!=0;j--);           //分号表示 for 循环体是空语句
    }
}
/ ********************* 程序结束 ********************/
```

在上面的程序中定义了一个 dis[]数组,数组中存放了跑马灯显示码。主函数循环取数组中的显示码,然后将其送入单片机 C 口 PORTC,实现小灯流水效果。程序中最关键的是使用了指针,在程序的开头部分,定义了指针变量 * p,在 while 循环程序中将数组的首地址放到指针变量中,即通过"p＝&dis[0];"把数组第一个元素所在的地址复制给指针变量。dis[0]代表数组的第一个成员数据,&dis[0]代表了第一个成员数据所占的内存地址,也就是数组的首地址。在 for 语句中,*p 表示指针所指向的变量(即数组中的成员数据),p＋＋表示指针递增,指向下一个数组元素的地址。

> 注意:"p=&dis[0];"这条语句可以改写成"p=dis;",为什么呢?因为数组的首地址可以有多种表示方法,数组名也代表了数组的首地址,所以是可以替换。

2.8.3　指针与二维数组共同演绎万能跑马灯

只要是数据,在存储的时候就需要占用内存单元的空间,也就是每个数据在存储单元中必然都一个地址,而指针变量就具有一种功能,只要指针能够知道某个数据所在的存储地址就能够找到这个数据。下面一起研究一下指针是如何找到二维数组中的每个数据的。

用指针指向二维数组时,指针变量的一般定义形式如下:

类型说明符　(＊指针变量名)[二维数组的列数]

如一个二维数组:

```
unsigned char dis[2][8] =
{{0xfe,0xfd,0xfb,0xf7,0xef,0xdf,0xbf,0x7f}
,{0x7f,0xbf,0xdf,0xef,0xf7,0xfb,0xfd,0xfe}};
```

如果想定义一个指针变量指向上面这个二维数组,则指针变量应该定义如下:

```
unsigned char  (*p)[8]
```

表示定义一个名为 p 的指针变量,并且该指针变量所指向的数组包含 8 列数据。那么如何用指针表示上面这个二维数组中每个元素的地址和数组中的每个数据呢?用"*(p+i)+j"可以表示二维数组 i 行 j 列的元素的地址,而"*(*(p+i)+j)"则表示数组中 i 行 j 列这个数据。

那么如何用指针指向二维数组的第一个数据的地址呢?这与一维数组相同,有两种方法:

```
p = dis;
p = &dis[0][0];
```

下面用指针与二维数组结合完成彩灯闪烁实验,电路可以参考图 2-13。

软件设计思想:用指针指向二维数组,通过调整指针变量中的地址,从而逐个取出二维数组中的数据,将这些数据依次赋值给单片机接有 LED 小灯的端口 C,从而实现彩灯闪烁。

具体程序代码如下:

```
#include <avr/io.h>            //将单片机寄存器定义文件包含到本文件中
#define uchar unsigned char    //定义伪指令,用 uchar 代表 unsigned char
#define uint unsigned int      //定义伪指令,用 uint 代表 unsigned int
void DelayMs(uint i);          //函数声明,因为 DelayMs 函数位于 main 函数下方,
                               //所以必须声明
/*******定义一个二维数组,存储 40 个彩灯数据 ***********/
unsigned char dis[5][8] =
{
{0xfe,0xfd,0xfb,0xf7,0xef,0xdf,0xbf,0x7f}
,{0x7f,0xbf,0xdf,0xef,0xf7,0xfb,0xfd,0xfe}
,{0x00,0xff,0x00,0xff,0x00,0xff,0x00,0xff}
,{0x7f,0x3f,0x1f,0x0f,0x07,0x03,0x01,0x00}
,{0x00,0x01,0x03,0x07,0x0f,0x1f,0x3f,0x7f}
};                             //注意,此处有个分号
/************************** 主函数 **************************/
int main(void)
{unsigned char i;              //定义一个无符号字符型变量 i
unsigned char j;               //定义一个无符号字符型变量 j
unsigned char (*p)[8];         //定义一个指向无符号字符型二维数组的指针变量 p
p = dis;                       //将二维数组 dis 的首地址赋值给指针 p
```

```
DDRC = 0XFF;                        //将单片机端口 C 设置为输出,此条千万别忘了
while(1)                            //用 while(1)控制下面循环体内的程序无限循环执行
  {
    for(i = 0;i<5;i++)             //外层 for 语句循环,用来改变二维数组的行
    for(j = 0;j<8;j++)             //内层 for 语句循环,用来改变二维数组的列
     {
         PORTC = *(*(p+i)+j);//将指定的二维数组中的数据赋值给单片机端口 C
         DelayMs(10);              //调用延时函数
       }
     }
}
/ ****************** 延时子函数 ********************/
void DelayMs(uint i)
{
uint j;                            //定义一个无符号整型局部变量 j
for (;i!=0;i--)                    //两层 for 循环嵌套实现延时
   {
   for (j=1000;j!=0;j--);          //分号表示 for 循环体是空语句
   }
}
/ ********************* 程序结束 ********************/
```

2.8.4　指针与字符串

在 C 语言里字符串相当于一个字符型数组。作为一个数组,当然能够和指针建立联系。因此,字符串也能够用指针变量实现。

例如:

```
char string1[] = "GNU";
char * string2 = "GNU";
```

事实上,上面两者的声明在本质上是一样的。在第 2 行的声明中,C 语言同样要为 string2 开辟一个 4 个变量的存储区域。但是用指针方式操作字符串更加灵活,这是因为只要给字符指针开辟了足够的空间,字符指针就可以在需要时赋值。

例如:

```
对于字符串指针方式:
char * ps = "C Language";
可以写为:
        char * ps;
        ps = "C Language";
而对数组方式:
```

```
        static char st[] = {"C Language"};
```
不能写为:
```
        char st[20];
        st = {"C Language"};
```

2.8.5　指针与函数

在第 2.7.4 小节曾经介绍过数组名可以作为参数传递给函数的形参,并在那一节中知道数组元素与数组名作为函数参数时有着本质的区别,如果数组名作为参数时函数的形参必须是数组或者是指针,在第 2.7.4 小节中已经练习了函数的形参是数组的情况,本节中将和读者一起练习指针作为函数的形参时是如何处理数组这个实参的。将第 2.7.4 小节中的第 2 个程序修改如下:

```
# include <avr/io.h>          //将单片机寄存器定义文件包含到本文件中
# define uchar unsigned char  //定义伪指令,用 uchar 代表 unsigned char
# define uint unsigned int    //定义伪指令,用 uint 代表 unsigned int
uchar add(uchar * p);         //声明函数 add(),此函数返回值是字符型数据
/ ****************************************/
//定义一个一维数组
/ ****************************************/
uchar shuju[5] = {1,2,3,2,1};  //注意,此处有一个分号
/ ******************** 主函数 *******************/
int main(void)
{uchar jieguo;                //定义一个无符号字符型变量 jieguo
DDRC = 0XFF;                  //将单片机端口 C 设置为输出
while(1)                      //用 while(1)实现无限循环执行
  {
    jieguo = add(shuju);     //调加法函数,并将数组名传递给加法
                             //函数中的形参,计算后的结果返回来赋给变量 jieguo
    PORTC = jieguo;          //把 jieguo 赋值给单片机端口 C,以便观看结果
  }
}
/ *****************加法函数 *******************/
uchar add(uchar * p)          //定义一个返回值为无符号字符型数据的函数,函数的
                             //形参为指针
{
uchar j;                     //定义一个无符号字符型变量 j
j = * p + ( * p + +) + ( * p + +) + ( * p + +) + ( * p + +); //用指针指向数组 shuju,将数组
                             //中的 5 个数据相加赋值给 j
return(j);                   //返回结果 j
}
/ *********************程序结束 *******************/
```

上面的程序执行后的结果与第 2.7.4 小节中的第 2 个程序的执行结果完全一样,只是将加法函数中的形参由数组 temp[5] 改成了指针 * p,当在主函数中用语句"jieguo＝add(shuju);"调用加法函数 add 时,把数组 shuju 传递给了指针 p,然后在加法函数 add 中执行时,就相当于指针 p 附到了数组 shuju 的体内,二者合二为一。操作指针就相当于在操作数组,效果是一样的。在加法函数中还有一个语句"j＝ * p＋(* p＋＋)＋(* p＋＋)＋(* p＋＋)＋(* p＋＋);"不容易理解。 * p 相当于是数组的第一个元素 shuju[0],而" * p＋＋"就是把指针加 1,指向数组的下一个变量,即指向了数组的第二个变量 shuju[1],以后每有一个"＋＋"就相当于将指针加 1,因此,语句"j＝ * p＋(* p＋＋)＋(* p＋＋)＋(* p＋＋)＋(* p＋＋);"就相当于第 2.7.4 小节中第 2 个程序加法函数中的"j＝temp[0]＋ temp[1]＋ temp[2]＋ temp[3]＋ temp[4];"。

2.9 结构体

在第 2.7 节介绍了数组的使用,通过学习了解到数组是一些具有相同数据类型的数据集合。但是,在程序设计时,往往需要一些具有不同数据类型的数据组合成一个小集体,这就是本节即将要介绍到的结构体数据类型。结构体就相当于一个"团体",团体中的成员都有自己的角色,都有自己的特点,在团体中起到独特的作用。例如,要想表示一个学生的基本信息,这些信息包含:学号、姓名、性别、年龄、成绩等,这些信息不完全是同一种类型,因此,这时就必须采用一种新的数据类型来描述,这就是结构体。

2.9.1 结构体类型的声明和变量的定义

结构体这种数据类型比较特殊,它是多种数据类型的有机集合体,是一种复合的数据类型。那么如何进行结构体类型的声明和结构体变量的定义呢?结构体类型的声明实际上相当于定义一个新的数据类型,不像以前使用的 char 和 int 等直接拿过来就可以定义变量,结构体必须要先声明,之后才可以用声明过的这种"新"类型再进行结构体变量的定义。

声明结构体类型的一般形式为:

```
struct 结构体名
    {
      类型   成员 1;
      类型   成员 2;
         ⋮
    };
```

声明的结尾有个";"号别忘记。

结构体声明中包含了结构体名和成员列表,结构体名表示一种新的数据类型,成员列表表示这种类型中包含了哪些具体的信息。

例如：

```
struct student
{
int num;
char name[5];
char sex;
int age;
float score;
};
```

这里声明了 student 这种新的结构体类型，结构体中包含了学生姓名、性别、年龄、成绩信息。成员列表中各成员的类型声明和常用的基本数据类型是一样的。

了解了结构体类型的声明，那么如何定义结构体变量呢？结构体变量的定义有3 种方法。

第 1 种：先声明结构体类型再定义变量。

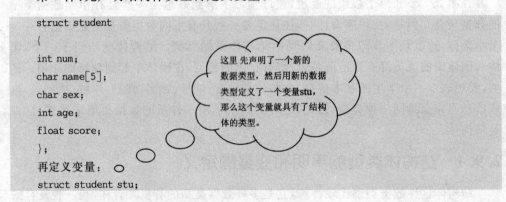

```
struct student
{
int num;
char name[5];
char sex;
int age;
float score;
};
再定义变量：
struct student stu;
```

这里先声明了一个新的数据类型，然后用新的数据类型定义了一个变量stu，那么这个变量就具有了结构体的类型。

第 2 种：在声明类型的同时定义变量。

```
struct student
{
int num;
char name[5];
char sex;
int age;
float score;
}stu;
```

第 3 种：直接定义结构体类型变量，省略了结构名。

成员也可以又是一个结构，即构成了嵌套的结构。例如，下图给出了另一个数据结构。

num	name	sex	birthday			score
			month	day	year	

按图可给出以下结构定义：

```
struct date
{
    int month;
    int day;
    int year;
};
struct{
    int num;
    char name[20];
    char sex;
    struct date birthday;
    float score;
}boy1,boy2;
```

首先定义一个结构 date，由 month（月）、day（日）、year（年）3 个成员组成。在定义并说明变量 boy1 和 boy2 时，其中的成员 birthday 被定义为 date 结构类型。

> 注意：(1) 结构类型的声明与结构变量的定义是两个不同的概念，不要混淆。
> (2) 结构的成员也可以是一个结构变量。
> (3) 结构的成员名可以与程序中的其他变量名相同，两者代表不同的对象，不会冲突。

2.9.2 结构变量的初始化

和其他类型变量一样，对结构变量可以在定义时进行初始化赋值。

例如：

```
struct stu      /*定义结构*/
{
  int num;
  char name[ ];
  char sex;
  float score;
}boy2,boy1 = {12,"小明",´M´,98.5};
```

这里声明了一个结构 stu，并定义了两个结构变量 boy2 和 boy1，并给 boy1 赋了初始值。在赋初值时要注意，由于定义了 char sex，因此对应的赋值为'M'（用单引号，代表字符型）。对结构变量赋初值时，C 编译程序按每个成员在结构体中的顺序一一对应赋初值，不允许跳过前面的成员给后面的成员赋初始值，但是可以只给前面的若干成员赋初值，对于后面未赋初值的成员，如果为数值型和字符型，则系统自动赋初值零。

2.9.3 对结构体各成员的访问与使用

在程序中使用结构变量时，往往不把它作为一个整体来使用。一般对结构变量的使用都是通过结构变量的成员来实现的。表示结构变量成员的一般形式是：

结构变量名.成员名

例如：

boy1.num   //即第一个人的学号
boy2.sex   //即第二个人的性别

"."是成员运算符，它在所有的运算符中优先级最高，因此，可以把 boy1.num 作为一个变量来看待。例如：

boy1.num = 10;   //给第一个人的学号赋值 10

如果成员本身又是一个结构则必须逐级找到最低级的成员才能使用。例如：

boy1.birthday.month

即第一个人出生的月份成员可以在程序中单独使用，与普通变量完全相同。"→"符号与"."符号相同，一般情况下，多级引用时，最后一级用"."，高的级别用"→"。

例如：

boy1→birthday.month = 12;   //给第一个人生日的月份赋值 12

结构类型变量的成员可以像普通变量一样进行各种运算。例如：

```
sum = boy1. num + boy2. num;
```

> 注意: (1) 结构变量的使用都是通过结构变量的成员来实现的。
>
> (2) 如果成员本身又是一个结构则必须逐级找到最低级的成员才能使用。
>
> (3) 结构类型变量的成员可以像普通变量一样进行各种运算。

下面通过一个实例练习结构变量的使用。要求将结构体成员变量轮流复制给接有 LED 小灯的单片机端口,实现简易彩灯控制,从而达到练习结构变量的目的。硬件电路参考图 2 - 13。

程序代码如下:

```
# include <avr/io. h>              //将单片机寄存器定义文件包含到本文件中
# define uchar unsigned char      //定义伪指令,用 uchar 代表 unsigned char
# define uint unsigned int        //定义伪指令,用 uint 代表 unsigned int
void DelayMs(uint i);             //函数声明,因为 DelayMs 函数位于 main 函数下方,
                                  //所以必须声明
/ ***********声明并定义结构体变量,同时给结构变量赋初始值 **************/
struct   led     / * 定义结构 * /
    {
      uchar lamp1;
      uchar lamp2;
    }flash = {0xaa,0x55};
/ ******************* 主函数 ***********************/
int main(void)
{
DDRC = 0XFF;                      //将端口 C 设置为输出
while(1)                          //用 while 语句实现无限循环
    {
      PORTC = flash. lamp1;       //将结构体 flash 中的成员变量 lamp1 复制给单片机
                                  //端口 PORTC
      DelayMs(10);                //为了让人眼看清楚,调延时函数
      PORTC = flash. lamp2;       //将结构体 flash 中的成员变量 lamp2 复制给单片机
                                  //端口 PORTC
      DelayMs(10);                //为了让人眼看清楚,调延时函数
    }
}
/ ****************** 延时子程序 **********************/
void DelayMs(uint i)
{
uint j;                           //定义一个无符号整型局部变量 j
```

```
for ( ; i != 0 ; i-- )                    //两层 for 循环嵌套实现延时
  {
    for ( j = 1000 ; j != 0 ; j-- ) ;      //分号表示 for 循环体是空语句
  }
}
```

当然,有时会用到多个相同结构类型的数据。例如,要存储一个班级所有学生的姓名、年龄、性别、考试成绩等信息时就可以定义一个结构数组。

例如:定义一个有 30 个元素的结构数组 student[30]。

```
struct stu      /*定义结构*/
{
  int num;
  char name[ ];
  char sex;
  float score;
}student[30];
```

现在想给这个班级最后一个学生的考试成绩赋值为 90 分,可以采用下面的语句。

```
student[29].score = 90;
```

此外,结构变量还可以与指针结合进行定义和使用,这里就不细说了,欲知详情,请参考 C 语言的书籍。

2.10　共用体

如何理解共用体这种数据类型呢? 还是听听阿范是如何说的吧。

阿范如是说:

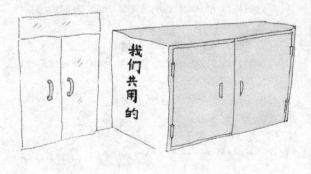

还是先说说生活中的那些事儿吧。记得我刚毕业时与同事合租了一个房子,由于厨房比较小,所以,我们就分时间段使用厨房,这样厨房就成了我们共用的了,当我使用厨房时别人就不可以用了。还有,我比较喜欢和朋友打篮球,但是由于体育馆里的铁柜数量有限,不能保证每个人一个,所以,我们就几个人共用一个铁柜,通常我是每天早上去打球,这样早晨的时候铁柜就归我使用了,另一个人通常都是晚上去打球,这样晚上的

时候铁柜就归他使用。通过这两个生活实例,我们知道,在生活中有些东西是可以共同使用的。那么,这些生活中的事儿和本节的共用体数据类型有何关系呢?下面再说共用体。

2.10.1 共用体如何定义

共用体定义的一般形式如下:

```
union   共用体类型名
{
类型 成员名 1;
类型 成员名 2;
⋮
} 共用体变量名;
```

下面举例说明共用体:

```
union led              //共用体类型的声明,声明一种新的数据类型 led
{
   uint i;             //共用体中包含了一个无符号整型变量 i
   uchar   lamp[2];    //共用体中包含了一个无符号字符型数组 lamp[2]
}flash;                //声明类型的同时定义了一个共用体变量 flash
```

union 是关键字;led 是共用体名称。共用体中包含了两个成员。一个是无符号整型变量 i;另一个是无符号字符型数组 lamp。同时定义了一个共用体变量 flash。

共用体的定义方法与结构体完全相同,使用方法也一样,即采用点运算符进行引用。其一般格式为:

```
共用体变量名.成员名
```

例如给共用体 flash 中的变量 i 赋值,可以采用下面的语句:

```
flash.i = 1000;
```

虽然共用体与结构体的定义和引用都完全相同,但是,它们的存储方式是完全不同的。结构体中每个成员都有自己独立的存储空间;而共用体则是所有成员共同使用一个存储空间,这个存储空间的大小由共用体中占存储空间最大的变量所占的空间大小决定。这就带来一个问题,一旦改变一个变量的值时,共用体中的其他变量的值就会随之改变,因此要注意引用。当然,我们引用共用体也恰恰是利用共用体的这一特点。

2.10.2 用共用体变量点亮 LED 小灯

下面通过一个实例体会共用体的应用,要求在共用体中定义一个无符号整型变量和一个数组,将数组中的数据取出来送到单片机接有 LED 小灯的端口,然后通过改变这个整型变量同时观察 LED 小灯的变化情况,从而体会共用体的应用。电路可以参考图 2-13。

具体程序代码如下:

```
# include <avr/io.h>            //将单片机寄存器定义文件包含到本文件中
# define uchar unsigned char    //定义伪指令,用 uchar 代表 unsigned char
# define uint unsigned int      //定义伪指令,用 uint 代表 unsigned int
void DelayMs(uint i);           //函数声明,因为 DelayMs 函数位于 main 函数下方,
                                //所以必须声明
/ ***************声明并定义共用体变量 **************/
union   led
    {
        uint   i;               //在共用体中定义一个无符号整型变量 i
        uchar lamp[2];          //在共用体中定义一个含有两个无符号字符型
                                //数据的一维数组
        }flash;                 //定义的共用体类型变量名称为 flash
/ ****************** 主函数 *********************/
int main(void)
{
DDRC = 0XFF;                    //将端口 C 设置为输出
while(1)                        //用 while 语句实现无限循环
    {
        flash.i = 0x55aa;       //给共用体 flash 中的整型变量 i 赋初始值 0x55aa
        PORTC = flash.lamp[0];  //把共用体成员数组 lamp 中的第一个数据赋给 PORTC
        DelayMs(30);            //为了让人眼看清楚,调延时函数
        PORTC = flash.lamp[1];  //把共用体成员数组 lamp 中的第二个数据赋给 PORTC
        DelayMs(30);            //为了让人眼看清楚,调延时函数
        flash.i = 0x00ff;       //给共用体 flash 中的整型变量 i 赋初始值 0x00ff
        PORTC = flash.lamp[0];  //把共用体成员数组 lamp 中的第一个数据赋给 PORTC
        DelayMs(30);            //为了让人眼看清楚,调延时函数
        PORTC = flash.lamp[1];  //把共用体成员数组 lamp 中的第二个数据赋给 PORTC
        DelayMs(30);            //为了让人眼看清楚,调延时函数
         }
}
/ ****************** 延时子程序 *********************/
void DelayMs(uint i)
{
uint j;                         //定义一个无符号整型局部变量 j
for (;i!=0;i--)                 //两层 for 循环嵌套实现延时
    {
        for (j=1000;j!=0;j--);        //分号表示 for 循环体是空语句
    }
}
```

通过上面的实验现象可以进一步理解在程序中定义的共用体变量 flash 中的无符号整型变量 i 与无符号字符型数组 lamp 所占的内存地址是完全重叠的。即数组中的第一个数据 lamp[0] 与整型变量 i 的低 8 位使用同一个内存字节单元,而数组中

的第二个数据 lamp[1] 与整型变量 i 的高 8 位使用同一个内存字节单元。所以当修改共用体中的整型变量 i 时,数组 lamp 中的数据就会改变,进而当把数组中的数据送到单片机端口点亮 LED 小灯时,会发现小灯的点亮状态确实发生了变化。

> **注意:** 在单片机系统中共用体变量常用在处理 A/D 转换的数据,因为在 MEGA128 中包含 8 路 A/D,而且 A/D 转换后的数据是 10 位的,在一个字节中存储不下,一般用两个字节存储,这时就可以采用共用体处理,当然定时器的应用中也常采用共用体,这方面的应用会在后面的相关章节中结合共用体详细讲解,这里只对共用体的定义及使作个简单介绍。

2.11 枚举类型

枚举类型通常用来给连续的整型值赋予名称,在用到该数据时可以使用这个名称,这样编写的程序就比较容易理解。例如,定义一个数组 char time[3],在数组中分别存储了时间的小时、分钟和秒 3 个数据,即 time[0] 中存储小时,time[1] 中存储分钟,time[2] 中存储秒。但是在编写程序时非常容易把 3 个数据弄混,错把 time[0] 中存储的数据当成分钟或秒。这时就可以通过使用枚举型数据来解决这个问题。

2.11.1 枚举类型如何定义

枚举类型的定义形式为:

```
enum   枚举类型名
        {
        名字 1 = 初始值,
        名字 2,
        名字 3,
        ⋮
        名字 4 = 初始值,
        名字 5,
        ⋮
        } 枚举变量名;
```

当然也可以把枚举类型声明和枚举变量定义分开写,如:

```
enum   枚举类型名
        {
        名字 1 = 初始值,
        名字 2,
        名字 3,
        ⋮
```

```
        名字 4 = 初始值,
        名字 5,
         ⋮
        };
enum   枚举类型名   枚举变量名;
```

2.11.2 枚举类型取值

枚举类型中的每个"名字"代表一个整数值,在不给枚举类型中的每个名字赋初始值时,默认情况下,第一个名字的取值为 0,第二个名字的取值为 1,依次类推。当给部分名字赋了初始值时,后面的各个名字将在该名字所取的数值的基础上依次递增。例如:

```
enum   clock{xiaoshi,fenzhong,miao} shijian;
```

上例中,声明一个名为 clock 的枚举类型,同时定义了一个该类型的变量 shijian,这个变量只能取"{ }"中的 xiaoshi、fenzhong 和 miao 这 3 个数据。上例中,xiaoshi、fenzhong 和 miao 没有赋初始值,所以,xiaoshi、fenzhong 和 miao 默认取值依次是 0、1 和 2。再例如:

```
enum   clock{xiaoshi,fenzhong,miao = 50,haomiao} shijian;
```
此时,xiaoshi 的取值为 0,fenzhong 的取值为 1,miao 的取值为 50,而 haomiao 的值则为 51。

2.11.3 枚举类型应用实例

下面通过实际的例子体会枚举类型的应用。电路参考图 2 - 13,完成简易彩灯控制实验,下面的这段程序根据一维数组第 2.7.1 小节中的实验程序改写而成。软件设计思想为:以枚举型变量中的 3 个名字 xiaoshi、fenzhong 和 miao 作为数组 dis 的下标,分别取出数组中的数据输出到单片机的端口 POTRC,从而实现单片机端口所接 LED 灯的亮灭状态的变化,即形成了简易彩灯的效果。

具体程序代码如下:

```
/*练习使用数组和枚举类型,实现简易彩灯控制*/
# include <avr/io.h>                    //将单片机寄存器定义文件包含到本文件中
# define uchar unsigned char           //定义伪指令,用 uchar 代表 unsigned char
# define uint unsigned int             //定义伪指令,用 uint 代表 unsigned int
void DelayMs(uint i);                   //函数声明,因为 DelayMs 函数位于 main 函数
                                        //下方,所以必须声明
unsigned char dis[3] = {0x55,0xaa,0xf0}; //定义一个数组
enum   clock {xiaoshi,fenzhong,miao}  shijian;  //定义一个枚举变量 shijian,有 3 个可
                                        //取的值
/************************ 主函数 ***********************/
int main(void)
```

```
{
DDRC = 0XFF;                          //将端口 C 设置为输出
while(1)                              //用 while 语句实现无限循环
    {
            PORTC = dis[xiaoshi];     //将数组 dis 中的第 1 个数据 dis[0]复制
                                      //给 PORTC
            DelayMs(30);              //为了让人眼看清楚,调延时函数
            PORTC = dis[fenzhong];    //将数组 dis 中的第 2 个数据 dis[1]复制
                                      //给 PORTC
            DelayMs(30);              //为了让人眼看清楚,调延时函数
            PORTC = dis[miao];        //将数组 dis 中的第 3 个数据 dis[2]复制
                                      //给 PORTC
            DelayMs(30);              //为了让人眼看清楚,调延时函数
    }
}
/ ************************延时子程序 ************************/
void DelayMs(uint i)
{
uint j;                              //定义一个无符号整型局部变量 j
for (;i! = 0;i--)                    //两层 for 循环嵌套实现延时
    {
    for (j = 1000;j! = 0;j--);       //分号表示 for 循环体是空语句
    }
}
```

> 注意：用枚举的最大好处就是可以用名字当整数使用，（而且只能是非负整数）可以做到见文知意。当然，枚举的用途不仅仅只是上例所展示的这样，有关枚举的更多精彩应用会在后面的应用中一一呈现，敬请关注！

2.12　typedef 与 ♯ define

上文说到,定义一个枚举类型,就可以用名字充当自然整数给数组作下标使用了。那么有没有其他方法可以做到用名字代替数据呢？这个真有,就是应用宏定义♯define 实现。

2.12.1　宏定义♯define

宏定义的作用是用指定的标识符代表一个字符串。宏可以带参数,也可以不带参数。不带参数的宏定义一般形式如下：

♯define　标识符　字符串

如："＃define xiaoshi 0"，通过宏定义，在程序中出现 xiaoshi 就代表 0。

带参数的宏定义一般形式为：

```
#define 宏名(参数) 字符串
```

如："＃define S(a,b) a * b"，在程序中用 S(a,b)代表 a * b，那么"i= S(5,6);"，则 i 的结果为 30。

在第 2.11.3 小节的程序中，将枚举类型删除后改写成如下形式：

```
#define xiaoshi 0
#define fenzhong 1
#define miao 2
```

这样改写后，在程序中出现 xiaoshi 就代表 0，出现 fenzhong 就代表 1，而出现 miao 就代表 2。效果与用枚举时是一样的。

改写后的程序如下：

```
/* 练习使用数组和宏定义,实现简易彩灯控制 */
#include <avr/io.h>                      //将单片机寄存器定义文件包含到本文件中
#define uchar unsigned char              //定义伪指令,用 uchar 代表 unsigned char
#define uint unsigned int                //定义伪指令,用 uint 代表 unsigned int
void DelayMs(uint i);                    //函数声明,因为 DelayMs 函数位于 main 函数
                                         //下方,所以必须声明
unsigned char dis[3] = {0x55,0xaa,0xf0}; //定义一个数组
#define xiaoshi 0
#define fenzhong 1
#define miao 2
/ ********************* 主函数 ********************* /
int main(void)
{
DDRC = 0XFF;                             //将端口 C 设置为输出
while(1)                                 //用 while 语句实现无限循环
    {
        PORTC = dis[xiaoshi];            //将数组 dis 中的第 1 个数据 dis[0]复制给 PORTC
        DelayMs(30);                     //为了让人眼看清楚,调延时函数
        PORTC = dis[fenzhong];           //将数组 dis 中的第 2 个数据 dis[1]复制给 PORTC
        DelayMs(30);                     //为了让人眼看清楚,调延时函数
        PORTC = dis[miao];               //将数组 dis 中的第 3 个数据 dis[2]复制给 PORTC
        DelayMs(30);                     //为了让人眼看清楚,调延时函数
    }
}
/ ****************** 延时子程序 ********************* /
void DelayMs(uint i)
```

```
{
    uint j;                        //定义一个无符号整型局部变量 j
    for (;i!=0;i--)                //两层 for 循环嵌套实现延时
    {
        for (j=1000;j!=0;j--);     //分号表示 for 循环体是空语句
    }
}
```

当然应用宏定义不仅可以用一个名字表示一个整数,也可以用一个名字表示一个小数,还可以用一个名字表示任何一个字符串。例如:

```
#define  pai  3.1415926    //通过宏定义用 pai 代表浮点数 3.1 415 926
#define  uchar  unsigned char //用 uchar 代表 unsigned char (这样便于书写)
```

> 注意:枚举可以用名字当整数使用,(而且只能是非负整数)可以做到见文知意。但是枚举不能用名字代表小数或字符串;而用宏定义#define 则可以用名字代表整数、小数、字符串等。

2.12.2　用 typedef 定义用户自己的类型

在编写程序时,可以使用 C 语言中提供的标准类型名,如 int 和 char 等进行变量的定义。为了使用方便,还可以给这些已存在的类型名重新起个名字,即用 typedef 声明新的类型名来代替已有的类型名。例如:

```
typedef  unsigned char  uchar
```

这里指定用 uchar 代表 unsigned char 类型。现在定义一个无符号字符型变量 i,此时下面两行就等价了。

```
unsigned char  i
uchar  i
```

当然用宏定义 #define 也可以实现上面的要求,如下所示:

```
#define uchar unsigned char
```

> 注意:(1) 用 typedef 可以声明各种类型名,但是不能用来定义变量。
> (2) 用 define 只是对已经存在的类型又起了一个别名,而没有创造新的类型。
> (3) 注意宏定义# define 和 typedef 还是有很大区别的。

第3章

AVR 的触角——I/O 口的应用

人是最聪明的动物,其主要原因就是人们都长了一个特别的大脑,人类拥有的这个强大的大脑,时时刻刻在和外界交流着信息,眼睛、耳朵、嘴等是人类和外界交换信息的通道。AVR 单片机也如此,有一个处理能力很强的 CPU,类似人类的大脑,AVR 单片机同样要能输入和输出信息才有意义,单片机与外界交互信息主要是通过叫做 I/O 口的部件完成的,这些 I/O 口相当于是 AVR 单片机的"眼睛"、"耳朵","嘴"等。本章就和读者一起研究 AVR 单片机 I/O 口基本输入/输出的应用。

3.1 8 个 LED 闪烁

几乎在每本单片机的书中都提到发光二极管的实验,这是因为发光二极管的现象最明显(亮和灭,眼睛最容易观察而不需借助复杂的仪器),图 3-1 是普通发光二极管的外形图及电路符号,从实物图上看,管脚长的是阳极。如果是使用过的二极管,可以看二极管里面有一个三角形状的片,大片的一侧是阴极,当然,也可以使用万用表测量,因为二极管具有单向导电性,当使用数字万用表的二极管档或者电阻档测量时,如果发光二极管亮了,则红表笔接触的管脚为阳极。下面完成 8 个 LED 发光管闪烁的实验。

阳极 阴极

千万不要认为小灯实验没有用哦!!!

图 3-1 二极管外形图及电路符号

3.1.1 功能描述

本实验完成 8 个 LED 发光管同时闪烁。通过本实验让读者了解 I/O 口的控制方法,并了解 I/O 口的特性。

3.1.2 硬件电路设计

硬件电路设计如图 3-2 所示。图中主要包括给单片机 MEGA128 供电、晶振电路、复位电路及 I/O 口与发光 LED 灯的连接电路。需要说明的是与 LED 发光二极管串联的电阻阻值的确定问题。一般普通 3 mm 直径的发光二极管的导通电流控制在 2~30 mA,而发光二极管导通时的压降一般为 2 V 左右,因此,可以估算电阻阻值 $R = (5-2)\text{V}/I$。其中电流 I 取值范围为 2~30 mA。所以计算的结果是 R 可以选择 100Ω~1.5 kΩ,一般取 1 kΩ 或者 470 Ω 即可。

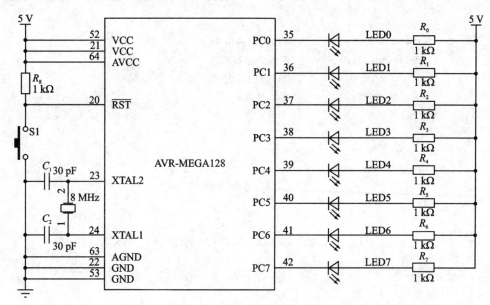

图 3-2 单片机控制 8 个 LED 发光二极管

3.1.3 程序设计

程序代码如下,设计思想是让单片机的 C 口周而复始地交替输出高电平和低电平。因为单片机的执行速度很快,为了看清楚,在 C 口输出高低电平之间调延时函数,执行适当的延时后达到让我们能看出发光二极管闪烁的目的。延时函数就是利用反复执行语句"i = i - 1;"10 000 次来实现的。

```
#include<avr/io.h>        //包含头文件 avr/io.h,这个文件里有 AVR 单片机
                          //特殊功能寄存器的定义和中断入口等的相关定义。
                          //编译器会根据我们设定的型号自动寻找所要包含的
                          //文件,这里使用的 Atmega128,编译器会自动包含
                          //WinAvr 安装目录下,文件夹 WinAVR\avr\include\avr
```

```
                              //下面的 iom128.h。有兴趣的朋友可以看看是如何定义
                              //特殊功能寄存器的,也可以提高下自己
void delay(unsigned int i);    //声明一个延时函数
//----------------------------
int main()
{
DDRC = 0XFF;                   //将单片机 C 口设置为输出 DDRC 是端口方向寄存器,
                              //C 语言里面也没有这个呀,原来它就定义在前面
                              //包含的文件里面(通过 # include<avr/io.h>),
                              //有兴趣的可以看看定义,里面有单片机所有能用到的定义
while(1)
    {
        PORTC = 0XFF;          //C 口输出高电平
        delay(10000);          //调延时函数
        PORTC = 0X00;          //C 口输出低电平
        delay(10000);          //调延时函数
    }
}
//----------------------------
void delay(unsigned int i)
{
while(i)
    {
        i = i - 1;            //当 i 没有减到 0 就执行减 1,从而实现延时
    }
}
```

3.1.4 关于 I/O 口的那些小问题的讨论

通过上面的实验,我们已经成功地利用 I/O 口驱动了 LED 灯,并看见了闪烁效果,但是有关 AVR 单片机 I/O 口的更多知识需要再深入探讨一下。

曾超:你能简单介绍一下 AVR 单片机 I/O 口有什么特点吗?

阿范:作为通用数字 I/O 使用时,所有 AVR 的 I/O 端口都具有真正的读、修改、写功能。这意味着用指令改变某些管脚的方向(或者是端口电平、禁止/使能上拉电阻)时不会出现不小心修改了其他管脚方向的情况(或者是端口电平、禁止/使能上拉电阻)。输出缓冲器具有对称的驱动能力,可以输出或吸收大电流,可以直接驱动 LED。别看 AVR 单片机个头小,驱动能力可不小,形象

点儿说吧,知道蚂蚁的力量吗?AVR 的拉电流和灌电流均可达 20 mA。

所有的端口引脚都具有与电压无关的上拉电阻,并有保护二极管与 V_{CC} 和地相连,在一定程度上保护单片机。I/O 口内部结构图如图 3-3 所示。

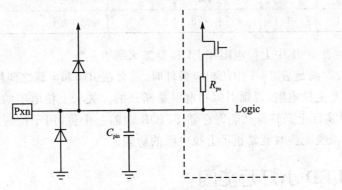

图 3-3 I/O 端口等效原理图

振东:在 3.1.3 小节的程序代码中有 DDRC 和 PORTC,这两个好像都和 C 口有关,如何理解它们,怎么和 51 单片机不一样啊,能具体解释一下吗?

阿范:MEGA128 单片机有 A、B、C、D、E、F、G 口,这个可以看手册上单片机的引脚图。这里以 C 口为例分析,每个端口引脚都具有 3 个寄存器:和 C 口有关的寄存器有端口数据方向寄存器 DDRC、端口数据寄存器 PORTC、端口输入引脚地址 PINC。

DDRC 用来选择引脚的方向。当 DDRC 设置为 0xFF 时,表示将 C 口的 8 个引脚设置为输出;当 DDRC 设置为 0x00 时,表示将 C 口的 8 个引脚设置为输入。当 DDRC 设置为 0xF0 时,表示将 C 口低 4 位的 4 个引脚设置为输入,高 4 位的 4 个引脚设置为输出。总之,将哪个引脚设置为输出,就需要将 DDRC 相应的位设置为"1";否则,设置为"0"。

PORTC 为 C 口数据输出寄存器。当 C 口相应引脚设置为输出时,此时 PORTC 寄存器的相应位设置为"1"时,引脚输出高电平;PORTC 寄存器的相应位设置为"0"时,引脚输出低电平。

当需要读 C 口引脚的电平状态时,需要将 DDRC 相应位设置为"0",此时读寄存器 PINC 相应引脚即可。

有关这 3 个寄存器的详细关系可以参见表 3-1。其中 x 代表端口号 A、B、C、D、E、F 和 G,n 代表各端口的位号 0~7。

表 3-1 I/O 端口的引脚配置

DDxn	PORTxn	PUD	I/O	上拉电阻	说　明
0	0	x	输入	否	高阻态(Hi-Z)
0	1	0	输入	是	被外部电路拉低时将输出电流
0	1	1	输入	否	高阻态(Hi-Z)

DDxn	PORTxn	PUD	I/O	上拉电阻	说　明
1	0	x	输出	否	输出低电平
1	1	x	输出	否	输出高电平

一茹：表 3－1 中上拉电阻和 PUD 是怎么回事儿？

阿范：在满足表 3－1 中的相应条件时，就会在引脚和电源之间接入一个电阻，这个电阻就是上拉电阻，否则引脚和电阻是断开的。关于上拉电阻的作用可以百度一下。PUD 实际上是特殊功能寄存器 SFIOR 中的一个位，用于控制上拉电阻是否启用的。当该位置位时就禁止了上拉电阻的功能。

3.2　LED 小灯万能闪

第 2 章学习了 C 语言基础知识，本章第 3.1 节中学习了 AVR 单片机 I/O 口的相关知识，本节就结合这两部分内容，基于 LED 小灯完成几个实验，从而进一步巩固 C 语言的基础知识和 AVR 单片机 I/O 口的相关应用知识。

3.2.1　数组在 LED 小灯闪烁中的应用

本例实现的功能是百变彩灯自由闪。硬件电路如图 3－1 所示。程序设计思想是从数组中依次取数据送到单片机接有 LED 小灯的 C 口上，当取到数组中最后一个数据时就再次从数组中的第一个数据取，周而复始，从而实现 LED 闪烁花样变化的目的，具体程序代码如下：

```
# include<avr/io.h>              //包含头文件 avr/io.h
void delay(unsigned int i);      //声明一个延时函数
unsigned char  led[8] = {0xfe,0xfd,0xfb,0xf7,0xef,0xdf,0xbf,0x7f};
//----------------------------
int main()
{
unsigned char j = 0;             //定义一个局部变量 j
DDRC = 0XFF;                     //将单片机 C 口设置为输出
while(1)
    {
    PORTC = led[j];              //将数组中第 j 个数据赋值给 PORTC
    delay(10000);               //调延时函数
    j = j + 1;                   //将 j 加 1,以便下次取数组中的下一个数据
    if(j = = 8)                  //如果 j 等于 8,接下来就将 j 重新赋值 0
```

```
    {
      j = 0;
    }
  }
}
// ----------------------------
void delay(unsigned int i)
{
while(i)
    {
     i = i - 1;              //当 i 没有减到 0 时就执行减 1,从而实现延时
    }
}
```

3.2.2　用 for 循环控制 LED 小灯闪烁

在第 3.2.1 小节中的程序中定义了一个变量 j,j 表示取数组中数据的序号,当 j 的值达到最大时,将 j 清零。也可以用 for 循环语句实现第 3.2.1 小节中程序的任务。具体修改后的程序代码如下:

```
# include<avr/io.h>              //包含头文件 avr/io.h
void delay(unsigned int i);      //声明一个延时函数
unsigned char   led[8] = {0xfe,0xfd,0xfb,0xf7,0xef,0xdf,0xbf,0x7f};
// ----------------------------
int main()
{
unsigned char j = 0;             //定义一个局部变量 j
DDRC = OXFF;                     //将单片机 C 口设置为输出
while(1)
    {
     for(j = 0;j<8;j + +)
      {
        PORTC = led[j];          //将数组中的第 j 个数据赋值给 PORTC
        delay(10000);            //调延时函数
      }
    }
}
// ----------------------------
void delay(unsigned int i)
{
while(i)
    {
     i = i - 1;                  //当 i 没有减到 0 时就执行减 1,从而实现延时
    }
}
```

3.2.3 用指针控制 LED 小灯闪烁

通过第 3.2.1 小节和第 3.2.2 小节的内容，我们已经掌握了用 for 循环语句和数组控制 LED 小灯闪烁的方法了。下面再练习使用指针控制 LED 小灯闪烁。具体程序代码如下：

```
#include<avr/io.h>                    //包含头文件 avr/io.h
void delay(unsigned int i);          //声明一个延时函数
unsigned char  led[8] = {0xfe,0xfd,0xfb,0xf7,0xef,0xdf,0xbf,0x7f};
//------------------------------
int main()
{
unsigned char * p;                   //定义一个指针变量 P
p = &led[0];                         //将数组中第一个数据所在的地址赋值给指针变量 p
DDRC = 0XFF;                         //将单片机 C 口设置为输出
while(1)
     {
        PORTC = *p;                  //将指针所指向的数据赋值给 PORTC
        delay(10000);                //调延时函数
        p = p + 1;                   //指针变量加 1,指向数组中的下一个数据
        if(p = = &led[0] + 8)        //当指针指向数组中最后一个变量的下一个数据时
           {
             p = &led[0];            //重新把数组第一个元素的地址赋给指针
           }
     }
}
//------------------------------
void delay(unsigned int i)
{
while(i)
     {
       i = i - 1;                    //当 i 没有减到 0 时就执行减 1,从而实现延时
     }
}
```

3.3　LED 数码管的应用

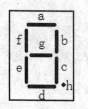

图 3-4　数码管示意图

八段 LED 显示器是由 8 个发光二极管组成，如图 3-4 所示。其中 7 个长条形的发光管排列成一个"日"字形，另一个圆点形的发光管在显示器的右下角作为显示小数点用，它能显示各种数字及部分英文字母。LED 显示器有两种不同的连接形式，如图 3-5 所示。一种是 8 个发光二极管的阳极连在一起，阴极则各自独立，称之为共阳极 LED 显示器，使用时公共阳极接+5 V，这时阴极接低电平

的发光二极管就导通点亮,接高电平的则不亮;另一种是 8 个发光二极管的阴极连在一起,阳极则各自独立,称之为共阴极 LED 显示器,使用时公共阴极接地,这时阳极接高电平的发光二极管就导通点亮,接低电平的则不亮。(小数点一般用 h 表示,也常用 DP 表示),上一节我们明白了如何点亮发光二极管,现在我们也可以按照自己的要求点亮排列的很特殊的发光二极管——数码管了,下面就来试试吧。

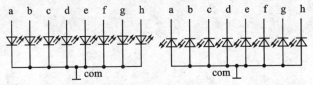

图 3 - 5　数码管内部电路图

【练习 3.3.1.1】:如何识别数码管的各个引脚?

3.3.1　点亮一个 LED 数码管

图 3 - 6 是 MEGA128 单片机与一个共阳极 LED 数码管的连接电路图,如果想让 LED 数码管显示"0",则需要 a、b、c、d、e 和 f 段亮,而 g 段和 DP 段不能亮,因此需要单片机 PORTC0~PORTC5 输出低电平,而 PORTC6 和 PORTC7 输出高电平。

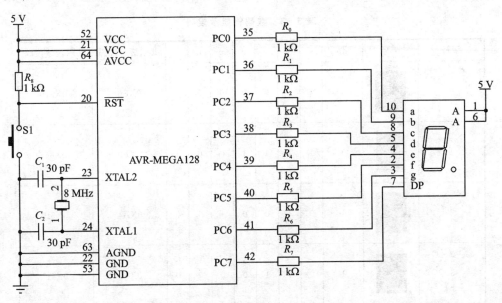

图 3 - 6　单片机点亮单个共阳数码管

使得图 3 - 6 中数码管显示"0"所对应的程序如下:

```
#include<avr/io.h>                    //包含头文件 avr/io.h
//------------------------------
int main()
{
DDRC = OXFF;                          //将单片机 C 口设置为输出
PORTC = OXC0;
while(1)
    {
        ;
    }
}
```

3.3.2 LED 数码管显示段码

通过第 3.3.1 小节已经学习了如何将数字"0"显示在数码管上。那么,将其他数字或部分字母怎么显示出来应该也不是难事儿,但是每次显示都需要进行推算,这样比较麻烦,所以在表 3-2 中总结了共阴极和共阳极数码管显示段码,以便以后查阅使用。

表 3-2 数码管显示段码

字符	字形	dp	g	f	e	d	c	b	a	共阳极笔段码	共阴极笔段码
0		1	1	0	0	0	0	0	0	0XC0	0X3F
1		1	1	1	1	1	0	0	1	0XF9	0X06
2		1	0	1	0	0	1	0	0	0XA4	0X5B
3		1	0	1	1	0	0	0	0	0XB0	0X4F
4		1	0	0	1	1	0	0	1	0X99	0X66
5		1	0	0	1	0	0	1	0	0X92	0X6D

字符	字形	dp	g	f	e	d	c	b	a	共阳极笔段码	共阴极笔段码
6		1	0	0	0	0	0	1	0	0X82	0X7D
7		1	1	1	1	1	0	0	0	0XF8	0X07
8		1	0	0	0	0	0	0	0	0X80	7F
9		1	0	0	1	0	0	0	0	0X90	0X6F
不显示		1	1	1	1	1	1	1	1	0XFF	0X00

3.3.3　单个数码管显示数字 0～9

记得笔者曾经问过单片机老师一个问题:"!＠♯￥％……＆＊",他回答笔者说:"你想让单片机干啥就让它干吧,它要啥你就给啥,不就完了吗?"。笔者当时一头雾水,很是迷惑,后来想想,老师说得有道理。那么,现在要实现的是让数码管上显示 0～9 变化的 10 个数字,这和笔者老师说的有什么关系呢? 如何实现呢? 其实可以按照第 3.2.2 小节控制 LED 小灯闪烁的思路来实现,将数字 0～9 对应的 10 个显示段码存放到一个数组中,然后依次取出数组中的这 10 个数据输出到接有数码管的 PORTC 口上,这样就会看到数码管上显示 0～9 变化的 10 个数据了。电路仍然可以采用图 3-6 所示的电路,程序代码如下:

```
#include<avr/io.h>              //包含头文件 avr/io.h
void delay(unsigned int i);     //声明一个延时函数
unsigned char  discode[10] = {0XC0,0XF9, 0XA4, 0XB0, 0X99, 0X92, 0X82, 0XF8, 0X80, 0X90};
//-----------------------------
int main()
{
unsigned char j = 0;            //定义一个局部变量 j
DDRC = 0XFF;                    //将单片机 C 口设置为输出
while(1)
    {
```

```
    for(j = 0;j<10;j + + )
        {
        PORTC = discode[j];        //将数组中第 j 个数据赋值给 PORTC
        delay(10000);              //调延时函数
        }
    }
}
//————————————————————————
void delay(unsigned int i)
{
while(i)
    {
        i = i - 1;                 //当 i 没有减到 0 时就执行减 1,从而实现延时
    }
}
```

3.3.4　数码管上显示 0~99

　　根据上节的设计思想,不难设计出实现 0~99 变化的电路如图 3-7 所示。分别用单片机的 A 口和 C 口控制两个共阳极数码管。软件设计思想是这样的,只要将一个变量加 1,然后将这个数据拆分成个位和十位,然后分别将个位和十位数据对应的数码管显示段码输出到单片机的 A 口和 C 口,这样就会在数码管上看到这个完整的数据,然后再将数据加 1,如此循环,直到这个数据加到了 100,就重新将数据赋值为 0,这样就实现了数码管上的数据从 0~99 变化了。更具体的请参见下面的程序代码。

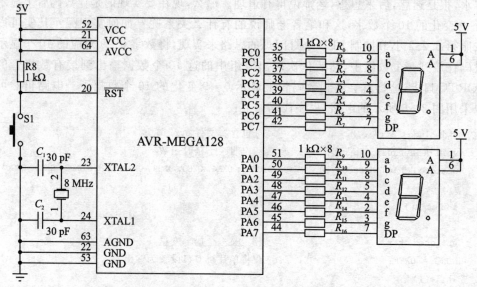

图 3-7　单片机控制两个共阳极数码管

```
#include<avr/io.h>                        //包含头文件 avr/io.h
unsigned char count,shiwei,gewei;
unsigned char  discode[10] = {0XC0,0XF9,0XA4,0XB0,0X99,0X92,0X82,0XF8,0X80,0X90};
void jiayi();                             //声明一个加1函数
void chufa();                             //声明一个除法函数(将数据个位和十位拆分开)
void xianshi();                           //声明一个显示函数
void delay(unsigned int i);               //声明一个延时函数
//--------------------------------------------------------
int main()
{
DDRA = 0XFF;                              //将单片机A口设置为输出
DDRC = 0XFF;                              //将单片机C口设置为输出
while(1)
     {
     jiayi();
     chufa();
     xianshi();
     delay(10000);
     }
  }
//--------------------------------------------------------
void jiayi()
{
count = count + 1;                       //将 count 变量加1
if(count = = 100)                        //如果 count 等于100
   {
    count = 0;                           //就将 count 清0
   }
}
//--------------------------------------------------------
void chufa()
{
shiwei = count/10;
gewei  = count % 10;
}
//--------------------------------------------------------
void xianshi()
{
PORTC = discode[shiwei];
PORTA = discode[gewei];
```

```
        }
        // ----------------------------

        void delay(unsigned int i)
        {
        while(i)
            {
                i = i - 1;            //当 i 没有减到 0 时就执行减 1,从而实现延时
            }
        }
```

【练习 3.3.4.1】:用另外一种方法实现在数码管上显示 0～99。(例如采用个位进位法)

3.3.5 数码管上显示 0～9 999

接下来完成一个 0～9 999 的实验,信心十足的读者,是不是觉得这是小菜一碟,还是先听听笔者的小学老师讲过的一个故事吧。说一个小孩去拜师学艺,老师第一天教他如何写"一",第二天教他如何识得"二",第三天教他怎么认得"三",结果第四天这个孩子自行下山了,说不用老师教了,自己已经懂得四怎么写。想必读者已经明白笔者的意思了,不能再用前面两节的思路来设计电路了,因为单片机一共有多少个 I/O 引脚,你懂得! 不能为了控制 4 个数码管而用去那么多 I/O 引脚啊,如果控制 8 个数码管又当如何连接呢? 显然,思路要改了。

其实,数码管显示方式分静态显示和动态显示。前两节采用的是静态显示,静态驱动是指每个数码管的每一个段码都由一个单片机的 I/O 引脚进行驱动,静态驱动的优点是编程简单,显示亮度高,缺点是占用 I/O 引脚多,如驱动 5 个数码管静态显示则需要 5×8=40 个单片机引脚。

动态显示实际是利用人眼的"视觉暂留"效应。方法是将所有数码管的 8 个笔画段 a～h 的各同名端分别并接在一起,并把它们接在单片机的字段输出口上。为了防止各个数码管同时显示相同的数字,各个数码管的公共端 COM 还要受到另一组信号的控制,即它们接到位输出口上。这样,对于一组数码管显示器需要由两组信号来控制:一组是字段输出口输出的字形代码,用来控制显示的字形,称为段码;另一组是位输出口输出的控制信号,用来选择第几个显示器工作,称为位码。因此,所谓动态,就是利用循环扫描的方式,分时轮流选通各个数码管的公共端,使各个数码管轮流导通,在导通的同时送上不同的段码。当扫描速度达到一定程度时,人眼就分辨不出来了,认为各个数码管在同时显示。

根据上文分析的设计思想,设计电路如图 3-8 所示。4 个数码管的 a～dp 各段对应并联,然后连接到单片机 C 口。因此,每次 C 口输出数据时,4 个数码管接收到相同的显示内容,为了不让 4 个数码管显示相同的内容,这里采用 4 个三极管,用于控制哪个数码管可以通电。单片机的 PA0～PA3 四个引脚,哪个引脚输出低电平,

对应的三极管就导通,相应的数码管就显示,依次轮流控制各个三极管导通,当速度足够快时,看上去 4 个数码管就好像同时点亮了,并且显示不同的数字。当然,单片机 C 口输出的数据和 A 口输出的低电平要配合好。

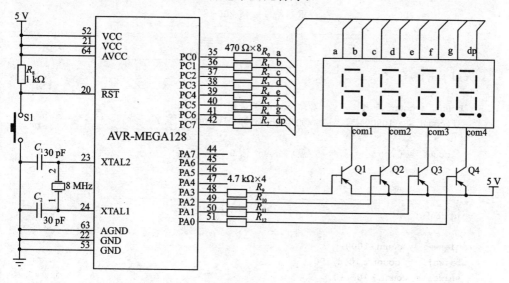

图 3-8　单片机控制 4 个共阳极数码管

有了上面分析的思路,具体程序设计就比较容易了,0~9 999 自加计数器的具体程序代码如下:

```c
#include<avr/io.h>                    //包含头文件 avr/io.h
unsigned char qianwei,baiwei,shiwei,gewei;
unsigned int count = 0;
unsigned char  discode[10] = {0XC0,0XF9,0XA4,0XB0,0X99,0X92,0X82,0XF8,0X80,
0X90};
void jiayi();                         //声明一个加 1 函数
void chufa();                         //声明一个除法函数(将数据个位和十位拆分开)
void xianshi();                       //声明一个显示函数
void delay(unsigned int i);           //声明一个延时函数
//------------------------------------------------------------
int main()
{
unsigned char j = 200;
DDRA = 0XFF;                          //将单片机 A 口设置为输出
DDRC = 0XFF;                          //将单片机 C 口设置为输出
while(1)
    {
    jiayi();
    chufa();
    while(j)
```

```
            xianshi();
            j = j - 1;
          }
        j = 200;              //重新给 j 赋值 200
  }
}
// -------------------------------------------------------
void jiayi()
{
  count = count + 1;        //将 count 变量加 1
  if(count = = 10000)        //如果 count 等于 10 000
  {
    count = 0;              //就将 count 清 0
  }
}
// -------------------------------------------------------
void chufa()
{
  qianwei = count/1000;
  baiwei  = count % 1000/100;
  shiwei = count % 100/10;
  gewei  = count % 10;
}
// -------------------------------------------------------
void xianshi()
{
  PORTC = discode[qianwei];
  PORTA = 0xf7;
  delay(50);
  PORTC = discode[baiwei];
  PORTA = 0xfb;
  delay(50);
  PORTC = discode[shiwei];
  PORTA = 0xfd;
  delay(50);
  PORTC = discode[gewei];
  PORTA = 0xfe;
  delay(50);
  PORTA = 0XFF;
}
// -------------------------------
void delay(unsigned int i)
{
  while(i)
    {
      i = i - 1;              //当 i 没有减到 0 时就执行减 1,从而实现延时
    }
}
```

关于上面的程序说明以下几个问题,很多初学者为了方便,照着第 3.3.4 小节的程序修改来完成本节要求的程序内容。但是容易出现以下几个问题。

① 在第 3.3.4 小节中的程序中变量 count 定义为无符号字符型变量,而在本节中要完成 0~9 999 自加,需要将变量 count 定义为无符号整型变量,否则实验现象将是数码管从 0 变到 255。

② 注意第 3.3.4 小节和第 3.3.5 小节中都在主程序中采用延时的方法以使得 count 变量加 1 的速度慢下来,从而在数码管上能看到较慢的自加 1 变化过程。但是两节中采用的方法不同。在第 3.3.4 小节中的主程序中通过调用延时函数 delay(10 000)使得主循环执行完一次的时间较长,从而使 count 变量的加 1 速度变慢;而在第 3.3.5 小节却不能采用这种方法,原因是两节中采用的显示电路不同,第 3.3.4 小节中的显示电路采用静态显示方式,只要将待显示的数据输出到单片机的 I/O 口上即可,然后数码管会一直显示相应的内容。而在第 3.3.5 小节中采用动态显示方式,需要不停地刷新显示内容,所以,不可以通过调用延时函数的方法减慢 count 加 1 的速度。因此,在第 3.3.5 小节中,通过执行下面几行程序,从而利用显示函数充当了延时,这样既使得 count 加 1 的速度减慢了,同时,又满足了动态显示需要频繁执行显示函数的要求。

```
while(j)
    {
        xianshi();
        j = j - 1;
    }
```

③ 关于图 3-8 中的数码管的问题。在图 3-8 中用到了 4 个共阳极数码管,在市场上有 4 位一体的数码管,内部已经将 a~dp 对应并联了。那么,这个 4 位一体的数码管的管脚是怎么排列的呢? 如图 3-9 所示。图中的 DIG1 引脚就相当于是图 3-8 中的 com1 引脚,是第一个共阳极数码管的公共端。当然也可以学习用万用表测量各个引脚,这里就不细说了。

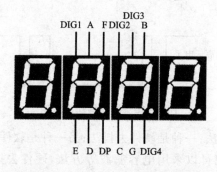

图 3-9 4 位一体共阳极数码管

【**练习 3.3.5.1**】：试着设计几种驱动 4 位一体数码管的驱动电路。

3.4   独立按键的应用

独立式按键就是各个按键相互独立，每个按键各接一根输入线，一根输入线上的按键工作状态不会影响其他输入线上的工作状态。因此，通过检测输入线的电平状态可以很容易判断哪个按键被按下了。独立式按键电路配置灵活，软件结构简单，但是当按键数量较多时占用单片机输入口较多，因此适用于按键数量较少的场合。

3.4.1   如何对付按键抖动

我们采用的开关是机械弹性开关，利用机械触点的合、断作用实现开关动作。而一个机械触点的断开、闭合过程的波形图如图 3－10 所示。由于机械触点的弹性作用，一个按键开关在闭合时不会马上稳定的接通，在断开时也不会立刻断开。因而在闭合及断开的瞬间均伴随有一连串的抖动，抖动的时间长短由按键的机械特性决定，一般为 5～10 ms，而单片机执行速度是微秒级的，所以，在按键抖动时，单片机会多次检测出端口出现电平变化。即，每按一次按键，单片机会检测出按下了多次按键。因此，需要对按键抖动进行处理，我们称之为去抖。

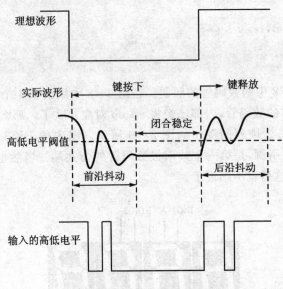

图 3－10   按键抖动示意图

去抖通常有两种方法：一种是硬件去抖法；另一种是软件去抖法。硬件去抖电路可以采用 RS 触发器，也可以采用电容滤波等方法，硬件去抖的好处是程序编写简单，但是缺点是增加硬件成本和电路的复杂程度；软件去抖的好处是使硬件电路简化，减少硬件成本，但是需要编程处理。在单片机系统中通常采用软件去抖。

软件去抖法就是在程序第一次检测出某个端口上接的按键被按下时,不是马上确认为按键按下,而是先调一个约为 10 ms 的延时,等闭合抖动结束后再次检测该端口是否仍然为按键按下的状态,如果是则认为真的有按键被按下,然后等待按键释放,按键释放后对相应的按键标志进行置位,即做个记号表示某个按键被按下过;如果经过刚才那 10 ms 延时后,检测端口不是处于按键按下的状态,则认为是按键误触发或当成干扰等不予理会。

3.4.2　按键如何指挥跑马灯

通过上一节的学习,我们懂得了独立按键的工作原理,并且注意到了按键存在抖动问题。本小节就结合一个实例进一步体会按键的应用。

本小节中设计一个用按键控制跑马灯的实验,设置 3 个独立按键和 8 个 LED 发光二极管,当按下第 1 个按键时,跑马灯向左跑;当按下第 2 个按键时,跑马灯向右跑;当按下第 3 个按键时,小灯停止跑动,停在当前状态下。根据这个设计要求,设计硬件电路如图 3-11 所示。

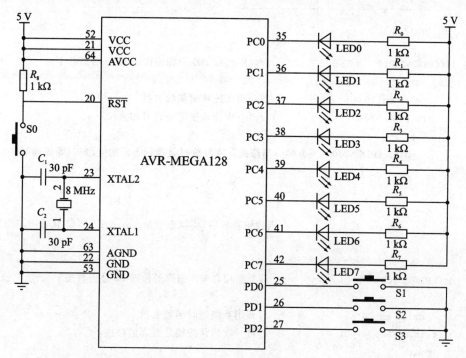

图 3-11　按键控制跑马灯

根据设计要求,编写程序代码如下:

```
# include<avr/io.h>              //包含头文件 avr/io.h
# include <util/delay.h>         //包含头文件 util/delay.h
```

```
unsigned char state = 3;                //状态变量 state 初始值为 3,表示跑马灯停止
void key();                             //声明一个按键函数
void paomadeng();                       //声明一个跑马灯函数
// ----------------------------------------------------
int main()
{
  DDRD  = 0XF8;                         //将单片机 D 口的低 3 位设置为输入
  PORTD = 0X07;                         //单片机 D 口的低 3 位启动内部上拉电阻
  DDRC  = 0XFF;                         //将单片机 C 口设置为输出
  PORTC = 0XFE;                         //C 口初始输出数据位 0XFE
  while(1)
    {
        key();
        paomadeng();
    }
}
// ----------------------------------------------------
void key()
{
if((PIND&0X01) = = 0)                   //判断接在 PD0 引脚的按键 S1 是否被按下
  {
    _delay_ms(10);                      //调用系统延时函数去抖
    if((PIND&0X01) = = 0)               //再一次确认按键是否真的被按下
      {
        while((PIND&0X01) = = 0)//当按键没有释放时就执行下面的空语句(等按键释放)
             {
                 ;
             }
          state = 1;                    //当按键释放后,将状态变量 state 赋值 1(1 代表向左跑)
      }
  }
if((PIND&0X02) = = 0)                   //判断接在 PD1 引脚的按键 S2 是否被按下
  {
    _delay_ms(10);                      //调用系统延时函数去抖
  if((PIND&0X02) = = 0)                 //再一次确认按键是否真的被按下
      {
        while((PIND&0X02) = = 0)//当按键没有释放时就执行下面的空语句(等按键释放)
             {
                 ;
             }
        state = 2;                      //当按键释放后,将状态变量 state 赋值 2(2 代表向右跑)
```

```
}
}
if((PIND&0X04) = = 0)                    //判断接在 PD2 引脚的按键 S3 是否被按下
{
_delay_ms(10);                          //调用系统延时函数去抖
if((PIND&0X04) = = 0)                    //再一次确认按键是否真的被按下
    {
        while((PIND&0X04) = = 0)//当按键没有释放时就执行下面的空语句(等按键释放)
            {
                ;
            }
        state = 3;                       //当按键释放后,将状态变量 state 赋值 3(3 代表停止)
    }
  }
}
//————————————————————————————————————————————
void paomadeng()
{
switch(state)
    {
        case 1 : if(PORTC = = 0X7F)      //如果跑马灯跑到头了就重新赋值
                    {
                    PORTC = 0XFE;
                    }
                else  PORTC = PORTC<<1|0x01;//左移1位,低位补1
                _delay_ms(20);
                break;
        case 2 : if(PORTC = = 0Xfe)      //如果跑马灯跑到头了就重新赋值
                    {
                    PORTC = 0X7f;
                    }
                else  PORTC = PORTC>>1|0x80;  //右移1位,高位补1
                _delay_ms(20);
                break;
        case 3:  break;
        default:break;
    }
}
```

关于上面的程序再简单解释如下:

① 关于程序的整体设计思想,主程序中包括两个函数,首先调用按键函数,用于判断有没有按键被按下,并确认是哪一个按键被按下,当不同按键被按下时,给状态

变量 state 赋的值不同;其次调用跑马灯函数,根据当前状态变量 state 值的不同,决定是向左跑还是向右跑或者是停止。

② 关于如何识别按键的那段程序的详细分析。按键的识别过程如图 3 - 12 所示。第一次判断按键是否被按下,如果没有按键被按下就直接返回,如果有按键被按下还需要调用一个延时函数去抖,去抖后如果再次判断按键还是被按下就认为真的是有按键按下了,并且等待按键释放,如果去抖后按键已经释放了,那就认为是抖动,认为本次按键没有被按下。可以结合下面的程序及图 3 - 12 按键流程图进行理解。

```
if((PIND&OX01) = = 0)              //判断接在 PD0 引脚的按键 S1 是否被按下
                                   //(即 PD0 引脚是否为低电平?)
{
_delay_ms(10);                     //调用系统延时函数去抖
if((PIND&OX01) = = 0)              //再一次确认按键是否真的被按下
                                   //(PD0 引脚是否仍然是低电平?)
    {
        while((PIND&OX01) = = 0)   //当按键没有释放时就执行下面的空语句
                                   //(等按键释放)
        {
            ;
        }
        state = 1;                 //当按键释放后,将状态变量 state 赋值 1
                                   //(1 代表向左跑)
    }
}
```

③ 关于程序中调用的一个系统延时函数_delay_ms。该函数是系统函数,需要包含头文件"♯include ＜util/delay.h＞"才可以使用,并且需要根据熔丝位配置的单片机的时钟频率,在 studio 软件下进行设置,从而使得系统延时函数能够正常工作。设置方法是,单击 studio 软件的 project 菜单下的 Configuration Options,然后在 Frequency 项输入单片机的主频,如 8 000 000。

④ 需要注意的是,当没有按键被按下时,单片机 PD0、PD1、PD2 这 3 个引脚应为可靠的高电平,有按键被按下时相应的引脚为低电平。所以,根据这个要求,在编写程序时,需要设置启用单片机内部上拉电阻,从而保证没有按键被按下时单片机引脚为稳定的高电平。

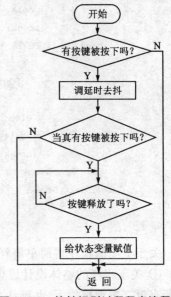

图 3 - 12 按键识别过程程序流程图

【练习 3.4.2.1】：试着设计几种常用按键接口电路。

3.4.3　按键与数码管联手

通过上节的内容，掌握了如何检测按键是否被按下，并且将按键与 LED 小灯结合起来完成了按键控制跑马灯实验，本节将设计一个实验，完成用按键调节数码管上显示的数据。使用两个按键，当一个按键按下时数码管上的数据加 1，当另一个按键按下时数码管上的数据减 1，数码管初始显示数据为 50。电路如图 3-13 所示。

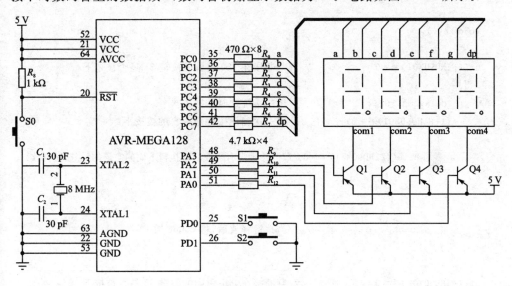

图 3-13　按键控制数码管显示数据增减

按键控制数码管数据加减的程序代码如下：

```
# include<avr/io.h>            //包含头文件 avr/io.h
# include <util/delay.h>       //包含头文件 util/delay.h
unsigned int count = 50;       //计数变量 count 初始值为 50
unsigned char qianwei,baiwei,shiwei,gewei;
unsigned char  discode[10] = {0XC0,0XF9,0XA4, 0XB0, 0X99, 0X92, 0X82, 0XF8,
0X80, 0X90};
void key();                    //声明一个按键函数
void chufa();                  //声明一个除法函数
void xianshi();                //声明一个显示函数
//--------------------------------------------------------
int main()
{
DDRD  = 0XFC;                  //将单片机 D 口的低两位设置为输入
PORTD = 0X03;                  //单片机 D 口的低 3 位启动内部上拉电阻
DDRC = 0XFF;                   //将单片机 C 口设置为输出
```

```
    DDRA = 0X0F;                        //将单片机 A 口低 4 位设置为输出
while(1)
    {
        key();                          //调用按键函数
        chufa();                        //调用除法函数
        xianshi();                      //调用显示函数
    }
}
//-------------------------------------------------------
void key()
{
if((PIND&0X01) == 0)                    //判断接在 PD0 引脚的按键 S1 是否被按下
  {
    _delay_ms(10);                      //调用系统延时函数去抖
    if((PIND&0X01) == 0)                //再一次确认按键是否真的被按下
      {
        while((PIND&0X01) == 0)  //当按键没有释放时就执行下面的空语句(等按键释放)
            {
                ;
            }
        count ++ ;                      //当按键释放后,将 count 加 1
      }
  }
if((PIND&0X02) == 0)                    //判断接在 PD1 引脚的按键 S2 是否被按下
  {
    _delay_ms(10);                      //调用系统延时函数去抖
    if((PIND&0X02) == 0)                //再一次确认按键是否真的被按下
      {
        while((PIND&0X02) == 0)  //当按键没有释放时就执行下面的空语句(等按键释放)
            {
                ;
            }
        count -- ;                      //当按键释放后,将 count 减 1
      }
  }
}
//-------------------------------------------------------
void chufa()
{
qianwei = count/1000;                   //除法取商,得到千位
baiwei  = count % 1000/100;             //得到百位值
```

```
shiwei = count % 100/10;                //得到十位值
gewei  = count % 10;                    //得到个位值
}
// --------------------------------------------------------
void xianshi()
{
    PORTC = discode[qianwei];           //显示千位
    PORTA = 0xf7;
    _delay_ms(1);
    PORTC = discode[baiwei];            //显示百位
    PORTA = 0xfb;
    _delay_ms(1);
    PORTC = discode[shiwei];            //显示十位
    PORTA = 0xfd;
    _delay_ms(1);
    PORTC = discode[gewei];             //显示个位
    PORTA = 0xfe;
    _delay_ms(1);
    PORTA = 0XFF;
}
```

【练习 3.4.3.1】：重新设计显示函数这部分程序。

3.4.4 如何让 CPU 不再傻傻地等按键

在上一节中我们一起完成了按键控制数码管上显示数据增减变化,细心的读者可能会注意到一个细节,就是当按住按键不放时,数码管将什么都不显示,4 个数码管显示器似乎在黑暗中静静地等待着什么。

上面的这个情况究竟是怎么回事儿呢? 为什么偏偏是按键被按下时数码管黯然失色呢? 下面分析程序,程序的主循环部分如下所示:

```
while(1)
    {
        key();
        chufa();
        xianshi();
    }
```

我们都清楚,在本设计中采用的是动态显示,数码管需要频繁地被刷新,才能显示出内容,如果因为某种原因耽误了显示函数的执行就会出现数码管不亮的现象。所以,问题就很显然了,一定是按住按键时显示函数得不到执行,所以就熄灭了。那么究竟程序停在了按键函数中的哪个部分呢? 在按键函数中有两个部分是用来判断按键是否释放的,如果不释放就反复执行一条空语句";",如下段程序所示,当第一个按键被按下不放时就是这样。

```
while((PIND&0X01) == 0)    //当按键没有释放时就执行下面的空语句(等按键释放)
    {
      ;
    }
```

那么如何能让按键被按下时又不让数码管失了光彩呢?其实,也简单,只要让CPU别那么傻傻地等就可以了,就是当按住按键不放时不要只执行一条空语句";",这时可以执行一次显示函数,然后再检测按键是否释放,如此一来,就达到了检测按键的目的,同时,数码管也会一直显示了。将上面的程序修改如下:

```
while((PIND&0X01) == 0)    //当按键没有释放时就执行下面的语句(等按键释放)
    {
      xianshi();
    }
```

当然,有几个按键,就需要在每个按键判断是否释放处都加上调用显示函数的语句。

虽然,通过修改程序实现了不让数码管熄灭,但是上面的按键处理程序还是有不尽人意的地方。例如,为了去除抖动,在第一次检测按键是否释放时调用了延时函数去抖,虽然达到了去除按键抖动的目的,但是却牺牲了 CPU 的宝贵时间,是 CPU 亲自去执行延时函数来实现跳过按键抖动的那段时间。其实,CPU 完全可以去做些更有意义的事情,这个时间由"别人"帮忙记录,然后时间到时再通知 CPU 去检测按键状态即可。这里,就给读者提示一下思路,等接触到定时器及操作系统的相关知识时再与读者一同设计一个更为科学的按键程序。

此外,在上面的程序中也没有考虑变量 count 加过 100 和减过 0 的问题,这些由读者自行分析解决吧。

第 **4** 章

外部中断的应用

中断是 AVR 单片机及其他处理器的一个重要功能。能否有效地利用中断设计程序,在某种意义上决定了整个设计的响应速度及综合性能等。本章将介绍有关中断的知识,并结合 AVR 单片机的外部中断举例详细研究中断的使用方法。

4.1 中断与生活中的那些事儿

中断就是停止当前正在执行的主程序,转而执行紧急任务,当紧急任务处理完以后,回到主程序继续执行。这样的中断在生活中有许多相似的事件。如阿范想静静地在家把这个书稿写完,可是总有一些事情会把阿范的计划给打断。如有人打电话找我、邻居按门铃来我家做客、我烧的一壶水开了、家里来了亲戚需要接站、单位要开会等。所以遇到这些事情就要暂时把书稿停下来,去处理这些突发事情,处理完了回到家继续写书稿。

4.2 与中断相关知识简介

在 4.1 节中提到中断就是停止正在执行的主程序,转而执行紧急的中断程序。那么,都哪些"事情"算是紧急的呢? 专业点儿的说法是中断源都有哪些呢? 对于ATmega128 单片机,有三十多个中断源,具体见表 4-1。那么,这些中断源何时能中断主程序呢? 这需要对相应中断的启用进行相应的设置。关于设置的问题会在相关章节中应用的时候具体分析。

还有一个很多初学者比较关注的问题。AVR 单片机可以根据不同的中断源产生的中断信号转到相应的中断服务程序中执行。那么，这么多中断，单片机的 CPU 是怎么区分的呢？每个中断都有自己的中断入口，就像小孩子在外面打架了，受了委屈肯定往家里跑，而不会逃到邻居家里去，这是为什么呢，因为小孩子记住了自己家的样子。

就像每个小孩都能找到自己的家一样，在程序存储器中为每个中断源留了一个固定的中断入口地址，当相应的中断源产生中断信号后，程序会自动跳转到自己的中断入口地址处继续执行。各个中断源的中断入口地址如表 4-1 所列。所谓中断入口地址就是当相应的中断源产生中断信号时程序将跳往的地方。由于中断入口处为每个中断源留的程序存储空间较小，一般在程序入口处放置一个跳转指令，跳转到真正的中断程序处执行。程序存储器中为中断而留的这段中断入口程序存储区也称为中断向量区。在设计程序时，如果整个程序都没有用到中断，那么，中断向量区可以当成普通程序存储区来存储程序。另外，需要说明一点，中断向量区一般位于单片机程序存储区开始的位置，但是也不绝对，可以通过设置相关寄存器将中断向量区迁移到 Boot 区，更详细的内容参考第 11 章 Boot-Loader 引导加载功能的应用。

最后，讨论一下有关中断优先级与中断嵌套的问题。表 4-1 中的这些中断源是有优先级别区别的，即同时有两个或两个以上中断源产生中断信号时，优先级别高的会首先得到 CPU 的响应并迅速处理这个高优先级别的中断程序。那么，中断级别是怎么区分的呢？如表 4-1 所列，在表中，中断入口地址靠前的中断级别高，入口地址大的中断级别低。那么，什么是中断嵌套呢？当一个中断产生时，CPU 会停止当前执行的主程序，转而去执行中断程序，当 CPU 正在执行这个中断程序的时候，一个更高级别的中断产生了紧急的中断信号，那么，CPU 会停止当前的中断程序，转而去执行那个更高级别的中断，当这个高级别的中断程序执行完以后，再回来执行这个相对级别低的中断程序，最后再回到主程序执行。总结一下，中断嵌套就是高级别的中断可以把低级别的中断给中断了。

表 4-1 复位和中断向量表

序　号	中断入口	中断源	中断定义	中断函数名
1	$0000	REST	引脚，上电复位，掉电检测复位，看门狗复位，以及 JTAG 复位	—
2	$0002	INT0	外部中断请求 0	SIG_INTERRUPT0
3	$0004	INT1	外部中断请求 1	SIG_INTERRUPT1

续表 4-1

序 号	中断入口	中断源	中断定义	中断函数名
4	$ 0006	INT2	外部中断请求 2	SIG_INTERRUPT2
5	$ 0008	INT3	外部中断请求 3	SIG_INTERRUPT3
6	$ 000A	INT4	外部中断请求 4	SIG_INTERRUPT4
7	$ 000C	INT5	外部中断请求 5	SIG_INTERRUPT5
8	$ 000E	INT6	外部中断请求 6	SIG_INTERRUPT6
9	$ 0010	INT7	外部中断请求 7	SIG_INTERRUPT7
10	$ 0012	TIMER2 COMP	定时器 2 比较匹配	SIG_OUTPUT_COMPARE2
11	$ 0014	TIMER2 OVF	定时器 2 溢出	SIG_OVERFLOW2
12	$ 0016	TIMER1 CAPT	定时器 1 捕捉事件	SIG_INPUT_CAPTURE1
13	$ 0018	TIMER1 COMPA	定时器 1 比较匹配 A	SIG_OUTPUT_COMPARE1A
14	$ 001A	TIMER1 COMPB	定时器 1 比较匹配 B	SIG_OUTPUT_COMPARE1B
15	$ 001C	TIMER1 OVF	定时器 1 溢出	SIG_OVERFLOW1
16	$ 001E	TIMER0 COMP	定时器 0 比较匹配	SIG_OUTPUT_COMPARE0
17	$ 0020	TIMER0 OVF	定时器 0 溢出	SIG_OVERFLOW0
18	$ 0022	SPI, STC	SPI 串行传输结束	SIG_SPI
19	$ 0024	USART0, RX	USART0, Rx 结束	SIG_USART0_RECV
20	$ 0026	USART0, UDRE	USART0 数据寄存器空	SIG_USART0_DATA
21	$ 0028	USART0, TX	USART0, Tx 结束	SIG_USART0_TRANS
22	$ 002A	ADC	ADC 转换结束	SIG_ADC
23	$ 002C	EE READY	EEPROM 就绪	SIG_EEPROM_READY
24	$ 002E	ANALOG COMP	模拟比较器	SIG_COMPARATOR
25	$ 0030	TIMER1 COMPC	定时器 1 比较匹配 C	SIG_OUTPUT_COMPARE1C
26	$ 0032	TIMER3 CAPT	定时器 3 捕捉事件	SIG_INPUT_CAPTURE3
27	$ 0034	TIMER3 COMPA	定时器 3 比较匹配 A	SIG_OUTPUT_COMPARE3A
28	$ 0036	TIMER3 COMPB	定时器 3 比较匹配 B	SIG_OUTPUT_COMPARE3B
29	$ 0038	TIMER3 COMPC	定时器 3 比较匹配 C	SIG_OUTPUT_COMPARE3C
30	$ 003A	TIMER3 OVF	定时器 3 溢出	SIG_OVERFLOW3
31	$ 003C	USART1, RX	USART1, Rx 结束	SIG_USART1_RECV
32	$ 003E	USART1, UDRE	USART1 数据寄存器空	SIG_USART1_DATA
33	$ 0040	USART1, TX	USART1, Tx 结束	SIG_USART1_TRANS
34	$ 0042	TWI	两线串行接口	SIG_2WIRE_SERIAL
35	$ 0044	SPM READY	保存 flash 内容就绪	SIG_SPM_READY

【练习 4.2.2.1】：如何理解中断函数的名字和中断入口地址之间的关系？

4.3 与外中断相关的寄存器

ATmega128 单片机有 8 个外部中断，分别通过引脚 PD0、PD1 、PD2、PD3 和 PE4、PE5、PE6 及 PE7 上的电平变化或状态产生中断触发信号。具体是什么样的信号产生中断与相关寄存器的设置有关。

4.3.1 外部中断控制寄存器 EICRA

外部中断控制寄存器 EICRA 的作用是设置外部中断 0、外部中断 1、外部中断 2 和外部中断 3 中断触发信号的类型的。外部中断控制寄存器 EICRA 各位定义如下：

Bit	7	6	5	4	3	2	1	0
	ISC31	ISC30	ISC21	ISC20	ISC11	ISC10	ISC01	ISC00
读/写	R/W	R/W	R/W	R/W	R/W	R/W	R/W	R/W
初始值	0	0	0	0	0	0	0	0

EICRA 中每两位用来设置一个中断的触发信号类型，如 ISC01 和 ISC00 就是用于设置外部中断 0（外部中断 0 的触发信号从 PD0 引脚输入）。具体设置情况见表 4-2。

表 4-2 中断敏感电平控制

ISCn1	ISCn0	说 明
0	0	INTn 为低电平时产生中断请求
0	1	保留
1	0	INTn 的下降沿产生异步中断请求
1	1	INTn 的上升沿产生异步中断请求

注意：(1) 表 4-2 中 n 可以取 3、2、1 或 0。
(2) 改变 ISCn1/ISCn0 时一定要先通过清零 EIMSK 寄存器的中断使能位来禁止中断。否则在改变 ISCn1/ISCn0 的过程中可能发生中断。

4.3.2 外部中断控制寄存器 EICRB

外部中断控制寄存器 EICRB 的作用是设置外部中断 4、外部中断 5、外部中断 6 和外部中断 7 中断触发信号的类型的。外部中断控制寄存器 EICRB 各位定义如下：

Bit	7	6	5	4	3	2	1	0
	ISC71	ISC70	ISC71	ISC60	ISC51	ISC50	ISC41	ISC40
读/写	R/W	R/W	R/W	R/W	R/W	R/W	R/W	R/W
初始值	0	0	0	0	0	0	0	0

EICRB 中每两位用来设置一个中断的触发信号类型,如 ISC41 和 ISC40 就是用于设置外部中断 4(外部中断 4 的触发信号从 PE4 引脚输入)。具体设置情况如表 4 - 3 所列。

表 4 - 3　中断敏感电平控制

ISCn1	ISCn0	说　明
0	0	INTn 为低电平时产生中断请求
0	1	INTn 引脚上任意的逻辑电平变换都将产生中断
1	0	只要两次采样发现 INTn 上发生了下降沿就会产生中断请求
1	1	只要两次采样发现 INTn 上发生了上升沿就会产生中断请求

注意: (1) 表 4-3 中 n 可以取 4、5、6 或 7。
　　　　(2) 改变 ISCn1/ISCn0 时一定要先通过清零 EIMSK 寄存器的中断使能位来禁止中断。否则在改变 ISCn1/ISCn0 的过程中可能发生中断。

4.3.3　外部中断屏蔽寄存器 EIMSK

外部中断屏蔽寄存器 EIMSK 用于设置外部这 8 个中断是否使能。例如,很多大型历史剧中总有边关告急的奏报,但是如果太监不让觐见皇上,奏报也呈不上来。太监又分小太监和太监总管等职务,这里的小太监和太监总管分别相当于我们设置外部中断时的中断屏蔽寄存器 EIMSK 和总中断使能控制位(SREG 中的最高位)。只有两个中断使能都设置好了才能将外部引脚上的中断信号输入到单片机的内部产生中断,从而执行中断程序,处理紧急情况。

首先介绍一下外部中断屏蔽寄存器 EIMSK。外部中断屏蔽寄存器 EIMSK 各位定义如下:

Bit	7	6	5	4	3	2	1	0
	INT7	INT6	INT5	INT4	INT3	INT2	INT1	INT0
读/写	R/W	R/W	R/W	R/W	R/W	R/W	R/W	R/W
初始值	0	0	0	0	0	0	0	0

当 INT7~INT0 为'1',而且状态寄存器 SREG 的 I 标志置位,相应的外部引脚中断就使能了。外部中断控制寄存器 EICRA 和 EICRB 的中断敏感电平控制位决定中断是由上升沿、下降沿,还是电平触发的。只要使能,即使引脚被配置为输出,引脚电平发生了相应的变化,中断也会产生。

> 注意:只要设置外部中断使能,不论相应引脚设置为输入还是输出,都不会影响中断的产生,只要相应引脚有中断触发信号,就会产生中断。

4.3.4　外部中断标志寄存器 EIFR

外部中断标志寄存器 EIFR 用于指示哪个外部中断源产生了外部中断。外部中断标志寄存器 EIFR 各位定义如下:

Bit	7	6	5	4	3	2	1	0
	INTF7	INTF6	INTF5	INTF4	INTF3	INTF2	INTF1	INTF0
读/写	R/W	R/W	R/W	R/W	R/W	R/W	R/W	R/W
初始值	0	0	0	0	0	0	0	0

当外部中断引脚产生中断触发信号后,相应的中断标志位会置1。需要注意的是标志位需要通过写入'1'的方式来清零。另外,若外部中断配置为电平触发,则相应的标志位总是为'0',这并不表示不产生中断,相反,是一直反复产生中断,只是标志位不置1而已。

总结一下,用到哪个外部中断时要将相应的触发方式设置好,并将相应中断使能,同时将 SREG 寄存器中的 I 位(总中断使能位)置1。但是,需要注意的是当需要修改某个中断的触发方式时,需要先将该中断的使能关闭,即不使能,然后再修改触发控制寄存器,否则在改变触发控制寄存器时可能会误产生中断。再就是中断标志寄存器是写入'1'清零的,并且在外部中断设置为电平触发时,即使发生了中断,中断标志位也不置1。

4.4　外部中断应用举例

外部中断通常用来处理片外紧急事件,如温度报警、设备的过电流和过电压故障监控、智能小车的寻迹系统等。接下来就通过几个实例深入理解 AVR 单片机外部中断的应用。

4.4.1 外部中断在按键控制中的应用

在第 3.4 节中学习了有关按键的应用,并且举例实现了按键控制跑马灯,在那个程序中采用的方法是,CPU 几乎不停地检测接有按键的 I/O 口的电平状态,这样的实现方法使 CPU 的工作效率较低,大部分时间用来监控按键,尤其是在按键去抖时需要调用延时。因此,在本节中,采用中断法实现对按键状态的监控,平时 CPU 不必监控按键,当发生按键被按下时,自然会产生中断,此时 CPU 再去处理,从而提高了 CPU 的效率。

设计一个用按键控制跑马灯的实验,硬件电路如图 4-1 所示。当按下第 1 个按键时,跑马灯向左跑;当按下第 2 个按键时,跑马灯向右跑;当按下第 3 个按键时,小灯停止跑动,停在当前状态下。

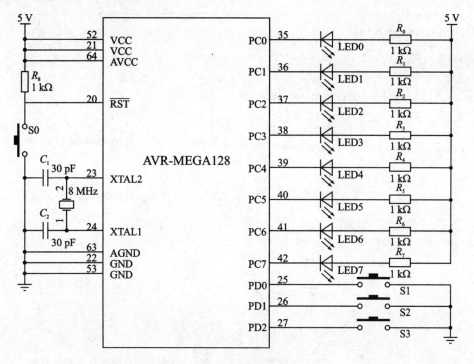

图 4-1 按键控制跑马灯

根据设计要求,编写程序代码如下:

```
# include<avr/io.h>              //包含头文件 avr/io.h
# include <util/delay.h>         //包含头文件 util/delay.h
# include <avr/interrupt.h>      //用到中断就要包含本头文件
unsigned char   state = 3 ;      //状态变量 state 初始值为3,表示跑马灯停止
void paomadeng();                //声明一个跑马灯函数
// -------------------------------------------------------------
```

```
int main()
{
DDRD  = 0XF8;                      //将单片机 D 口的低 3 位设置为输入
PORTD = 0X07;                      //单片机 D 口的低 3 位启动内部上拉电阻
DDRC  = 0XFF;                      //将单片机 C 口设置为输出
PORTC = 0XFE;                      //C 口初始输出数据位 0xfe
EICRA = 0X2A;                      //INT0、INT1 和 INT2 设置为下降沿触发中断
EIMSK = 0X07;                      //将外部中断 INT0、INT1 和 INT2 使能
SREG = 0X80;                       //总中断使能
while(1)
    {
        paomadeng();
    }
}
//----------------------------------------------------------
void paomadeng()
{
switch(state)
    {
        case 1 : if(PORTC == 0X7F)
                {
                PORTC = 0XFE;
                }
            else
                {
                PORTC =   PORTC<<1|0x01;   /左移一位同时将最低位或成 1
                }
            _delay_ms(20);
            break;
        case 2 : if(PORTC == 0Xfe)
                {
                PORTC = 0X7f;
                }
            else
                {
                PORTC = PORTC>>1|0x80;   //右移一位同时将最高位或成 1
                }
                _delay_ms(20);
                break;
        case 3:  break;
        default:break;
        }
}
//--------------------------------
SIGNAL(SIG_INTERRUPT0)
```

```
{
state = 1;
}
//------------------------------
SIGNAL(SIG_INTERRUPT1)
{
state = 2;
}
//------------------------------
SIGNAL(SIG_INTERRUPT2)
{
state = 3;
}
```

在上面的程序中,用到了外部中断,因此需要用"♯include ＜avr/interrupt.h＞"包含有关中断的头文件,而且还用到了延时函数"_delay_ms",所以还要包含头文件"♯include ＜util/delay.h＞"。为了让中断能够工作,因此,主程序开始的初始化部分就将与中断相关的寄存器都设置好了,接下来就进入主循环,在主循环中只执行跑马灯程序,当外部中断的条件满足了(本例中是按键被按下,从而得到下降沿输入),程序就跳入中断程序中。例如,接在 PD0 引脚上的按键被按下时,程序会自动跳入函数 SIGNAL(SIG_INTERRUPT0)中,这是为什么呢? 因为 SIG_INTER-RUPT0 就是外部中断 0 的入口名,所以就跳入此中断函数中。其他中断的用法大致与此相同,读者朋友可以参看表 4-1 中各个中断名。

4.4.2 外部中断在寻迹小车上的应用

许多初学者都很感兴趣的智能小车,这也是全国大学生电子设计竞赛中常出的一个题目。初学者往往会想小车怎么就会沿着黑线跑呢? 下面,结合本章外部中断这个内容一起设计一个简易智能寻迹小车,实现小车沿着黑线"跑"的功能。

1. 硬件电路设计

要求小车完成寻迹的功能,所以就要求车上安装有识别黑线的"视觉"电路;此外还要求小车能跑,所以要有电动机,而单片机没有这么大的力量直接给电动机供电,所以还要有一个驱动电路,这个驱动电路会根据单片机发出的指示决定电机的停或转,从而完成小车跑的动作。

电机驱动电路如图 4-2 所示。驱动电路

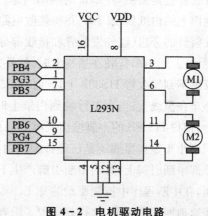

图 4-2 电机驱动电路

采用的芯片型号是 L293,驱动电路与 ATmega128 单片机的 PB4、PB5、PB6、PB7、PG3 和 PG4 引脚相连,其中 PB4、PB5 和 PG3 用于控制接在 L293 的 3 脚和 6 脚上的电机(下面称电机 1);PB6、PB7 和 PG4 用于控制接在 L293 的 11 脚和 14 脚上的电机(下面称电机 2)。其中 L293 芯片的 1 脚(ENA)和 9 脚(ENB)是使能引脚,即只有当使能引脚为高电平时,L293 芯片才会"听单片机的话",根据指令控制电机正反转。表 4-4 给出了 L293 输入电平控制信号和电机工作状态的关系,其中 H 代表高电平;L 代表低电平。此外还需要说明一点,图中 VCC 是逻辑电源电压,即此电压值和单片机的供电电压相同,一般为 5 V;而 VDD 是给电机供电的电源,如果电机采用 12 V 直流电机,则此电压值为 12 V。有关芯片 L293 的更多资料或用法请自行查阅相关资料。顺便说明一下,电机的驱动电路有很多种,如用芯片 L298 也可以驱动电机,或者用三极管设计一个桥式电机驱动电路也可以。

表 4-4　L293N 输入输出逻辑关系

EN A(B)	IN1(IN3)	IN2(IN4)	电机运行情况
H	H	L	正转
H	L	H	反转
H	IN1 与 IN2 电平相同 IN3 与 IN4 电平相同		快速停止
L	X	X	停止

小车是怎么识别黑线和白纸的呢?它又是怎么顺着黑线向前"跑"的呢?这个主要是因为智能小车系统上有一个巡线电路,电路如图 4-3 所示。在图中,由比较器、晶振、电阻电容构成的振荡电路会在比较器 LM339 的 2 脚输出 38 kHz 的方波信号,此信号控制三极管 Q1(8050)也按照 38 kHz 的频率导通和截止,当 Q1(8050)导通时红外发射管就不导通,即不发光;当 Q1(8050)不导通时,红外发射管就导通发光。因此,红外发射管也是按照 38 kHz 的频率闪烁。安装时需要将发射管朝向小车底盘的下方对着地面上的白纸黑线闪烁,并将接收电路部分的接收主要元件 HS38B 近距离焊接在红外发射管的旁边(红外发光管和接收部分要用不透光的物质隔开,防止发光管直射到接收元件)。当小车行驶在黑线上时,红外发射管发射的光几乎都被黑色胶带吸收了,因此反射不到接收管 HS38B 上,此时,HS38B 的 1 脚输出高电平,Q2 导通,LED2 发光指示小车在黑线上;当小车行驶到白纸上时,红外发射管发射的红外光反射后照在 HS38B 上,使得 HS38B 的 1 脚输出低电平,LED2 熄灭指示小车一侧已经偏离了黑线。单片机识别小车是在黑线还是已经行驶到白纸上的方法就是将 HS38B 的 1 脚接到单片机的外部中断引脚上,每当中断引脚产生下降沿(HS38B 的 1 脚电平由高变低)就会产生中断,在中断程序中控制驱动芯片 L293,使得一个电机转,而另一个电机停,从而使小车快速地回到黑线上,这样就实现了沿着黑线"跑"的效果。需要说明一点,在小车前方的

底部的两侧各需安装一套图4-3所示的巡黑白的电路。

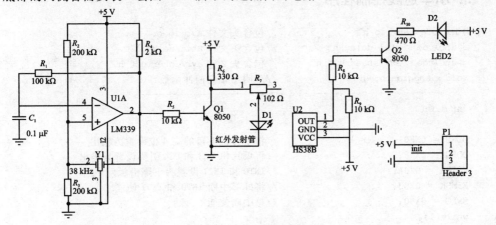

图4-3　小车巡线电路

2. 软件设计思想

　　小车巡线跑的原理是这样的,在小车两侧都没有跑出黑线时,两个电机等速正转向前跑。当任何一侧跑出黑线到白纸上时,根据上文分析,可知 HS38B 的 1 脚就会产生下降沿,从而引发中断,程序在中断中控制电机驱动芯片 L293,使得出黑线一侧的电机继续正转,而另一侧不转,这样就会使小车重新回到黑线上,然后继续前进。程序流程图如图4-4所示。

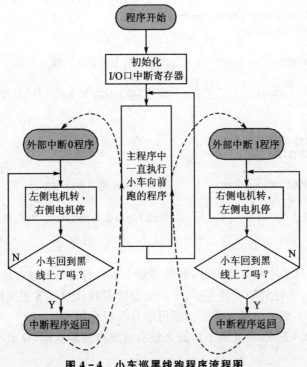

图4-4　小车巡黑线跑程序流程图

3. 小车巡线控制程序

```
# include<avr/io.h>              //包含头文件 avr/io.h
# include <util/delay.h>         //包含头文件 util/delay.h
# include <avr/interrupt.h>      //包含头文件 avr/interrupt.h
void xiangqianchong();           //声明小车向前冲函数
//------------------------------------------------------------
int main()
{
DDRB = 0XF0;                     //将单片机 B 口的高 4 位设置为输出
DDRG = 0X18;                     //将单片机 PG3 和 PG4 引脚设置为输出
EICRA = 0X0A;                    //INT0 和 INT1 设置为下降沿触发中断
EIMSK = 0X03;                    //将外部中断 INT0 和 INT1 使能
SREG = 0X80;                     //总中断使能
while(1)
     {
        xiangqianchong();        //调用小车向前冲函数
     }
}
//------------------------------------------------------------
void xiangqianchong()
{
PORTB = 0X50;                    //控制 L293,使电机正转,小车前进
PORTG = 0X18;                    //将 L293 的 ENA 和 ENB 置高电平使能 L293
}
//-------小车左侧跑出黑线--------------
SIGNAL(SIG_INTERRUPT0)
{
  while((PIND&0X01) == 0X00)     //当小车的左侧还在白纸上时
     {
        PORTB = 0X10;            //控制 L293,使左侧电机正转,右侧电机停转
     }
}
//-------小车右侧跑出黑线--------------
SIGNAL(SIG_INTERRUPT1)
{
  while((PIND&0X02) == 0X00)     //当小车的右侧还在白纸上时
     {
        PORTB = 0X40;            //控制 L293,使右侧电机正转,左侧电机停转
     }
}
```

上面完成的只是小车寻迹部分,如果需要小车在行进的时候显示行驶的速度、距离和时间等信息,现在的知识还不够,等学完定时器和计数器等相关内容后就可以制作一个更好玩的小车了。感兴趣的读者可以自行研究制作。

【练习 4.4.2.1】:给本节的小车加上显示电路和测距电路,显示小车的行驶时间和行驶路程。

第 5 章

定时器/计数器的应用

定时器/计数器是单片机的重要外设资源之一,由定时器/计数器名字可以看出它的主要功能是定时(类似于我们生活中的定时器)和计数(数脉冲的个数)。在实际应用中,可以根据这两个基本功能演变出很多其他功能并应用于多种用途,例如数脉冲个数用于测速、测流量、定时器捕获测量脉冲宽度等。此外,ATmega128 单片机的定时器有的还支持 PWM(脉冲宽度调制)输出功能,用于控制电机转速、开关电源、信号发生等领域。ATmega128 单片机具有 4 个定时器/计数器,分别是定时器/计数器 T0、T1、T2 和 T3,其中 T0 和 T2 是 8 位定时器/计数器,而 T1 和 T3 是 16 位的定时器/计数器。

5.1 8 位定时器/计数器 T0(T2)

ATmega128 单片机的定时器/计数器功能特别强大,可以完成定时、计数和产生 PWM 脉冲的功能,与 51 单片机相比需要设置的寄存器也要多很多,如果按部就班地将各个寄存器设置和原理都写下来再和大家一起去完成实验,恐怕有些初学者早就退出单片机的学习行列了。因此,在下面的内容里,将采用以任务为核心,涉及哪个寄存器的设置就讲哪个寄存器,当把所有功能都用到了,所有涉及的理论部分也就自然学习完了,这里没有讲到的定时器/计数器的功能,通过本章的学习,大家也学会了翻阅数据手册,根据手册的说明来自己掌握其他功能的使用。

关于定时器/计数器的工作原理,这里就不重复了,因为在许多书中或单片机的官方手册里都可以查到。在本章将主要讲解各个寄存器的设置和程序设计,下面我们一起出发,学习定时器/计数器的应用吧。

5.1.1 定时器定时实现 LED 的闪烁

定时器/计数器用于定时方式的时候类似于生活中的数数,当数到约定最大数的时候,产生一个信号,然后继续从头开始数,周而复始。我们平时数数是在心中计数,单片机数数是在一个的叫做 TCNT(X)的特殊存储器中数,8 位的计数器最大能数到 255,当单片机的特殊功能寄存器 TCNT(X)已经数到最大数(255)后再次回到 0,我们称定时器发生了溢出,这个信号可以引发中断或者不采取操作继续从 0 数起。

数数的快慢是通过设置计数器的时钟来确定的,如果每个时钟脉冲的时间是 $1\,\mu s$,
TCNT0 从 0 递增到最大值 255 后再次回到 0,定时时间是 $256\,\mu s$。如果能够知道
TCNT0 发生了多少次这样的溢出事件,就知道总的定时时间了。即用溢出次数 N
乘以 256 就是总的定时时间。

综上所述,读者应该清楚定时器的定时原理了,现在的问题是如何设置可以让
TCNT0 里存储的数据"走"起来,TCNT0 中的数据递增到最大后发生溢出时单片机
的 CPU 又是怎么知道的呢? 这就涉及与定时器 T0 工作相关的寄存器的设置了。

1. 定时器/计数器控制寄存器——TCCR0

bit7	bit6	bit5	bit4	bit3	bit2	bit1	bit0
FOC0	WGM00	COM01	COM00	WGM01	CS02	CS01	CS00

其中高 5 位 FOC0、WGM00、COM00、COM01 和 WGM01 与本小节定时内容不
相关,因此暂不介绍。低 3 位用于选择 T0 的时钟源,共有 8 种设置方式,具体情况
如表 5-1 所列。选择不同的时钟源时,寄存器 TCNT0 中的数据递增的速度也不
同,从而同样是 TCNT0 中的数据从 0 递增到最大值时所定的定时时间也就不同了。

表 5-1　定时器 T0 时钟源选择

CS02	CS01	CS00	说　明
0	0	0	无时钟输入,定时器不工作,TCNT0 中的数据根本不递增
0	0	1	$CLK_{TOS}/1$(没有分频)
0	1	0	$CLK_{TOS}/8$(晶振频率 8 分频)
0	1	1	$CLK_{TOS}/32$(晶振频率 32 分频)
1	0	0	$CLK_{TOS}/64$(晶振频率 64 分频)
1	0	1	$CLK_{TOS}/128$(晶振频率 128 分频)
1	1	0	$CLK_{TOS}/256$(晶振频率 256 分频)
1	1	1	$CLK_{TOS}/1\,024$(晶振频率 1 024 分频)

2. 定时器 T0 计数寄存器——TCNT0

TCNT0 是定时器 T0 的计数寄存器,当定时器工作在定时方式时,TCNT0 中存
储的就是来自时钟源的脉冲数。递增的数值乘以晶振频率分频后的脉冲周期就是定
时时间。

3. 定时器中断屏蔽寄存器——TIMSK

bit7	bit6	bit5	bit4	bit3	bit2	bit1	bit0
OCIE2	TOIE2	TICIE1	OCIE1A	OCIE1B	TOIE1	OCIE0	TOIE0

TIMSK 是定时器中断屏蔽控制寄存器,其中前 6 位与定时器 T0 的应用无关,bit1 用于使能定时器 T0 比较匹配输出中断,这一位与要实现 50 ms 的定时也不相关,因此只有 bit0 位与本小节有关,将 TOIE0 设置为 1,即表示使能 T0 溢出中断,当 TCNT0 中的数据递增到最大并且发生溢出时就会产生中断(溢出是指 TCNT0 中的数据从最大 255 变成 0),CPU 会停止主程序中正在执行的任务,不顾一切地立刻跳转到定时器 0 溢出中断服务子程序中来执行程序。总之,TOIE0 用于是否开启定时器 T0 的溢出中断功能。

4. 定时器中断标志寄存器——TIFR

bit7	bit6	bit5	bit4	bit3	bit2	bit1	bit0
OCF2	TOV2	ICF1	OCF1A	OCF1B	TOV1	OCF0	TOV0

当定时器计数寄存器 TCNT0 溢出时还会将定时器中断标志寄存器 TIFR 中的 TOV0 置 1,当执行中断程序时会由硬件将这一位自动清零,当然也可以通过给该位写 1 的方式将该位清零。一般使用定时器定时的时候通常都让定时器工作在中断方式,因此,不用理会该标志位即可。

5. 总中断控制寄存器——SREG

如果想让定时器定时工作,并且当定时器计数寄存器 TCNT0 计数溢出时产生中断,仅仅设置 TCCR0、TCNT0、TIMSK 这 3 个寄存器还不够,还要将总中断使能位设置为 1,即将 SREG 寄存器中的最高位设置为 1。

接下来就是进行实战的环节。设计一个定时 50 ms 改变一次 PC0 口的电平状态的程序,从而使得 PC0 口接的 LED 小灯出现闪烁的现象。

具体硬件电路图如图 5-1 所示。将熔丝位配置为内部 1 MHz 时钟,因此在电路中可以不加外部晶振电路,只需要供电及发光二极管电路即可。

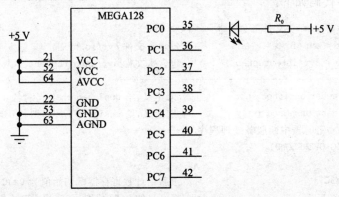

图 5-1 定时器控制 PC0 口的 LED 小灯闪烁

软件设计思想:程序开始执行,在初始化时将与定时器 T0 相关的寄存器 TC-CR0、TIMSK、SREG、TCNT0 设置好,然后程序就进入无限循环,在这里可以不做具体的执行任务。当定时器中断发生时,程序从这个无限循环的主程序中跳转到中断程序中执行,取反 PC0 口电平状态,执行完中断程序后再回到主程序中"等"。具体的程序流程图如图 5 - 2 所示。

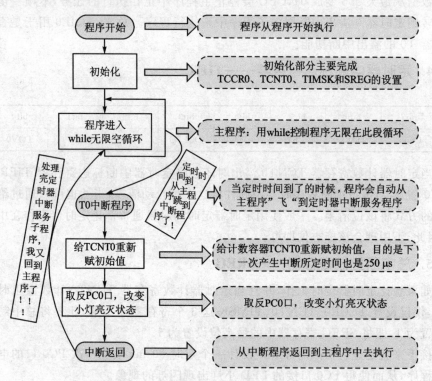

图 5 - 2　定时器 T0 中断程序流程图

具体程序代码如下:

```
// ************头文件部分*************
# include <avr/io.h>              //包含头文件 avr/io.h
# include <avr/interrupt.h>       //包含头文件 avr/interrupt.h
//-------------------------------------
# define uchar unsigned char      // 宏定义,给 unsigned char 起别名 uchar
# define uint unsigned int        // 宏定义,给 unsigned int 起别名 uint
/ ********定时器中断服务处理程序 *********/
SIGNAL(SIG_OVERFLOW0)
{
TCNT0 = 0X3C;                     //重新给计数寄存器赋初始值为 0x3C
PORTC^ = 0X01;                    //将 C 口的 bit0 位取反,实现 LED 小灯闪烁
}
```

```
//----------主程序----------------
int main(void)
{
    DDRC = OXFF;              //设置 C 口为输出
    PORTC = OXFF;             //C 口输出高电平
    TCCR0 = 0X06;             //时钟源选择,256 分频
    TCNT0 = 0X3C;             //计数初始值为 0x06
    TIMSK = 0X01;             //定时器 T0 中断使能
    SREG| = 0X80;             //总中断使能
    while(1)                  //用 while(1)实现无限循环
      {
        ;
      }
}
```

互动环节:

飞雪:关于上面的程序我有两个疑问,一个是程序停在了主程序的 while(1)处无限循环,当定时时间到时,程序怎么进入中断函数 SIGNAL(SIG_OVERFLOW0)中执行的呢?

阿范:如果把软件安装到 C 盘,在 C:\WinAVR-20100110\avr\include\avr 目录下有一个 iom128.h 文件,在这个文件里定义了各个中断的入口名字,如定时器 T0 的溢出中断名字为 SIG_OVERFLOW0,在程序中只需要写上 SIGNAL(SIG_O-VERFLOW0),当定时器发生溢出中断时,程序就会自动"飞"到这个函数里执行,执行完毕后会自动回到主程序的 while(1)循环中继续"空等"。

雪崖:定时时间是怎么计算出来的呢?

阿范:通过配置熔丝位,设置单片机内部 1 MHz 时钟,然后又通过语句"TCCR0=0X06;"对时钟进行了 256 分频,即定时器 T0 工作的时钟为 1/256 MHz,即定时器计数容器每增长 1 时,所用的时间为 256 μs;通过语句"TCNT0=0X3C;",每次给定时器计数寄存器赋值 0X3C,相当于是给 TCNT0 赋值 60,那么,定时器 T0 每次中断的时间就是 256×(256−60)μs,约等于 50 000 μs,即 50 ms。

雪崖:如果我想定时时间更长,如 1 s,那该怎么设置呢?

阿范:定时器 T0 的计数寄存器 TCNT0 最多能计 256 个数,因此,想定时更长的时间,只能通过软件的方法,记录 TCNT0 的中断次数,一次中断所消耗的时间乘以这个次数就得到了想定时的时间了。具体看看下面的程序,为了让大家熟悉计算方法,这次不采用 256 分频,改成 32 分频,实现定时 1 s 取反 PC0 口的电平状态。熔丝位设置为 1 MHz,分频设置为 32 分频,中断溢出一次,定时器计数寄存器 TCNT0 递增 250 个数据,定时器计数寄存器初始值设置为 6,这样要实现 1 s(1 000 000 μs)定时,总共需要定时器溢出中断 125 次。即 125×250×32,结果为 1 000 000 μs。具

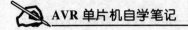

体程序如下：

```
// ***********头文件部分 *************
# include <avr/io.h>              //包含头文件 avr/io.h
# include <avr/interrupt.h>       //包含头文件 avr/interrupt.h
// ------------------------------------
# define uchar unsigned char      // 宏定义,给 unsigned char 起别名 uchar
# define uint unsigned int        // 宏定义,给 unsigned int 起别名 uint
uchar count_interrupt = 0;        //定义一个无符号字符型变量 count_interrupt,赋值 0
/ ********定时器中断服务处理程序 **********/
SIGNAL(SIG_OVERFLOW0)
{
TCNT0 = 0X06;                     //重新给计数寄存器赋初始值为 0X06
count_interrupt + + ;             //将中断次数变量数加 1
if(count_interrupt = = 125)       //如果中断次数为 100
  {
    PORTC^ = 0X01;                //将 C 口的 bit0 位取反,实现 LED 小灯闪烁
    count_interrupt = 0;          //把中断次数清 0
  }
}
// ----------主程序 --------------------
int main(void)
{
  DDRC = 0XFF;                    //设置 C 口为输出
  PORTC = 0XFF;                   //C 口输出高电平
  TCCR0 = 0X03;                   //时钟源选择,32 分频
  TCNT0 = 0X06;                   //计数初始值为 0X06
  TIMSK = 0X01;                   //定时器 T0 中断使能
  SREG| = 0X80;                   //总中断使能
  while(1)                        //用 while(1)实现无限循环
    {
      ;
    }
}
```

【练习 5.1.1.1】：怎样让定时器停止工作？

5.1.2 定时器定时制作简易数字电子时钟

通过上一节的实验,我们已经掌握了如何实现一秒钟定时。那么,接下来,只需要设计一个带有数码管显示的电路,并添加部分程序即可实现简易的数字电子时钟了。

1. 硬件电路原理

用定时器完成一个电子时钟,硬件电路如图5-3所示。单片机的C口与数码管的各个段相连,通过单片机的PC将显示段码输出到数码管上;单片机的A口分别控制8个PNP型三极管,当单片机A口的某个引脚输出低电平时,该口所控制的三极管导通,给对应的数码管供电。例如,想显示数据12,则把1对应的段码输出到C口,然后把PA1口置低电平,则数码管上显示出一个1,然后把PA1口置高电平,三极管截止,再送2对应的显示段码,然后使PA0口输出低电平,则在另一个数码管上显示2。如果两次显示的时间间隔足够短的话,人的眼睛就区分不开了,看上去的效果就是两个数同时在显示。注意,本设计中需要配置熔丝位选择外部8 MHz晶振。因此,在初始化定时器寄存器是要注意分频与晶振的关系。

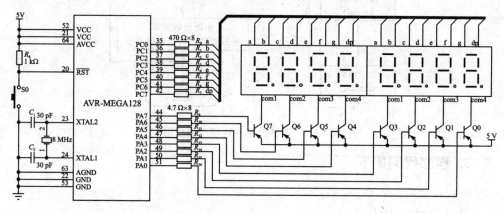

图5-3 简易数字电子钟

2. 软件设计思想

程序主要包括初始化模块、定时器中断程序模块、除法模块和显示模块。各自功能分别介绍如下:

① 定时器中断程序模块:本模块完成每隔1秒钟秒位加1,且在到60秒时要把秒位清零,同时分钟位加1,如果分钟位到了60分时要将时位加1,同时将分位清零,而且在时位到了24时要将时位清零,这部分由定时器T0中断服务程序完成。

② 显示模块:由于在本设计中采用的是动态显示方式,因此单片机要"经常"去执行一个显示程序,保证数码管不熄灭,看上去一直显示当前的时间信息。

③ 除法模块:要对最新的当前时钟数据进行处理,如当前时间为"12-30-06",要实现这个数据在数码管上显示,需要将时、分和秒3个数据分别拆分成十位和个位两个数,如秒位的"06",就需要拆成"0"和"6"两个数,实现的原理是分别用时、分、秒这3个数据除以10,将得到的十位和个位分别存储在两个单独的存储器里,这样就实现了将一个数据分开的目的了。

④ 初始化模块:这部分程序主要是为上面几部分程序做准备工作,包括给变量

赋初始值、设置与定时器相关的寄存器等。

具体的程序流程图如图 5 - 4 所示。

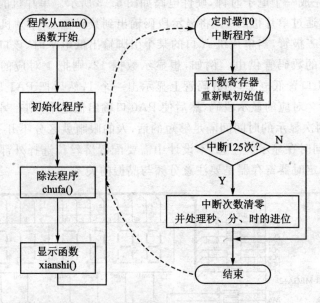

图 5 - 4　简易数字时钟程序流程图

3. 程序代码如下

```
// ***********头文件部分************
# include <avr/io.h>
# include <avr/interrupt.h>
//----------------------------------------
# define uchar unsigned char
# define uint unsigned int
uchar Table[10] = {0xc0,0xf9,0xa4,0xb0,
                   0x99,0x92,0x82,0xf8,0x80,0x90};   //存储 0~9 这 10 个显示段码
uchar shi = 12,fen = 0,miao = 0;                     //定义秒、分、时 3 个变量
uchar shishiwei,shigewei,fenshiwei,fengewei,miaoshiwei,miaogewei;
uchar zhongduancishu = 0;                            //定义一个变量用于记录定时器
                                                     //中断次数

/ *********函数声明*************/
void DelayMs(uint i);
void chufa(void);
void xianshi(void);
void initial(void);
// ********延时子程序***********//
void DelayMs(uint i)
{
```

```
uint j;
for(;i!=0;i--)
    {
        for(j=8000;j!=0;j--)
         ;
    }
}
//**********动态显示函数 ********************
void xianshi()
{
    PORTC = Table[shishiwei];                    //显示时十位
    PORTA = 0X7f;                                //左边第1个数码管亮
    DelayMs(10);                                 //调延时,让数码管持续点亮一段时间
    PORTA = 0XFF;                                //熄灭数码管
    PORTC = Table[shigewei];                     //显示时个位
    PORTA = 0Xbf;                                //选择左边数第2个数码管
    DelayMs(10);                                 //调延时,让数码管持续点亮一段时间
    PORTA = 0XFF;                                //熄灭数码管
    PORTC = 0xbf;                                //显示"一"
    PORTA = 0Xdf;                                //选择从左数第3个数码管
    DelayMs(10);                                 //调延时,让数码管持续点亮一段时间
    PORTA = 0XFF;                                //熄灭数码管
    PORTC = Table[fenshiwei];                    //显示分十位
    PORTA = 0Xef;                                //选择左边第4个数码管
    DelayMs(10);                                 //调延时,让数码管持续点亮一段时间
    PORTA = 0XFF;                                //熄灭数码管
    PORTC = Table[fengewei];                     //显示分个位
    PORTA = 0xf7;                                //选择左边第5个数码管
    DelayMs(10);                                 //调延时,让数码管持续点亮一段时间
    PORTA = 0XFF;                                //熄灭数码管
    PORTC = 0xbf;                                //显示"一"
    PORTA = 0XFb;                                //左侧第6个数码管点亮
    DelayMs(10);                                 //调延时,让数码管持续点亮一段时间
    PORTA = 0XFF;                                //熄灭数码管
    PORTC = Table[miaoshiwei];                   //显示秒十位
    PORTA = 0XFd;                                //左侧第7个数码管点亮
    DelayMs(10);                                 //调延时,让数码管持续点亮一段时间
    PORTA = 0XFF;                                //熄灭数码管
    PORTC = Table[miaogewei];                    //显示秒个位
    PORTA = 0XFE;                                //左侧第8个数码管点亮
    DelayMs(10);                                 //调延时,让数码管持续点亮一段时间
    PORTA = 0XFF;                                //熄灭数码管
```

```
}
// ********定时器 T0 中断处理程序 **********//
SIGNAL(SIG_OVERFLOW0)
{
TCNT0 = 0X06;                        //定时器计数寄存器重新赋初始值 6
zhongduancishu ++ ;                  //中断次数加 1
if(zhongduancishu == 125)            //判断中断次数是否到了 125 次
    {
    zhongduancishu = 0;              //中断次数赋值 0
    miao ++ ;                        //秒加 1
    if(miao == 60)                   //判断秒是否到了 60
      {
    miao = 0;                        //秒清零
    fen ++ ;                         //分加 1
    if(fen == 60)                    //如果分等于 60?
      {
    fen = 0;                         //分清零
    shi ++ ;                         //小时加 1
    if(shi == 24)                    //如果小时等于 24?
      {
        shi = 0;                     //小时清零
      }
      }
      }
      }
}
/ **************** 除法函数 *****************/
void chufa(void)
{
    miaoshiwei = miao/10;            //秒除 10,取商,即得秒的十位
    miaogewei = miao % 10;           //秒除 10,取余,即得秒的个位
    fenshiwei = fen/10;              //分除 10,取商,即得分的十位
    fengewei = fen % 10;             //分除 10,取余,即得分的个位
    shishiwei = shi/10;             //时除 10,取商,即得时的十位
    shigewei = shi % 10;            //时除 10,取余,即得时的个位
}
/ ************* 初始化函数 **************/
void initial(void)
{
/ * IO 端口设置 * /
DDRC = 0XFF;                         //C 口设置为输出
PORTC = 0XFF;
```

```
DDRA = 0XFF;                    //A 口设置为输出
PORTA = 0XFF;
/ * 定时器 T0 寄存器设置 * /
TCCR0 = 0X06;                   //选择时钟源,256 分频
TCNT0 = 0X06;                   //计数寄存器赋初始值 6
TIMSK = 0X01;                   //定时器 T0 中断使能
SREG| = 0X80;                   //总中断使能
/ * 变量初始化 * /
miao = 0;                       //miao 变量赋初始值 0
fen = 0;                        //fen 变量赋初始值 0
shi = 12;                       //shi 变量赋初始值 12
}
// ----------主程序---------------------
int main(void)
{
   initial();                   //调用初始化函数
   while(1)
     {
        chufa();                //调用除法函数
        xianshi();              //调用显示函数
     }
}
```

4. 互动环节

禹华:上面的程序结构化很清楚,整体也比较明白,而且我自己亲自做实验了,现象也对,但是有一个问题,就是定时器中断函数中当变量 zhongduancishu 等于 125 时就把秒加 1,这是为什么呢?

阿范:是这样的,我在本次试验中将单片机的熔丝位配置为 8 MHz 的外部晶振模式,并且在初始化时将时钟源选择了 256 分频(通过"TCCR0=0X06;"来实现的,这样定时器的工作频率是 8/256 MHz,那么一个时钟周期的时间就是 256/8 μs,即 32 μs,计数寄存器 TCNT0 的初始值为 6,当 TCNT0 溢出时(从 255 变为 0)发生一次定时器溢出中断,所用时间为 $(256-6)\times 32$ μs,即 8 000 μs。因此,当定时器中断 125 次时所用的时间为 $125\times 8\,000$,共计 1 000 000 μs,即 1 s,所以每中断 125 次就将秒变量 miao 加 1。

【练习 5.1.2.1】:给本节简易时钟程序加上按键控制程序,实现调节时钟的功能。

5.1.3 定时器 T0 的计数功能

定时器 T0 工作在计数方式与定时方式的原理是一样的。每当有一个脉冲信号输入到 T0 时,计数寄存器 TCNT0 的值会加 1。只是当 T0 工作在定时方式时,脉冲

来自于精确的晶振或内部震荡电路;而 T0 工作在计数方式时,脉冲来自于外部的引脚,外部引脚输入的脉冲可能是"匀速"输入的脉冲,也可能是"初一输入一个脉冲,十五输入一个脉冲",因此这时 TCNT0 中数出来的脉冲数量就不能和时间联系起来。那么定时器工作在计数方式有什么用呢? 如电机每转一周产生一个脉冲,把这个脉冲输入给 T0,T0 就可以记录下脉冲数,也就知道了电机转数了,如果再知道时间,即可以计算出电机的转速了。那么,电机转动产生的脉冲怎么输入到 T0 呢? 将脉冲信号输入到 ATmega128 的 TOSC1(即 PG4 脚,也就是 mega128 单片机的 19 脚),然后再简单设置一下几个相关的寄存器即可。设计一个实验,用定时器记录外部脉冲个数,用数码管实时显示出脉冲的数量。

1. 硬件电路图

硬件电路如图 5 - 5 所示。数码管显示电路的原理这里就不再重复了。在学习期间,我们手头不一定有电机转动产生的脉冲电路,为了完成这个实验,我们需要自己产生一个脉冲信号来模拟电机转动一周输出的脉冲信号。本设计中用单片机 PB7 口产生脉冲,用一根线把 PB7 引脚与 TOSC1(即 PG4)脚连接起来,这样 PB7 口的脉冲就输入到 PG4 脚了,定时器就可以记录 PB7 产生的脉冲个数了。

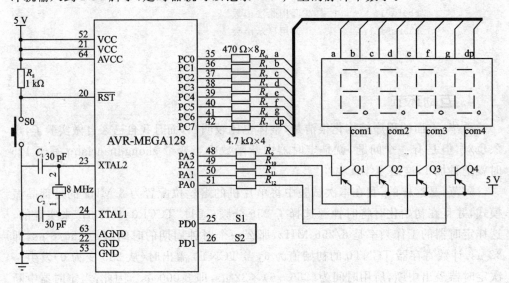

图 5 - 5 定时器工作在计数模式

2. 涉及的寄存器

首先,要设置 T0 控制寄存器 TCCR0,TCCR0 中与计数相关的位是低 3 位 CS02、CS01、CS00。具体参考表 5 - 1 所列。如果对 TOSC1(PG4)引脚输入的脉冲不进行分频,将这 3 位设置成"001"即可,其他高 5 位不用设置。即通过语句"TCCR0=0X01;"就可以实现。

bit7	bit6	bit5	bit4	bit3	bit2	bit1	bit0
FOC0	WGM00	COM01	COM00	WGM01	CS02	CS01	CS00

其次,需要设置 T0 的异步状态寄存器 ASSR 的 AS0 位,AS0 为 0 时 T0 选择内部脉冲源;AS0 为 1 时 T0 选择 TOSC1(PG4)引脚输入的脉冲源。在本设计中,T0用于计数,因此,需要将 AS0 位设置成 1,通过语句"ASSR＝0X08;"设置即可。

bit7	bit6	bit5	bit4	bit3	bit2	bit1	bit0
—	—	—	—	AS0	TCN0UB	OCR0UB	TCR0UB

3. 软件设计思想

程序主要包括初始化模块、除法模块和显示模块。各自功能分别介绍如下:

① 初始化模块:该模块主要负责给变量赋初始值、设置单片机端口方向、设置与定时器相关的寄存器等。

② 除法模块:由于采用数码管显示,在一个数码管上只能显示一个数,因此,需要将一个两位数据通过做除法将十位和个位分开。

③ 显示模块:在本设计中采用的是动态显示方式,因此单片机要"经常"去执行一个显示程序,保证数码管不熄灭。

具体的程序流程图如图 5-6 所示。

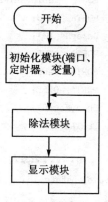

图 5-6 T0 数外部脉冲
程序流程图

4. 具体程序代码

```
// ***********头文件部分 *************
# include <avr/io.h>

# define uchar unsigned char
# define uint unsigned int

uchar Table[10] = {0xc0,0xf9,0xa4,0xb0,
                   0x99,0x92,0x82,0xf8,0x80,0x90};   //存储 0~9 十个显示段码

uchar shiwei,gewei;   //定义两个变量,用于存储测量脉冲数的十位和个位

/ ********** 函数声明 ***************/
void DelayMs(uint i);                    //延时函数声明
void chufa(void);                        //除法函数声明
void xianshi(void);                      //显示函数声明
void initial(void);                      //初始化函数声明
```

```
// ********* 延时子程序 ************//
void DelayMs(uint i)
{
uint j;
for (;i!=0;i--)
    {
        for(j=8000;j!=0;j--)
        ;
    }
}
// *********** 动态显示函数 ******************
void xianshi()
{
  PORTC = Table[shiwei];              //显示脉冲数的十位
  PORTA = 0XFd;                       //左侧第 3 个数码管点亮
  DelayMs(10);                        //调延时,让数码管持续点亮一段时间
  PORTA = 0XFF;                       //熄灭数码管
  PORTC = Table[gewei];              //显示脉冲数的个位
  PORTA = 0XFE;                       //左侧第 4 个数码管点亮
  DelayMs(10);                        //调延时,让数码管持续点亮一段时间
  PORTA = 0XFF;                       //熄灭数码管
}
// *************** 除法函数 ****************/
void chufa(void)
{
  shiwei = TCNT0/10;                  //脉冲数除 10,取商,即得脉冲数的十位
  gewei = TCNT0 % 10;                 //脉冲数除 10,取余,即得脉冲数的个位
}
/ ************* 初始化函数 *************/
void initial(void)
{
  / * IO 端口设置 * /
  DDRC = 0XFF;                        //C 口设置为输出
  DDRA = 0XFF;                        //A 口设置为输出
  DDRB = 0XFF;                        //B 口设置为输出
  / * 定时器 T0 寄存器设置 * /
  TCCR0 = 0X01;                       //选择时钟源,不分频
  TCNT0 = 0X00;                       //计数寄存器赋初始值 0
} ASSR = 0X08;                        //设置 ASSR 的 AS0 位,选择外部引脚 PG4 输入脉冲
}
// ------------------主程序------------------
int main(void)
```

```
{ uint k;                          //定义一个变量k
   initial();                      //调用初始化函数
   while(1)
      {
         chufa();                  //调用除法函数
         for(k=0;k<50000;k++)      //for循环调用显示函数50 000次,用于产生低频方波
             xianshi();            //调用显示函数
         PORTB = 0X00;             //B口输出低电平
         for(k=0;k<50000;k++)      //for循环调用显示函数50 000次,用于产生低频方波
             xianshi();            //调用显示函数
         PORTB = 0XFF;             //B口输出高电平
      }
}
```

5. 互动环节

小晔:在主程序中为什么用"for(k=0;k<50000;k++)"语句循环执行5 0000次显示函数"xianshi();"呢?

阿范:是这样的,我们用PB7口产生脉冲(通过主程序中的PORTB = 0X00和PORTB = 0XFF这两条)。为了能看清楚数码管上显示的脉冲数量,我们产生的脉冲的频率不能太高。因此,在主循环中用for循环语句反复执行显示函数,这样PB7口产生的脉冲频率就降低了,数码管上数据递增的就不快了,我们自然就能看清楚了。

小晔:对了,电路图中不是有4个数码管吗?我看程序中好像没有涉及百位和千位啊?

阿范:你很细心啊。是这样的,如果需要显示的脉冲数量的最大值是9 999的话,那就要用上百位和千位这两个数码管了。至于程序请大家参考以前练习过的程序修改吧。

【练习5.1.3.1】:试把本节所学定时器的计数功能与第4章中设计的小车相结合,实现测车速功能。

5.1.4 定时器T0的PWM功能

关于定时器T0的简单定时和计数功能已经在本章的前3小节中学习过了,现在一起学习T0的其他功能,首先研究一下定时器T0的控制寄存器TCCR0。

bit7	bit6	bit5	bit4	bit3	bit2	bit1	bit0
FOC0	WGM00	COM01	COM00	WGM01	CS02	CS01	CS00

在前 3 节用 T0 实现定时和数外部引脚脉冲数量时只是设置了 TCCR0 的低 3 位,现在研究高 5 位。

➤ bit 6 和 bit 3——WGM00 和 WGM01：波形产生模式

bit6 和 bit3 两位分别是 WGM00 和 WGM01,这两位共有 4 种设置方式,对应 4 种工作模式,具体含义见表 5-2 所列。需要说明的是表中 TOP 表示定时器 T0 的计数寄存器 TCNT0 的最大计数值;OCR0 是一个比较寄存器,OCR0 寄存器里面的值可以修改更新,但是更新的时间和定时器 T0 的工作模式有关;TOV0 置位时刻,即定时器 T0 溢出时刻,这也和定时器 T0 的工作模式设置有关。在这 4 种模式中,其中普通模式就是定时模式和计数模式,我们已经在第 5.1.1 和第 5.1.3 小节中学习过了,其他 3 种模式没有使用,这里分别介绍其使用方法。

表 5-2　定时器 T0 工作模式

模　式	WGM01	WGM00	T0 的工作模式	TOP	OCR0 的更新时间	TOV0 的置位时刻
0	0	0	普通模式	0XFF	立即更新	MAX
1	0	1	相位修正 PWM	0XFF	TOP	BOTTOM
2	1	0	CTC 模式	OCR0	立即更新	MAX
3	1	1	快速 PWM	0XFF	TOP	MAX

1. 模式 2——CTC 模式

首先介绍一下何为 CTC 模式,CTC 模式就是定时器 T0 的计数寄存器 TCNT0 中的数据时刻与比较寄存器 OCR0 中的数据进行比较,当两者相等时,就将 TCNT0 中的数据清零,从图 5-7 中可以看出当改变 OCR0 中的比较值时,TCNT0 会在新的比较值处与 OCR0 值比较匹配,当比较匹配时会在单片机的 PB4(OC0)引脚输出电平信号。至于输出是什么样的电平信号取决于定时器 T0 的控制寄存器 TCCR0 中的 COM01 和 COM00 两位的设置,具体请参考表 5-3 所列。

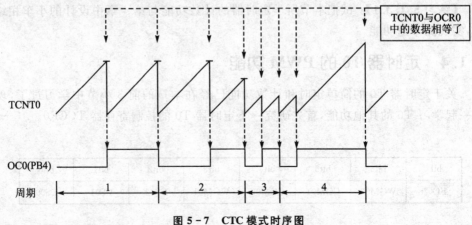

图 5-7　CTC 模式时序图

表 5-3 T0 工作在普通模式和 CTC 模式时 PB4(OC0)脚的输出情况

COM01	COM00	说　明
0	0	此时,PB4 引脚的电平与 CTC 模式不相关,PB4 为正常 IO 口
0	1	当 TCNT0 与 OCR0 比较匹配时,PB4(OC0)引脚电平取反,如图 5-7 所示
1	0	当 TCNT0 与 OCR0 比较匹配时,PB4(OC0)引脚输出低电平
1	1	当 TCNT0 与 OCR0 比较匹配时,PB4(OC0)引脚输出高电平

下面给出一段程序,通过设置 TCCR0 使得 T0 工作于 CTC 模式,并且设置 COM01 和 COM00 两位为"01",当 TCNT0 与 OCR0 比较匹配时取反 PB4 引脚电平状态,这样在 PB4 引脚上就会产生一个占空比为 50% 的方波信号。具体程序代码如下:

```
// ************* 头文件部分 *************
# include <avr/io.h>
# define uchar unsigned char
# define uint unsigned int
/ ************* 初始化函数 *************/
void initial(void)
{
/ *I/O端口设置 * /
DDRB = 0XFF;              //B 口设置为输出
/ *定时器 T0 寄存器设置 * /
TCCR0 = 0X19;            //设置为 CTC 模式,TCNT0 与 OCR0 比较匹配时取反 PB4 脚电平
OCR0 = 0X55;            //给 OCR0 赋值,即 TCNT0 在 0x55 处发生比较匹配
TCNT0 = 0X00;            //计数寄存器赋初始值 0
}
// ---------主程序 ---------------------
int main(void)
{
  initial();            //调用初始化函数
  while(1)
    {
      ;
    }
}
```

注意:PB4 引脚输出信号,因此在程序的初始化中别忘了将 PB4 引脚设置为输出,本程序中用 "DDRB=0XFF;" 将整个 B 口引脚设置为输出。

实验现象如图 5-8 所示。

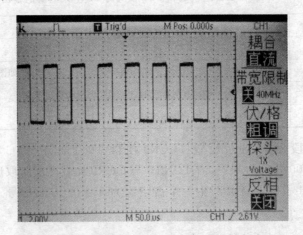

图 5-8   定时器 T0 工作于 CTC 模式时的实验波形

当设置 TCCR0 工作于 CTC 模式,同时设置 TCCR0 中的 COM01 和 COM00 这两位为"10"时,则 PB4 引脚将一直输出低电平;当设置 COM01 和 COM00 这两位为"11"时,则 PB4 引脚将一直输出高电平;当设置 COM01 和 COM00 这两位为"00"时,则 PB4 引脚无输出电平信号,此时 PB4 引脚状态与 CTC 模式无关。

互动环节:

灵儿:当定时器 T0 工作在普通模式和 CTC 模式都是按照表 5-3 的说明在 PB4 引脚产生电平信号,那么这两种模式有什么区别呢?

阿范:它们的区别就是当 T0 工作在普通模式时,计数寄存器 TCNT0 的值要递增到最大值 0XFF 时 PB4 才输出电平信号;而工作在 CTC 模式时 TCNT0 只要与 OCR0 比较相等时就可以在 PB4 引脚输出电平信号了。

2. 模式 3——快速 PWM 模式

当将 TCCR0 中的 WGM01 和 WGM00 设置为"11"时,即设置为快速 PWM 模式,此时 PB4 引脚输出两种电平信号受 COM01 和 COM00 两位的控制,具体如表 5-4 所列。图 5-9 给出了更为直观的快速 PWM 模式下的时序图。

表 5-4   快速 PWM 模式

COM01	COM00	说　明
0	0	此时,PB4 引脚的电平与快速 PWM 模式不相关,PB4 为正常 I/O 口
0	1	保留,(暂时没有什么用途)
1	0	TCNT0 与 OCR0 匹配时,PB4(OC0)引脚输出低电平,TCNT0 计数到 TOP 时 PB4 输出高电平
1	1	TCNT0 与 OCR0 匹配时,PB4(OC0)引脚输出高电平,TCNT0 计数到 TOP 时 PB4 输出低电平

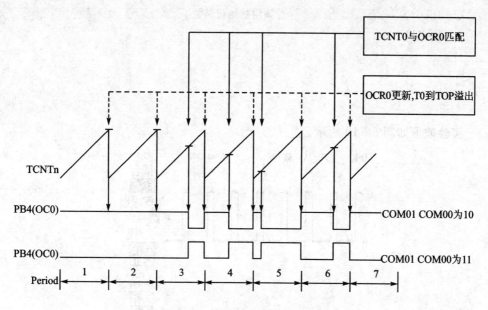

图 5－9　快速 PWM 模式时序图

接下来编写一段程序,设置 TCCR0 中的 WGM01 和 WGM00 为"11",使得 T0 工作在快速 PWM 模式,同时设置 TCCR0 中的 COM01 和 COM00 为"10",即当 TCNT0 与 OCR0 匹配时,PB4(OC0)引脚输出低电平,TCNT0 计数到 TOP 时 PB4 输出高电平,具体的程序代码如下:

```
// ************头文件部分*************
# include <avr/io.h>
# define uchar unsigned char
# define uint unsigned int
/ *************初始化函数************/
void initial(void)
{
/ * I/O 端口设置 * /
DDRB = 0XFF;              //B 口设置为输出
/ * 定时器 T0 寄存器设置 * /
TCCR0 = 0X69;            //快速 PWM 模式,TCNT0 与 OCR0 匹配时 PB4 脚输出低电平,
                         //到最大时输出高电平
OCR0 = 0x40;             //给 OCR0 赋值,即 TCNT0 在 0x40 处发生比较匹配
TCNT0 = 0X00;            //计数寄存器赋初始值 0
}
// ----------主程序----------------
int main(void)
{
```

```
    initial();                          //调用初始化函数
    while(1)
        {
            ;
        }
}
```

实验波形如图 5-10 所示。

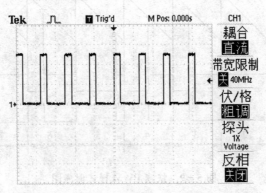

图 5-10　定时器 T0 工作于快速 PWM 模式时的实验波形

互动环节：

飞鸿：这个快速 PWM 模式有什么用呢？主要应用在什么地方呢？

阿范：PWM 是一种脉宽调制技术，可以利用 PWM 信号控制直流电机转速，如控制小车时，可以用 PB4 引脚输出的 PWM 信号调节电机转速。当然也可以把这个 PWM 信号经过阻容滤波后当 DA 用，当连续改变 OCR0 这个值时，可以产生变换的 PWM 脉冲输出，从而可以用来制作简易波形发生器，如产生正弦波或锯齿波等。

飞鸿：那产生的 PWM 信号的频率如何计算呢？

阿范：定时器中的计数寄存器 TCNT0 从 0 递增到 255，然后再回到 0 算是一个周期。所以 PWM 信号的频率就相当于是对系统时钟的频率进行了 256 分频，当然，如果还要考虑 TCCR0 寄存器的第 3 位的设置情况，因为这 3 位可以设置系统时钟分频系数。因此，PWM 信号的频率可以用下面的算式进行计算：

PWM 信号频率 ＝ 系统时钟频率/(TCCR0 中设置的分频系数×256)

下面先用快速 PWM 模式产生的 PWM 制作一个简易锯齿波信号发生器。硬件电路图如图 5-11 所示。MAGA128 单片机的 PB4 脚输出 PWM 信号，经过电阻 R_1 和电容 C_3 构成的低通滤波电路，在电容 C_3 两端获得锯齿波信号，实验后的示波器上的波形如图 5-12 所示。

软件设计思想是将定时器 T0 设置成工作在快速 PWM 模式，当 TCNT0 与 OCR0 比较匹配时 PB4 引脚输出低电平，当 TCNT0 计数溢出时 PB4 引脚输出高电

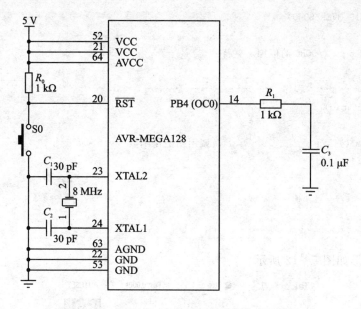

图 5 - 11 定时器 T0 的 PWM 功能产生锯齿波

平,同时产生溢出中断,在中断程序中更新比较寄存器 OCR0 中的数值,从而使下一次产生的 PWM 波形发生变化,当连续地修改 OCR0 中的值时,PB4 引脚输出的 PWM 信号经过阻容滤波后就会产生连续变化的电压,从而形成锯齿波输出。

具体程序代码如下。

```
// ************ 头文件部分 **************
# include <avr/io. h>
# include <avr/interrupt. h>
# define uchar unsigned char
# define uint unsigned int
/ ************** 初始化函数 **************/
void initial(void)
{
/ * I/O 端口设置 * /
DDRB = 0XFF;              //B 口设置为输出
/ * 定时器 T0 寄存器设置 * /
TCCR0 = 0X69;            //快速 PWM 模式,比较匹配时 PB4 脚输出低电平,
                         //到最大时输出高电平
OCR0 = 0x60;             //给 OCR0 赋初始值,即 TCNT0 在 0x60 处发生比较匹配
TCNT0 = 0X00;            //计数寄存器赋初值 0
TIMSK = 0X01;            //定时器 T0 溢出中断使能
SREG = 0X80;             //总中断使能
}
// *********** 定时器 T0 溢出中断程序 *********
```

```
SIGNAL(SIG_OVERFLOW0)
{
    OCR0 + + ;   //OCR0 的值加 1 更新
}
// ---------- 主程序 --------------------
int main(void)
{
    initial();                        //调用初始化函数
    while(1)
        {
            ;
        }
}
```

实验波形如图 5-12 所示。

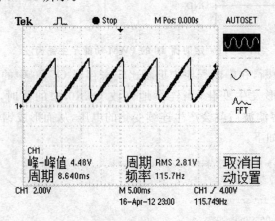

图 5-12 快速 PWM 模式时产生的锯齿波

3. 模式 1——相位修正 PWM 模式

当将 TCCR0 中的 WGM01 和 WGM00 设置为"01"时,T0 工作在相位修正 PWM 模式,此时 PB4 引脚输出两种电平信号受 COM01 和 COM00 两位的控制,具体如表 5-5 所列。图 5-13 给出了更为直观的相位修正 PWM 模式下的时序图。

表 5-5 相位修正 PWM 模式

COM01	COM00	说 明
0	0	此时,PB4 引脚的电平与相位修正 PWM 模式不相关,PB4 为正常 I/O 口
0	1	保留,(暂时没有什么用途)
1	0	在升序计数时发生比较匹配将清零 PB4;降序计数时发生比较匹配将置位 PB4
1	1	在升序计数时发生比较匹配将置位 PB4;降序计数时发生比较匹配将清零 PB4

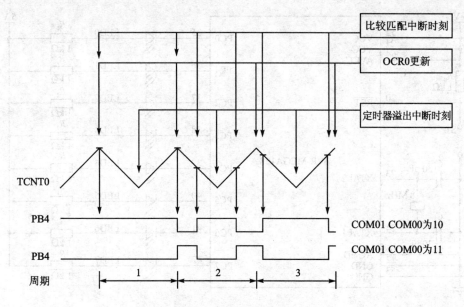

图 5 – 13　相位修正 PWM 模式时序图

　　相位修正模式的实验这里就不具体给出了,读者可以自行研究,也可以仿照上一例设计一个锯齿波信号发生器,原理相同,程序也基本相同,只是需要将 TCCR0 的设置情况修改一下,如可以将 TCCR0 修改为 0X79,及设置为相位修正 PWM 模式,并且在 TCNT0 升序计数与 OCR0 值匹配时置位 PB4 引脚,在降序匹配时清零 PB4 引脚。

　　定时器 T2 的功能和用法与 T0 很相似,这里就不具体分析了,请自行研究。

　　【练习 5.1.4.1】:应用定时器的 PWM 功能实现电动小车调速功能。

5.2　16 位定时器 /计数器 T1(T3)

　　ATmega128 内部有两个 16 位定时器 T1 和 T3,都可以实现精确的程序定时、波形产生和信号测量。下面结合具体实际程序分析 16 位定时器/计数器是如何实现定时、波形产生和信号测量的。

5.2.1　定时器 T1 工作在普通定时方式

　　定时器 T1 工作在普通定时模式时,其用法与 T0 的设置很类似,只需要将 T1 的时钟源配置好、中断使能、总中断使能、T1 计数寄存器赋初值。具体涉及的寄存器有 TCCR1B、TIMSK、TCNT1H、TCNT1L、SREG 等。具体的设置情况可以结合下面的程序和官方提供的 ATmega128 数据手册进行分析。

　　下面应用 T1 实现 PC 口所接的 LED 发光二极管定时闪烁的实验。电路如图 5 – 14 所示。

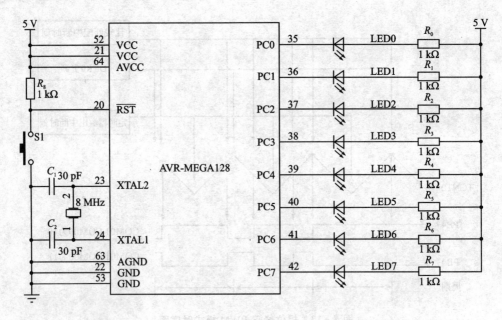

图 5 - 14 T1 定时实现 PC0 口所接的 LED 小灯闪烁实验电路

具体程序代码如下：

```c
#include <avr/io.h>
#include <avr/interrupt.h>
// *****************************************
#define uchar unsigned char
#define uint unsigned int
// *****************************************
void init(void)
{
    DDRC = 0XFF;            //C 口设置为输出
    TCCR1B = 0x02;          //系统时钟 8 分频
    TCNT1H = 0X3C;          //计数寄存器高 8 位赋初始值
    TCNT1L = 0XAF;          //计数寄存器低 8 位赋初始值
    TIMSK = 0x04;           //定时器 T1 溢出中断使能
    SREG = 0X80;            //开总中断
}
//定时器 1 溢出中断程序
SIGNAL(SIG_OVERFLOW1)
{
    TCNT1H = 0X3C;          //计数寄存器高 8 位赋初始值
    TCNT1L = 0XAF;          //计数寄存器低 8 位赋初始值
    PORTC = ~PORTC;         //C 口输出电平状态按位取反
}
```

```
//----------主程序----------
int main(void)
{
    init();
    while(1)
      {
          ;
      }
    return 0;
}
```

5.2.2 定时器 T1 的 PWM 功能产生正弦波

定时器 T1 的 PWM 功能与定时器 T0 的功能类似,设置方法也很相像,只是定时器 T1 是 16 位的,初始化时相对麻烦一些,当然功能也比 T0 多些。这里不能都一一分析到,主要是举例说明使用方法。

定时器 T1 也可以实现快速 PWM,相位修正 PWM 及 CTC 等功能。那么,这些功能是怎么实现的呢? 如何设置呢? 其实这几种功能是通过 TCCR1A 和 TCCR1B 两个寄存器中的 WGM13、WGM12、WGM11 和 WGM10 这 4 个位进行设置的,TCCR1A 和 TCCR1B 这两个寄存器各个位的名称如下所示:

bit7	bit6	bit5	bit4	bit3	bit2	bit1	bit0
COM1A1	COM1A0	COM1B1	COM1B0	COM1C1	COM1C0	WGM11	WGM10

bit7	bit6	bit5	bit4	bit3	bit2	bit1	bit0
ICNC1	ICES1		WGM13	WGM12	CS12	CS11	CS10

至于如何设置 WGM13、WGM12、WGM11 和 WGM10 这 4 位来实现定时器 T1 工作在快速 PWM 方式还是相位修正 PWM 方式如表 5-6 所列。例如本设计中采用快速 PWM 方式,并且计数寄存器计数的最大值由 ICR1 决定,即设置为表 5-6 中的模式 14,则需要将寄存器 TCCR1B 中的 WGM13 和 WGM12 均设置为 1;寄存器 TCCR1A 中的 WGM11 设置为 1,而 WGM10 设置为 0。至于表 5-6 中其他模式的设置方法想必读者也应该明白了。

我们明白了 WGM13、WGM12、WGM11 和 WGM10 这 4 位的意义及设置方法了。那么 TCCR1A 的高 6 位又是干什么的呢? 其实,高 6 位中每两位是一组,分别控制单片机的一个引脚输出电平信号的翻转情况。这个与定时器 T0 中的 COM01 和 COM00 两位的意义很相似。这里不具体给出了,请查阅 ATMEGA128 单片机的数据手册即可得知详解。TCCR1B 中的低 3 位是用来设置系统时钟分频及时钟驱动源的。具体参见官方提供的数据手册。

表 5-6　波形产生模式的位描述

模式	WGMn3	WGMn2 (CTCn)	WGMn1 (PWMn1)	WGMn0 (PWMn0)	定时器/计数器工作模式	TOP	OCRnx 更新时刻	TOVn 置位时刻
0	0	0	0	0	普通模式	0xFFFF	立即更新	MAX
1	0	0	0	1	8 位相位修正	0x00FF	TOP	BOTTOM
2	0	0	1	0	9 位相位修正	0x01FF	TOP	BOTTOM
3	0	0	1	1	10 位相位修正	0x03FF	TOP	BOTTOM
4	0	1	0	0	CTC	OCRnA	立即更新	MAX
5	0	1	0	1	8 位快速 PWM	0x00FF	TOP	TOP
6	0	1	1	0	9 位快速 PWM	0x01FF	TOP	TOP
7	0	1	1	1	10 位快速 PWM	0x03FF	TOP	TOP
8	1	0	0	0	相位频率修正 PWM	ICRn	BOTTOM	BOTTOM
9	1	0	0	1	相位频率修正 PWM	OCRnA	BOTTOM	BOTTOM
10	1	0	1	0	相位修正 PWM	ICRn	TOP	BOTTOM
11	1	0	1	1	相位修正 PWM	OCRnA	TOP	BOTTOM
12	1	1	0	0	CTC	ICRn	立即更新	MAX
13	1	1	0	1	保留	—	—	—
14	1	1	1	0	快速 PWM	ICRn	TOP	TOP
15	1	1	1	1	快速 PWM	OCRnA	TOP	TOP

本小节中的目标是应用定时器 T1 的快速 PWM 功能,并在外部 RC 滤波电路的配合下,实现正弦波信号输出。为了实现这一目标,除了要了解 TCCR1A 及 TCCR1B寄存器中各个位的意义及设置方法,还需要掌握哪个寄存器的设置情况呢?这要从正弦信号产生的原理说起了,正弦信号是利用定时器 T1 的 PWM 功能,而PWM 的产生是靠计数寄存器 TCNT1H 和 TCNT1L 与比较寄存器 OCR1AH 和OCR1AL 的比较匹配时改变相应引脚状态来实现的。通过每次 TCNT1H 和 TC-NT1L 构成的 16 位完整寄存器溢出时产生中断,在中断程序中更新比较寄存器OCR1AH 和 OCR1AL 的值来实现变化的 PWM,当这个 PWM 变化是按照正弦规律来进行时,通过阻容滤波电路得到的信号就是正弦信号了。所以,我们需要将每次更新 OCR1AH 和 OCR1AL 所需要的数据事先存储在一个数组中,并且在每次中断时取出来更新 OCR1AH 和 OCR1AL 即可实现按照正弦规律变化的 PWM 了。

硬件电路如图 5-15 所示。通过 PB5(OC1A)输出产生 PWM 信号,经过 R_1 和

C_3 组成的低通滤波网络可以在电容 C_3 两侧得到正弦信号。所以,在设计程序时要注意将 PB5 引脚设置为输出模式。还有,由于每次比较匹配发生后都需要更新比较寄存器中的数据。因此,在本设计中采用中断方式,所以,要开启定时器 T1 的 A 路比较匹配中断,同时将总中断开启。具体设置情况见程序代码。

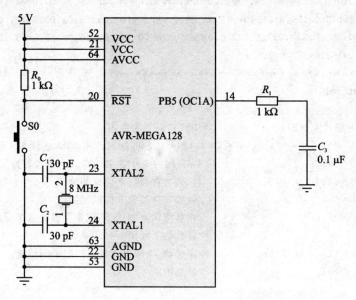

图 5 - 15　定时器 T1 工作在快速 PWM 模式产生正弦波信号

程序代码如下:

```
# include <avr/io.h>
# include <avr/interrupt.h>
// ******************************************
# define uchar unsigned char
# define uint unsigned int
uchar i = 0;
int SIN_DATA[] =
{0x3FF,0x418,0x431,0x44A,0x463,0x47C,0x495,0x4AE,0x4C7,0x4DF,0x4F8,0x510,0x528,
0x540,0x558,0x56F,0x587,0x59E,0x5B5,0x5CB,0x5E1,0x5F7,0x60D,0x623,0x638,0x64C,0x661,
0x675,0x688,0x69C,0x6AE,0x6C1,0x6D3,0x6E4,0x6F5,0x706,0x716,0x726,0x735,0x744,0x752,
0x760,0x76D,0x77A,0x786,0x791,0x79C,0x7A7,0x7B1,0x7BA,0x7C3,0x7CB,0x7D2,0x7D9,0x7E0,
0x7E6,0x7EB,0x7EF,0x7F3,0x7F7,0x7FA,0x7FC,0x7FD,0x7FE,0x7FE,0x7FE,0x7FD,0x7FC,0x7FA,
0x7F7,0x7F3,0x7EF,0x7EB,0x7E6,0x7E0,0x7D9,0x7D2,0x7CB,0x7C3,0x7BA,0x7B1,0x7A7,0x79C,
0x791,0x786,0x77A,0x76D,0x760,0x752,0x744,0x735,0x726,0x716,0x706,0x6F5,0x6E4,0x6D3,
0x6C1,0x6AE,0x69C,0x688,0x675,0x661,0x64C,0x638,0x623,0x60D,0x5F7,0x5E1,0x5CB,0x5B5,
0x59E,0x587,0x56F,0x558,0x540,0x528,0x510,0x4F8,0x4DF,0x4C7,0x4AE,0x495,0x47C,0x463,
0x44A,0x431,0x418,0x3FF,0x3E6,0x3CD,0x3B4,0x39B,0x382,0x207,0x1F1,0x1DB,0x1C6,0x369,
0x350,0x337,0x31F,0x306,0x2EE,0x2D6,0x2BE,0x2A6,0x28F,0x277,0x260,0x249,0x233,0x21D,
```

```
0x1B2,0x19D,0x189,0x176,0x162,0x150,0x13D,0x12B,0x11A,0x109,0x0F8,0x0E8,0x0D8,0x0C9,
0x0BA,0x0AC,0x09E,0x091,0x084,0x078,0x06D,0x062,0x057,0x04D,0x044,0x03B,0x033,0x02C,
0x025,0x01E,0x018,0x013,0x00F,0x00B,0x007,0x004,0x002,0x001,0x000,0x000,0x000,0x001,
0x002,0x004,0x007,0x00B,0x00F,0x013,0x018,0x01E,0x025,0x02C,0x033,0x03B,0x044,0x04D,
0x057,0x062,0x06D,0x078,0x084,0x091,0x09E,0x0AC,0x0BA,0x0C9,0x0D8,0x0E8,0x0F8,0x109,
0x11A,0x12B,0x13D,0x150,0x162,0x176,0x189,0x19D,0x1B2,0x1C6,0x1DB,0x1F1,0x207,0x21D,
0x233,0x249,0x260,0x277,0x28F,0x2A6,0x2BE,0x2D6,0x2EE,0x306,0x31F,0x337,0x350,0x369,
0x382,0x39B,0x3B4,0x3CD,0x3E6};
    // ****************************************
    void init(void)
    {
      DDRB| = (1<<PB5);                //PB5 口设置为输出
      TCCR1A| = (1<<WGM11)|(1<<COM1A1);//比较匹配时清零 OC1A 达到 TOP 值是置位 OC1A
      TCCR1B = 0x1A;                   //系统时钟 8 分频,和 TCCR1A 一起设置为快速 PWM 方式
      TCNT1H = 0X00;                   //计数寄存器高 8 位赋初始值
      TCNT1L = 0X00;                   //计数寄存器低 8 位赋初始值
      ICR1 = 0X7FF;                    //在脉宽调制方式下,该寄存器的值是计数器所能
                                       //计数的上限值
      TIMSK| = (1<<OCIE1A);            //定时器 T1 输出比较 A 匹配中断使能
      SREG = 0X80;                     //开总中断
    }
    //定时器 1 输出比较 A 匹配中断程序
    SIGNAL(SIG_OUTPUT_COMPARE1A)
    {
      if(i = = 255)
          i = 0;
      OCR1A = SIN_DATA[i];
    }
    //----------主程序----------------------
    int main(void)
    {
      init();
      while(1)
        {
          ;
        }
      return 0;
    }
```

少龙:在上面的程序中"DDRB| = (1<<PB5);"和"TCCR1A| = (1<<WGM11)|(1<<COM1A1);"这两条语句是什么意思?

阿范:是这样的,第一条"DDRB| = (1<<PB5);"的作用是将单片机的 PB5 引

脚设置为输出。那么,如何理解它呢? 等号右边的语句的意思是将 1 左移 PB5 位,那 PB5 代表多少呢? 实际上是在头文件 iom128.h 中用宏定义已经定义了 PB5,在 iom128.h 中是这样定义的,即"#define PB5 5",也就是,PB5 就代表 5,所以上面的语句中"1<<PB5"的意思就是将 1 左移 5 位,用 8 位二进制表示的"1"是"00000001",左移 5 位后变为二进制数"00100000",然后再与 DDRB 用或符号"|"按位相或,所以 DDRB 的第 5 位一定被或成了"1",所以单片机 PB5 口就被设置成输出功能了。如果理解了这条语句,那么,第二条语句也就好理解了,就是分别将"1"左移 WGM11 和 COM1A1 位后将两个数进行或操作,最后再与 TCCR1A 进行或操作,并将最终结果赋值给 TCCR1A。而 WGM11 和 COM1A1 也是在头文件中定义好的。

少龙:弄了半天,就是给两个寄存器赋值呗。那这样赋值有什么好处啊,看着挺麻烦的啊!

阿范:书写麻烦,但是好理解,并且以后自己再看这段程序也容易理解啊。能达到见文知意。比如第二条"TCCR1A|=(1<<WGM11)|(1<<COM1A1);"虽然语句感觉挺长,但是一看就知道是将 WGM11 和 COM1A1 这两位置 1。写程序时就不需要费力去计算应该给 TCCR1A 赋什么值了,还有就是,过后再看程序时,上面的写法比直接给 TCCR1A 赋值法更易于理解,还有,上面这种赋值法不会改变其他位的状态,只是将想值为 1 的位设置成 1,其他位保持不变。

【练习 5.2.2.1】:ATmega128 单片机的定时器 1 还具有输入捕获功能,由于篇幅等原因,这里就不分析了,作为课后自学内容,试着应用捕获功能测量频率范围 1 000 ～2 000 Hz 之间变化的方波信号的频率。

第 **6** 章

模/数转换器 ADC 的应用

在工业控制和智能化仪表中,被控制或测量的对象往往是连续变化的模拟量,如温度、压力、流量、速度等,而单片机所能分析处理的信息是数字量,因此需要用到将模拟量转换成数字量的装置,即模/数转换器,也称之为 A/D 转换器。在 ATmega128 单片机内部集成了一个 10 位逐次比较的 A/D 转换器,这个 A/D 转换器与一个 8 通道的模拟多路复用开关连接,能对来自端口 F 的 8 路单端输入电压进行采样。

6.1　10 位 A/D 模块概述

关于 ATmega128 单片机的模/数转换器 ADC 说明以下几点:

1. ATmega128 单片机的模/数转换器 ADC 的特点

➤ 10 位精度。

➤ 0.5 LSB 的非线性度。

➤ ± 2 LSB 的绝对精度。

➤ 13~260 μs 的转换时间。

➤ 最高分辨率时采样率高达 15 kSPS。

➤ 8 路复用的单端输入通道。

➤ 7 路差分输入通道。

➤ 2 路可选增益为 10× 与 200× 的差分输入通道。

➤ 可选的左对齐 ADC 读数。

➤ 0~VCC 的 ADC 输入电压范围。

➤ 可选的 2.56 V 内部 ADC 参考电压。

➤ 连续转换或单次转换两种模式。

➤ ADC 转换结束可以产生中断。

➤ 具有基于睡眠模式的噪声抑制器。

2. ADC 供电电源 AVCC

ATmega128 单片机的模/数转换器 ADC 由专用模拟电源引脚 AVCC(64 引脚)

供电。要求引脚 AVCC 与 VCC 的电压差的绝对值不能大于 0.3 V。

3. 模拟量与转换后的数字量的数量对应关系

单端输入的时候,转换后的数字量结果为:

转换后数字量结果 $= (V_{IN} \times 1\ 024)/V_{REF}$;式中 V_{IN} 为被测模拟量,V_{REF} 为参考电压。

差分输入时,转换后的数字量结果为:

转换后数字量结果 $= ((V_{POS} - V_{NEG}) \times \text{GAIN} \times 512)/V_{REF}$;式中 V_{POS} 为输入引脚正电压,V_{NEG} 为输入引脚负电压,GAIN 为设置的放大倍数,V_{REF} 为参考电压。

4. 参考电源 V_{REF}

从上面可以看到 ADC 转换的结果都与参考电源 V_{REF} 有关,V_{REF} 决定了 ADC 的转换范围,外部输入的模拟电压信号不可以超过 V_{REF}。通过相应的设置(ADC 相关寄存器中详细分析)可以选择不同的参考电源,如可以选择单片机内部的 2.56 V 电源,也可以采用 AVCC,当然也可以从单片机引脚 AREF(62 脚)输入外部参考电源。

5. ATmega128 中的 8 个 10 位精度 A/D 转换器与 PORTF 口复用

当一个应用系统只需要少数的 A/D 转换器时,端口 F 的其他引脚可以作为普通 I/O 口使用。但是需要注意,尽量不要在用到 A/D 转换器的同时将 PORTF 口作为普通 I/O 口使用,这样会影响到 A/D 转换器的精度。

6. 输入信号地的处理

一般被测信号都先经过运算放大器进行放大调理,然后再输入到单片机的 A/D 转换器。输入电压信号的地和单片机电源的地一般用一个 0 Ω 的电阻连接。AVCC 通过一个低通滤波器和电源 VCC 相连,AGND 与输入电压信号地相连。

更多关于 ADC 转换的理论知识和相应的注意事项请参考官方数据手册。这里就不详细展开说明了。

6.2 与 ADC 相关的寄存器

如果想让 ADC 按照我们的意愿老老实实工作,就得先满足它的工作条件,即需要将 ADC 设置成我们需要的模式,例如,需要通过设置选择参考电源,需要明确 ADC 转换的通道,还要明确 ADC 工作在单通道还是差分状态等。下面就一起了解与 ADC 相关的寄存器的设置。

1. ADC 多工选择寄存器——ADMUX

寄存器 ADMUX 各位定义如下:

bit7	bit6	bit5	bit4	bit3	bit2	bit1	bit0
REFS1	REFS0	ADLAR	MUX4	MUX3	MUX2	MUX1	MUX0

➢ Bit 7:6——REFS1:0：参考电源选择

这两位用于选择参考电源,具体情况如表 6-1 所列。如果在转换过程中改变了它们的设置,只有等到当前转换结束之后改变才会起作用。如果在 AREF 引脚上施加了外部参考电压,内部参考电压就不能被选用了;如果选择内部 2.56 V 电源作为 ADC 参考电压,则 AREF 引脚上不得施加外部参考电源,在 AREF 引脚与 GND 之间并接电容。

表 6-1　ADC 参考电源选择

REFS1	REFS0	说　明
0	0	外部引脚（AREF）输入参考电源,断开内部参考源连接
0	1	AVCC 作为参考电压（AREF 引脚需并接电容）
1	0	保留
1	1	选择内部 2.56 V 作为参考电压（AREF 外部并接电容）

➢ Bit 5——ADLAR：ADC 转换结果左对齐

ADC 转换后的结果存放在 ADC 数据寄存器 ADCH 和 ADCL 中,其中 ADCH 是高 8 位,ADCL 是低 8 位。ADC 转换后的结果是 10 位的数据,如果采用左对齐,则在 ADCH 中存放数据的高 8 位,在 ADCL 的高两位存放转换结果的低 2 位数据;如果采用右对齐的话,则在 ADCL 中存放转换结果的低 8 位数据,而在 ADCH 的低两位存放转换结果的高 2 位。ADLAR 置"1"时转换结果为左对齐,置"0"时为右对齐。

➢ Bits 4:0——MUX4:0：模拟通道与增益选择位

通过这几位的设置,可以对连接到 ADC 的模拟输入进行选择。也可对差分通道增益进行选择。具体如表 6-2 所列。如果在转换过程中改变这几位的值,那么只有到转换结束后新的设置才有效。

表 6-2　输入通道与增益选择

MUX4.0	单端输入	正差分输入	负差分输入	增　益
00000	ADC0			
00001	ADC1			
00010	ADC2			
00011	ADC3		N/A	
00100	ADC4			
00101	ADC5			
00110	ADC6			
00111	ADC7			

MUX4.0	单端输入	正差分输入	负差分输入	增 益
01000		ADC0	ADC0	10x
01001		ADC1	ADC0	10x
01010		ADC0	ADC0	200x
01011		ADC1	ADC0	200x
01100		ADC2	ADC2	10x
01101		ADC3	ADC2	10x
01110		ADC2	ADC2	200x
01111		ADC3	ADC2	200x
10000		ADC0	ADC1	1x
10001		ADC1	ADC1	1x
10010		ADC2	ADC1	1x
10011	N/A	ADC3	ADC1	1x
10100		ADC4	ADC1	1x
10101		ADC5	ADC1	1x
10110		ADC6	ADC1	1x
10111		ADC7	ADC1	1x
11000		ADC0	ADC2	1x
11001		ADC1	ADC2	1x
11010		ADC2	ADC2	1x
11011		ADC3	ADC2	1x
11100		ADC4	ADC2	1x
11101		ADC5	ADC2	1x
11110	1.23 V (V_{BG})	N/A		
11111	0 V (GND)			

2. ADC 控制和状态寄存器——ADCSRA

bit7	bit6	bit5	bit4	bit3	bit2	bit1	bit0
ADEN	ADSC	ADFR	ADIF	ADIE	ADPS2	ADPS1	ADPS0

➤ Bit 7——ADEN：ADC 使能。ADEN 置位即使能 ADC，否则 ADC 功能关闭。在转换过程中关闭 ADC 将立即中止正在进行的转换。

➤ Bit 6——ADSC：ADC 开始转换。在单次转换模式下，ADSC 置位将启动一次 ADC 转换。在连续转换模式下，ADSC 置位将启动首次转换。第一次转换（在 ADC 启动之后置位 ADSC，或者在使能 ADC 的同时置位 ADSC）需要 25 个 ADC 时钟周期，而不是正常情况下的 13 个。这是因为第一次转换时需要完成对 ADC 初始化的工作。在转换进行过程中读取 ADSC 时得到的返回值为"1",直到转换结束。强制写入"0"是无效的。

➤ Bit 5——ADFR:ADC 连续转换选择。当该位写"1"时,ADC 工作在连续转换模式,在该模式下,ADC 不断对数据寄存器采样与更新。向该位写"0"可以停止连续转换模式。

➤ Bit 4——ADIF:ADC 中断标志。在 ADC 转换结束,且数据寄存器被更新后,ADIF 置位。如果 ADIE 和 SREG 中的全局中断使能位都置位,ADC 转换结束中断服务程序即得以执行,同时 ADIF 由硬件自动清零。此外,还可以通过向此标志写"1"来清 ADIF。要注意的是,如果对 ADCSRA 进行读-修改-写操作,那么待处理的中断会被禁止。

➤ Bit 3——ADIE:ADC 中断使能。若 ADIE 及 SREG 的全局中断使能位置位,ADC 转换结束时中断即被激活。

➤ Bits 2:0——ADPS2:0:ADC 预分频器选择位。这几位确定了 XTAL 与 ADC 输入时钟之间的分频因子,如表 6 - 3 所列。

表 6 - 3 ADC 预分频选择

ADPS2	ADPS1	ADPS0	分频因子
0	0	0	2
0	0	1	2
0	1	0	4
0	1	1	8
1	0	0	16
1	0	1	32
1	1	0	64
1	1	1	128

3. ADC 数据寄存器——ADCH 和 ADCL

当 ADC 多工选择寄存器 ADMUX 中的 ADLAR 位置零时,ADC 转换结果的存储形式为右对齐,如下所示。

—	—	—	—	—	—	ADC9	ADC8
ADC7	ADC6	ADC5	ADC4	ADC3	ADC2	ADC1	ADC0

当 ADC 多工选择寄存器 ADMUX 中的 ADLAR 置"1"时,ADC 转换结果的存储形式为左对齐,如下所示。

ADC9	ADC8	ADC7	ADC6	ADC5	ADC4	ADC3	ADC2
ADC1	ADC0	—	—	—	—	—	—

ADC 转换结束后,转换结果存于这两个寄存器之中。如果是差分输入,则转换后的结果为二进制的补码形式。一旦开始读取 ADCL 后,ADC 数据寄存器就不能被 ADC 更新,直到 ADCH 寄存器被读取为止。因此,如果转换结果为左对齐,且要求的精度不高于 8 位,那么仅需读取 ADCH 就足够了。否则必须先读出 ADCL 再读 ADCH。

6.3　应用举例

无论前两节的内容理解得多么好,如果不实践应用就等于不会,所以我们还是一起完成两个实验,"真刀真枪"地演练一下 A/D 的使用方法。

6.3.1　简易电压表的设计

电路如图 6 - 1 所示。ATmega128 的 C 口作为数码管的段码输出口,A 口为数码管的位选口,采用动态显示方式。PF0(ADC0)是模拟电压输入口。系统 5 V 电源经过 L_1、C_3 滤波后输入到 AVCC,提高了 AVCC 的稳定性。ADC 的参考电源选择内部 AVCC,电容 C_4 并联在 AREF 和 GND 之间,也可以提高参考电压的稳定性。通过调节图中的电位器 W 可以得到一个变化的电压,ADC 对这个电压进行连续转换,转换后的结果处理后即可在数码管上显示。

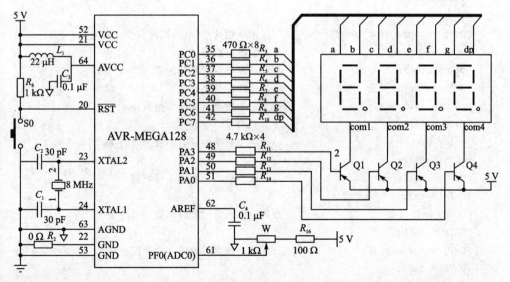

图 6 - 1　简易电压表

程序代码如下：

```
# include <avr/io.h>
# include <util/delay.h>              //包含延时函数头文件,如果读者用的软件没有这个
                                      //头文件,可以自己编写延时函数
# define uchar unsigned char
# define uint unsigned int
uint ad_data;                         //定义一个无符号整型变量
uchar qian,bai,shi,ge;                //定义 4 个无符号字符型变量
uchar table[10] = {0xc0,0xf9,0xa4,0xb0,0x99,
                   0x92,0x82,0xf8,0x80,0x90};   //共阳极数码管显示段码
/ * * * * * * * * A/D 转换结果处理函数 * * * * * * * * * * * /
void chufa(void)
{
uint adc_v;                           //定义一个无符号整型变量 adc_v
adc_v = (unsigned long)ad_data * 5000/1024;   //数据处理,得到被测电压数值
qian = adc_v/1000;
adc_v = adc_v % 1000;
bai = adc_v/100;
adc_v = adc_v % 100;
shi = adc_v/10;
ge = adc_v % 10;
}
/ * * * * * * * * 显示函数 * * * * * * * * * * * * * * * * * /
void xianshi(void)
{
PORTC = table[qian]&0x7f;             //显示电压的个位值,同时点亮小数点
PORTA = 0xf7;                         //点亮指定数码管
 _delay_ms(1);                        //调用库里带的延时函数_delay_ms()
PORTA = 0XFF;                         //关闭指定数码管
PORTC = table[bai];                   //显示小数点后面第 1 位数据
PORTA = 0xfb;
 _delay_ms(1);                        //调用库里带的延时函数_delay_ms()
PORTA = 0XFF;
PORTC = table[shi];                   //显示小数点后面第 2 位数据
PORTA = 0xfd;
 _delay_ms(1);                        //调用库里带的延时函数_delay_ms()
PORTA = 0XFF;
PORTC = table[ge];                    //显示小数点后面第 3 位数据
PORTA = 0xfe;
 _delay_ms(1);                        //调用库里带的延时函数_delay_ms()
PORTA = 0XFF;
```

```
    }
    /*********读取 A/D 转换结果 **************/
    uint ADC_Convert(void)
    {
    uint temp1,temp2;              //定义两个无符号整型变量
    temp1 = ADCL;                  //读取 A/D 转换结果的低 8 位
    temp2 = ADCH;                  //读取 A/D 转换结果的高 2 位
    temp2 = (temp2<<8)|temp1;      //将 A/D 转换的高 8 位和低 8 位组合成一个 10 位数据
    return(temp2);                 //将 A/D 转换的 10 位结果返回给调用 ADC_Convert()
                                   //函数的变量
    }
    // ---------- 主程序 --------------------
    int main(void)
    {
    DDRC = 0XFF;                   //C 口设置为输出
    DDRA = 0XFF;                   //A 口设置为输出
    DDRF &= 0XFE;                  //设置端口 PF0 = ADC0 为输入端口
    ADMUX = 0X40;                  //配置为内部 AVCC 参考电压,转化结果为右对齐,
                                   //单通道 adc0
    ADCSRA = 0XE0;                 //不允许产生中断,分频率 2,使能 A/D,开始连续转换
    while(1)
        {
         ad_data = ADC_Convert();  //读取 A/D 转换结果
         chufa();                  //调用除法函数,处理 A/D 转换结果
         xianshi();                //调用显示函数
        }
    }
```

【练习 6.3.1.1】:设计一个系统,用于测量计算机音频输出口输出的声音信号(可以放一首《海阔天空》试一试),可以将测得的数据通过 LCD 液晶屏绘图显示声音信号的波形,也可以通过串口将测得的数据通过串口传到 PC 机,通过上位机串口调试软件接收此声音信号并显示波形。(通过本设计可以练习 A/D 的使用、LCD 液晶屏的使用及串口的应用等。)

6.3.2　温度采集系统

在日常生活中,常常用温度计测量室内的温度;在水温自动控制系统中需要用温度计测量水的温度;在小区物业管理中需要用温度计测量锅炉的温度。温度传感器有数字的也有模拟的,如单总线接口的温度传感器 DS18B20,I^2C 总线接口的 MAX6626,SPI 接口的 LM74 等都是数字温度传感器,数字温度传感器能够直接将温度转变为数字量,接口简单,但程序设计相对复杂;模拟的温度传感器,需要外接调

理电路,输出是模拟量,电路相对复杂,但程序简单,如 AD590 就是模拟温度传感器,由于本章主要介绍 ATmega128 单片机 A/D 的使用,因此本节选择模拟温度传感器 AD590 设计一个温度采集系统。

AD590 能将温度信号转换为电流信号。测量范围为 $-55\sim150$ ℃,供电电压范围 $4\sim30$ V。输出电流是以绝对温度零度(-273 ℃)为基准,每增加 1 ℃,输出电流会增加 1 μA,因此在室温 25 ℃时,其输出电流 $I_。=(273+25)\mu A=298\ \mu A$。经过 10 kΩ后的输出电压情况如表 6-4 所列。

表 6-4　温度、电流和经过 10 kΩ 后的电压间关系

温度/℃	电流值/μA	经过 10 kΩ 后的电压值/V
0	273	2.73
10	283	2.83
30	303	3.03
50	323	3.23
70	343	3.43
90	363	3.63
100	373	3.73

1. 硬件电路设计

温度计硬件电路如图 6-2 所示。AD590 的输出电流为 $I=(273+T)\ \mu A$(T 为摄氏温度),调节电阻 R_{19} 的电阻值使 R_{18}、R_{19} 的电阻值之和等于 10 kΩ,那么结点 1 的电压为 $V1=(273+T)\ \mu A\times10\ k\Omega=(2.73+T/100)$ V。为了测量出结点 1 的电压需要外接电压跟随器,结点 2 的电压为 $V2=V1=(273+T)\ \mu A\times10\ k\Omega=(2.73+T/100)$ V,当温度从 $0\sim100$ ℃变化时,第 1 个运放的输出电压在 2.73 ~ 3.73 V 范围内变化,由于电压变化范围较小,测量很难准确。为了使测量电压范围在 $0\sim5$ V 范围变化,用了第 2 个运算放大器构成反向加法电路,当 0 ℃时 $V2=V1=2.73$ V,经过第 2 个运放后,调节 R_{21} 电阻值使 V4 电压为 0 V,第 3 个运放是一个反向比例放大电路,此时输出电压 $V6=-5\,V4=0$ V;当 100 ℃时 $V2=V1=3.73$ V,经过第 2 个运放后,调节 R_{21} 电阻值使 V4 电压为 -1 V,第 3 个运放是一个反向比例放大电路,此时输出电压 $V6=-5\,V4=5$ V。这样,当温度在 $0\sim100$ ℃之间变化时,在节点 6 处输出的电压对应在 $0\sim5$ V 之间变化。

下面从理论上详细推导一下上述关系。根据运放的虚断和虚短的特点,具体的计算过程如下。

$$\frac{V2}{R_8}+\frac{-12}{R_{20}+R_{21}}=\frac{-V4}{R_5} \tag{6-1}$$

$$\frac{V4}{R_9}=\frac{-V6}{R_{11}} \tag{6-2}$$

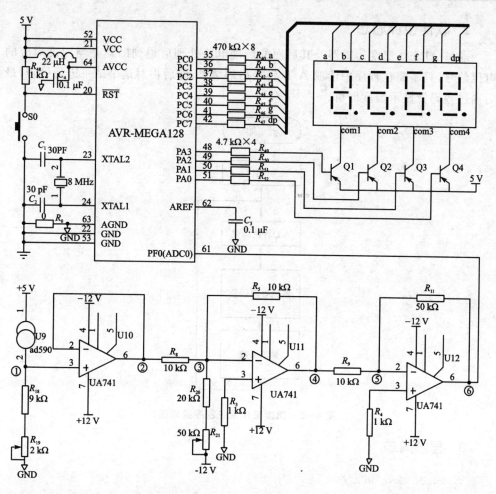

图 6-2　温度计硬件电路

$R_8 = R_9 = R_5 = 10$ kΩ, $R_{20} = 20$ kΩ, $R_{11} = 50$ kΩ 代入式(6-1)得：

$$V2 - \frac{120}{R} = -V4 (设 R = R_{20} + R_{21}) \tag{6-3}$$

当 $T = 0$ ℃时, $V2 = V1 = 2.73$ V, 调节电位器 R_{21}, 使 $V4 = 0$ V, 则 $V2 - \frac{120}{R} =$

$-V4 = 0$, $V2 = \frac{120}{R} = 2.73$ V, 推出 $R = 43.95$ kΩ, $V2 - 2.73 = -V4$。

将 R_9、R_1 代入式(6-2)得: $V6 = -5V4$ (6-4)

因此, $V6 = 5(V2 - 2.73)$ V (6-5)

当 $T = 0$ ℃时, $V2 = 2.73$ V, $V6 = 0$ V。

当 $T = 100$ ℃时, $V2 = 3.73$ V, $V6 = 5$ V。

2. 软件设计思想

通过 AD590 温度传感器及其后面的调理电路处理后得到的就是与温度对应的电压信号，只需要在程序中读取 A/D 转换后的结果，然后再对这个结果进行处理，最后通过数码管显示温度即可。

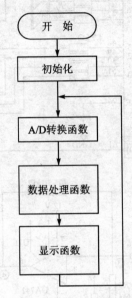

图 6-3　温度采集系统程序流程图

3. 程序清单

```
# include <avr/io.h>
# include <util/delay.h>              //包含延时函数头文件,如果读者用的软件
                                      //没有这个头文件,可以自己编写延时函数

# define uchar unsigned char
# define uint unsigned int
uint ad_data;                         //定义一个无符号整型变量,存放 A/D
                                      //转换结果

uchar bai,shi,ge,xiao;                //定义 4 个无符号字符型变量,用于显示
                                      //温度的各个位

uchar table[10] = {0xc0,0xf9,0xa4,0xb0,0x99,
                 0x92,0x82,0xf8,0x80,0x90};     //共阳极数码管显示段码
/*********A/D转换结果处理函数 **********/
void chufa(void)
{
uint adc_v;                           //定义一个无符号整型变量 adc_v
adc_v = (unsigned long)ad_data * 5 * 20/1024;   //数据处理 0~5 V 对应 0~100 ℃
```

```
 adc_v = adc_v * 10;            //为了保留小数点后1位,所以将数据放大10倍
 bai = adc_v/1000;              //百位数据
 adc_v = adc_v%1000;
 shi = adc_v/100;               //十位数据
 adc_v = adc_v%100;
 ge = adc_v/10;                 //个位数据
 xiao = adc_v%10;               //小数点后第1位数据
 }
/ ******** 显示函数 ****************/
void xianshi(void)
{
  PORTC = table[bai];          //显示温度百位
  PORTA = 0xf7;                //点亮指定数码管
  _delay_ms(1);                //调用库里带的延时函数_delay_ms()
  PORTA = 0XFF;                //关闭指定数码管
  PORTC = table[shi];          //显示温度十位
  PORTA = 0xfb;
  _delay_ms(1);                //调用库里带的延时函数_delay_ms()
  PORTA = 0XFF;
  PORTC = table[ge]&0x7f;      //显示温度个位
  PORTA = 0xfd;
  _delay_ms(1);                //调用库里带的延时函数_delay_ms()
  PORTA = 0XFF;
  PORTC = table[xiao];         //显示温度小数点后面第一位数据
  PORTA = 0xfe;
  _delay_ms(1);                //调用库里带的延时函数_delay_ms()
  PORTA = 0XFF;
}
/ ******** 读取 A/D 转换结果 ************/
uint ADC_Convert(void)
{
  uint temp1,temp2;            //定义两个无符号整型变量
  temp1 = ADCL;                //读取 A/D 转换结果的低 8 位
  temp2 = ADCH;                //读取 A/D 转换结果的高 2 位
  temp2 = (temp2<<8)|temp1;    //将 A/D 转换的高 8 位和低 8 位组合成一个 10 位数据
  return(temp2);               //将 A/D 转换的 10 位结果返回给调用 ADC_Convert()
                               //函数的变量
}
//----------主程序--------------------
int main(void)
{
```

```
    DDRC = 0XFF;                        //C 口设置为输出
    DDRA = 0XFF;                        //A 口设置为输出
    DDRF &= 0XFE;                       //设置端口 PF0 = ADC0 为输入端口
    ADMUX = 0X40;                       //配置为内部 AVCC 参考电压,转化结果为右对齐,
                                        //单通道 adc0
    ADCSRA = 0XE0;                      //不允许产生中断,分频率 2,使能 A/D,开始连续转换
    while(1)
      {
        ad_data = ADC_Convert();        //读取 A/D 转换结果
        chufa();                        //调用除法函数,处理 A/D 转换结果
        xianshi();                      //调用显示函数
      }
    }
```

【练习 6.3.2.1】：图 6-2 中第一个运算放大器的放大倍数是 1,那为什么还要加这个运放?

【练习 6.3.2.2】：图 6-2 中运算放大器的的供电电压是 +12 V 和 -12 V,单片机的供电电压是 5 V。请设计一个能提供这 3 个电压的电源。

【练习 6.3.2.3】：将图 6-2 中的数码管换成 12864LCD 液晶,并重新编写程序。(可以练习 12864LCD 液晶的应用及如何将浮点数以字符串形式输出到 LCD 上的 C 语言基础知识。)

【练习 6.3.2.4】：利用单总线数字温度传感器 DS18B20 重新设计一个测量 0～100 ℃的温度测量系统。

【练习 6.3.2.5】：结合第 4 章外部中断、第 5 章定时器的相关知识设计一个水温自动控温系统。(要求可以参考 2010 年黑龙江省大学生电子设计竞赛温控系统的竞赛题,百度文库上有该试题的下载链接：http://wenku. baidu. com/view/ceee1d21af45b307e8719782. html)

第 **7** 章

同步串行通信 SPI 接口

SPI 接口是 AVR 单片机提供的一种硬件同步串口，提供了单片机和外围器件短距离高速通信的接口，最高速度可以达到系统时钟的 1/2。很多器件都具有 SPI 接口，例如 EEPROM 芯片 AT25128、模数转换器 TLC2543、数模转换器 MAX531、温度传感器 LM74 和液晶 SO12864FPD（驱动是 7565）等。此外，SPI 接口也可以作为 CPU 之间通信的接口。

7.1　SPI 接口简介

SPI 接口的英文全称是 Serial Peripheral Interface，可以翻译为"串行外围设备接口"。因为它是同步串行通信的，通常称为同步串口。SPI 接口是由 Freescale 公司（原 Motorola 公司半导体部）提出的一种采用串行同步方式的 3 线或 4 线通信的接口（主设备 3 线，从设备 4 线），使用的信号线主要有使能信号（即通常所说的片选）、同步时钟、同步数据输出及同步数据输入。两个具有 SPI 接口设备的典型连接线路图如图 7-1 所示。

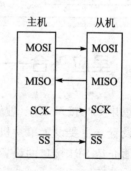

图 7-1　典型 SPI 通信连接图

7.2　互换信物——SPI 的传输原理

SPI 的传输原理比较容易理解，这里称之为"互换信物"。

每个具有 SPI 接口的设备都有一个移位寄存器，如图 7-2 所示。通过将两个设备的 MOSI 引脚对应相连、MISO 引脚对应相连，从而使得两个移位寄存器首尾相连，在主设备时钟发生器发出的脉冲 SCK 的"统一指挥"下，实现两个寄存器中的数据逐位移位，数据从主设备的 MOSI 引脚移出，在从设备的 MOSI 引脚移入，从设备寄存器中的

数据从 MISO 引脚被"挤"出,在主设备的 MISO 引脚"挤"入,最终实现两个移位寄存器中的数据交换。

当然,如果想让两个设备正常工作,还要处理好 SS 引脚。对于主设备,SS 引脚可以当成普通 I/O 口使用,此时与 SPI 接口没有关系;对于从设备,SS 引脚置低电平才使得从设备 SPI 接口使能,如果将从设备 SS 引脚设置为高电平,则从设备的 SPI 接口将处于睡眠状态。通常将主从设备的 SS 引脚相连,将主设备的 SS 引脚设置为输出,将从设备的 SS 引脚设置为输入,用主机的 SS 引脚控制从设备的 SS 引脚,从而实现从设备的片选,实现两个设备的通信的启停控制。关于 AVR 单片机 SPI 接口的更详细的原理可以参考数据手册。

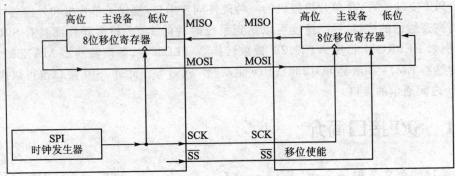

图 7 - 2　SPI 传输原理

7.3　里应外合——SPI 接口工作起来了

想让 SPI 接口工作,理解 SPI 的工作原理只是第一步;第二步需要正确地对 SPI 接口设置。主要设置单片机相关引脚的输入输出方式和内部相关寄存器。下面从两个方面介绍 SPI 接口的设置。

7.3.1　SPI 模块用到的外部引脚设置

ATmega128 单片机 SPI 模块用到的外部引脚有 4 个:MOSI(与 PB2 复用)、MISO(与 PB3 复用)、SCK(与 PB1 复用)和 SS(与 PB0 复用)。当启用 SPI 接口时,需要用户对这 4 个引脚进行设置,表 7 - 1 给出了这 4 个引脚的配置。

表 7 - 1　SPI 接口引脚配置

引　脚	主设备方式	从设备方式
MOSI(PB2)	用户设置	输入
MISO(PB3)	输入	用户设置
SCK(PB1)	用户设置	输入
SS(PB0)	用户设置	输入

需要说明的是,一旦 SPI 接口使能(通过设置寄存器 SPCR 中的 SPE 位为 1),表 7-1 中标有"输入"的引脚的输入输出方向就不再受引脚方向设置寄存器 DDRB 的控制了。即当 SPI 接口使能,同时将此 SPI 接口设置为主机模式(通过设置 SPCR 寄存器的 MSTR 位为 1)时,主机的 MISO(PB3)引脚就自动为输入方式;同理,当 SPI 接口使能,同时将此 SPI 接口设置为从机模式(通过设置 SPCR 寄存器的 MSTR 位为 0)时,从机的 MOSI(PB2)、SCK(PB1)和 SS(PB0)这 3 个引脚就自动为输入方式。表 7-1 中标有用户设置的引脚需要用户通过配置寄存器 DDRB 设置相应引脚的输入输出工作方式,从而保证 SPI 正常工作。

例如:设置 SPI 接口工作使能,并设置为主机工作模式,则与之相关的寄存器及引脚设置如下:

```
SPCR = 0X50; //SPCR 中的 SPE 和 MSTR 置 1,即使能 SPI 接口,同时设置为主机模式
DDRB = 0X07; //MOSI(PB2)、SCK(PB1)、SS(PB0)这 3 个引脚设置为输出
```

例如:设置 SPI 接口工作使能,并设置为从机工作模式,则与之相关的寄存器及引脚设置如下:

```
SPCR = 0X40; //SPCR 中的 SPE 置 1,MSTR 置 0,即使能 SPI 接口,同时设置为从机模式
DDRB = 0X08; //MISO(PB3)引脚设置为输出
```

7.3.2 SPI 接口相关寄存器设置

为了保证 SPI 接口的正常工作,除了设置与 SPI 接口相关的外部引脚的输入输出方向,还要对内部与之相关的寄存器进行设置。

1. SPI 控制寄存器——SPCR

寄存器 SPCR 各位的定义如下:

Bit	7	6	5	4	3	2	1	0	
	SPIE	SPE	DORD	MSTR	CPOL	CPHA	SPR1	SPR0	SPCR
读/写	R/W	R/W	R/W	R/W	R/W	R/W	R/W	R/W	
初始值	0	0	0	0	0	0	0	0	

➤ 位 7——SPIE:SPI 中断使能控制位。当 SPIE 位置 1(SPCR|=(1<<7);),同时全局中断允许控制位置 1(SREG=0X80;),当 SPI 接口中断条件满足时,系统会响应 SPI 中断。

➤ 位 6——SPE:SPI 接口工作使能。只要用 SPI 接口,SPE 位就必须置 1。

➤ 位 5——DORD:数据移出顺序控制位。当 DORD 位置 1 时,数据低位在先传送;当 DORD 位置 0 时,数据高位在先传送。

➤ 位 4——MSTR:主/从机选择位。当该位置 1 时,设置 SPI 接口为主机模式;当该位置 0 时,设置 SPI 接口为从机模式。需要注意的是当该位设置为主机

模式时,同时将外部引脚 SS 设置为输入,且被外部电路拉为低电平,则该接口的主机地位被颠覆,MSTR 位自动置 0,同时 SPSR 中的 SPIF 位置 1,此时,用户必须重新置位 MSTR 以夺回主机地位。

➤ 位 3——CPOL:SCK 时钟极性选择。当该位置 1 时,SCK 在闲置时是高电平;当该位置 0 时,SCK 在闲置时是低电平。

➤ 位 2——CPHA:SCK 时钟相位选择。CPHA 位的设置决定了串行数据的锁存采样是在 SCK 时钟的前沿还是后沿。CPOL 和 CPHA 共同决定了 SPI 的工作模式,具体如表 7-2 所列和图 7-3 所示。图 7-3 中间的一排粗竖直线表示数据锁存的位置。

表 7-2 SPI 的 4 种工作模式

SPI 模式	CPOL	CPHA	移出数据	锁存数据
0	0	0	下降沿	上升沿
1	1	0	上升沿	下降沿
2	0	1	上升沿	下降沿
3	1	1	下降沿	上升沿

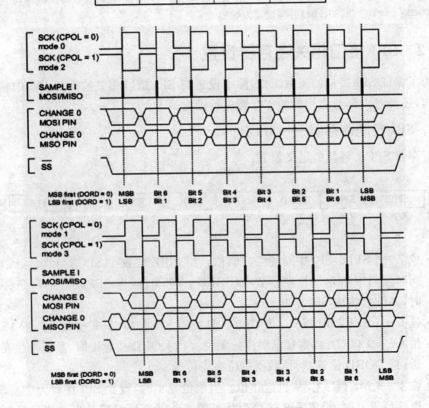

图 7-3 SPI 接口工作模式时序图

➤ 位[1:0]——SPR1 和 SPR0:SPI 时钟速率选择控制位。这两位与 SPSR 中的 SPI2X 位一起,用来设置 SPI 接口的串行时钟 SCK 的速率,具体如表 7 - 3 所列。表中 f_{osc} 是单片机晶振频率。需要注意的是,这几位的设置对从机不起作用,原因在于两片具有 SPI 接口的芯片进行通信时,主机起决定作用,数据发送是在主机"SCK 的节奏"下进行的。

表 7 - 3 SPI 时钟 SCK 速率选择

SPI2X	SPR1	SPR0	SCK 频率
0	0	0	$f_{osc}/4$
0	0	1	$f_{osc}/16$
0	1	0	$f_{osc}/64$
0	1	1	$f_{osc}/128$
1	0	0	$f_{osc}/2$
1	0	1	$f_{osc}/8$
1	1	0	$f_{osc}/32$
1	1	1	$f_{osc}/64$

2. SPI 状态寄存器——SPSR

寄存器 SPSR 各位的定义如下:

Bit	7	6	5	4	3	2	1	0	
	SPIF	WCOL	—	—	—	—	—	SPI2X	SPSR
读/写	R	R	R	R	R	R	R	R/W	
初始值	0	0	0	0	0	0	0	0	

➤ 位 7——SPIF:SPI 中断标志位。当 SPIF 位为 0 时表示 SPI 接口发送数据还没有完成(或者根本就没有发送数据);当 SPIF 位为 1 时可能会有两种情况:本片 AVR 单片机设置为主机,SS 引脚配置成输入方式,且 SS 引脚被拉低;发送或接收数据完成时 SPIF 位也会自动置 1。

在 SPI 正常发送或接收数据时,可以通过查询方式或中断方式及时处理 SPI 接口数据传送完成这一事件。当采用查询法查询到 SPIF 位为 1 时,可以通过访问 SP-DR 数据寄存器对标志 SPIF 进行清零;当采用中断方式时,需要将 SPCR 中的 SPE 位置 1,同时将 SREG 寄存器中的全局中断使能位置 1,当 SPIF 位也变成"1"时就会引发中断,进入中断服务子程序后 SPIF 位自动清零。具体用法将在第 7.4 节的应用中体现。

➤ 位 6——WCOL:写碰撞标志。在发送数据时又对 SPI 数据寄存器 SPDR 进行写数据将使得 WCOL 置位。WCOL 可以通过先读 SPSR,紧接着访问 SP-DR 来清零。

➤ [位 5:1]:保留位。

➤ 位 0——SPI2X:倍速控制位。置位后 SPI 的速度加倍,具体情况参见表 7-3 所列。若为主机则 SCK 频率最高可达 CPU 频率的一半。

3. SPI 数据寄存器——SPDR

SPI 数据寄存器 SPDR 的各位定义如下所示:

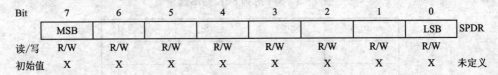

Bit	7	6	5	4	3	2	1	0	
	MSB							LSB	SPDR
读/写	R/W	R/W	R/W	R/W	R/W	R/W	R/W	R/W	
初始值	X	X	X	X	X	X	X	X	未定义

SPI 数据寄存器为读/写寄存器,写 SPDR 寄存器将启动数据发送,当接收数据完成时读 SPDR 寄存器将得到接收到的数据。

7.4 SPI 接口应用举例

这一节将通过几个实例具体展示一下 AVR 单片机 SPI 接口的设置应用方法。实例主要包括两个单片机之间传送数据及单片机通过 SPI 接口控制外围器件。

7.4.1 两片 AVR 单片机通过 SPI 接口通信(查询法)

将两片 AVR 单片机的引脚 SS、MOSI、MISO、SCK 对应相连。设置一片单片机为主机,另一片为从机,主机每隔一段时间给从机发送一个数据,从机将每次接收到的数据送到 PC 口点亮 LED 发光二级管,为了便于检验发送数据是否成功,可以让主机在每次发送数据时也将本次发送的数据输出到自己的 PC 口点亮 LED 小灯,当通信成功时会发现两个实验板上的 LED 小灯是"同步"闪烁的。

1. 硬件电路原理图

具体硬件电路图如图 7-4 所示。两个单片机通过 SPI 接口将 4 个引脚对应相连。需要注意的是主机的 MOSI 口要与从机的 MOSI 口相连,主机 MISO 与从机的 MISO 相连,不要交叉相连。

2. 程序流程图

程序流程图如图 7-5 所示。图 7-5 中包括主机发送部分和从机接收部分。无论发送还是接收都需要将与 SPI 接口相关的引脚及寄存器设置好。主机定时发送数据,同时,主机将发送的数据输出到 PC 口用 LED 显示。从机采用查询方式,当接收到数据时就将接收到的数据输出到 PC 口通过 LED 显示该数据。

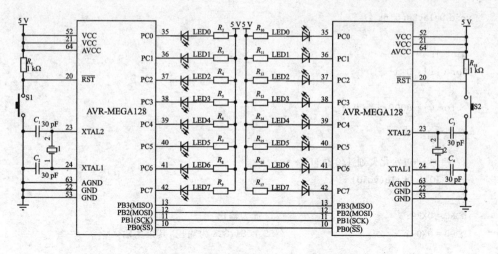

图 7-4　两片单片机通过 SPI 接口通信

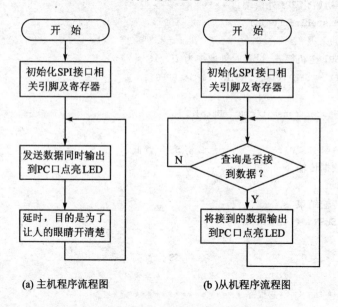

(a) 主机程序流程图　　　　(b) 从机程序流程图

图 7-5　两片单片机 SPI 接口通信程序流程图

3. 程序清单

```
//主机程序如下
# include <avr/io.h>
// ****************************************
# define uchar unsigned char
# define uint unsigned int
uchar ledcode[10] = {0xfe,0xfd,0xfb,0xf7,0xef,0xdf,0xbf,0x7f,0x00,0xff};
// ****************************************
```

```
void DelayMs(uint i)
{
uint j;
for ( ; i != 0 ; i -- )
  {
  for (j = 8000 ; j != 0 ; j -- ){ ; }
  }
}
// ******初始化普通 I/O 端口 ***********
void IO_Initila(void)
{
DDRC = 0XFF;                    //设置为输出
DDRB = 0X07;                    //SS、MOSI、SCK 为输出,其余为输入
}
// ******初始化 SPI 外设端口 ***********
void SPI_MasterInit(void)
{
/* 使能 SPI 主机模式,设置时钟速率为 fck/16 */
SPCR = (1<<SPE)|(1<<MSTR)|(1<<SPR0);
}
void SPI_MasterTransmit(char cData)
{
PORTB& = ~(1<<0);              //将 SS 位置低
/* 启动数据传输 */
SPDR = cData;
/* 等待传输结束 */
while(! (SPSR & (1<<SPIF)))
;
PORTB| = (1<<0);               //将 SS 位置高
}
// **************主程序 ****************//
int main(void)
{
uchar i = 0;
IO_Initila();                  //初始化 I/O 口
SPI_MasterInit();              //初始化 SPI 接口
while(1)
  {
  for(i = 0; i<10; i++)
    {
    SPI_MasterTransmit(ledcode[i]);
    PORTC = ledcode[i];
```

```
        DelayMs(10000);
        }
    }
}
//从机程序如下:
# include <avr/io.h>
# define uchar unsigned char
// ******初始化普通 I/O 端口 ***********
void IO_Initila(void)
{
DDRC = 0XFF;                  //LED 输出,设置为输出
DDRB = 0X08;                  //MOSI、SS、SCK、设置为输入;MISO 设置为输出
}
// ******初始化 SPI 外设端口 ***********
void SPI_SlaveInit(void)
{
/ * 使能 SPI * /
SPCR = (1<<SPE);
}
// ******SPI 接收子函数 ***********
uchar SPI_SlaveReceive(void)
{
/ * 等待接收结束 * /
while(! (SPSR & (1<<SPIF)))
;
/ * 返回数据 * /
return SPDR;
}
// *************主程序 *****************//
int main(void)
{
IO_Initila();                //初始化 I/O 端口
SPI_SlaveInit();             //初始化 SPI
while(1)
    {
    PORTC = SPI_SlaveReceive();
    }
}
```

【练习 7.4.1.1】:两片 ATmega128 单片机通过 SPI 接口通信,主机产生 0~9 的一个随机数,将此数据显示在数码管上,同时将该数据发送给从机,并在从机的数码管上显示出这个数据。

7.4.2 两片 AVR 单片机通过 SPI 接口通信(中断法)

在第 7.4.1 小节中我们完成了两个单片机通过 SPI 接口进行通信的实验,细心的读者可能会发现,从机在完成接收数据任务时一直处于"傻傻"地等待中。那么,如何提高从机的工作效率呢? 在本节中我们把从机工作方式修改为中断方式。硬件电路图仍然采用图 7-4 所示的电路,完成的任务也与第 7.4.1 小节相同,修改后的程序流程图如图 7-6 所示。主机程序中启用定时器 T0,定时 48 ms 发送一次数组中的数据,当发送完数组中最后一个数据后再从数组第一数据重新发送,如此循环;而从机则采用中断方式,每当 SPI 接口接收到一个数据后就进入中断程序中,将接收到的数据输出到 PC口,我们看到的现象仍然是两个单片机控制 LED 小灯"同步"闪烁。

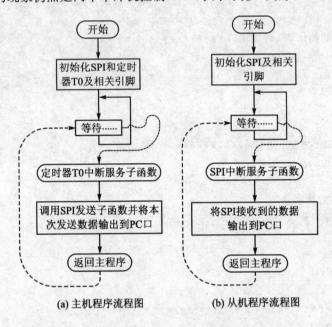

(a) 主机程序流程图　　　(b) 从机程序流程图

图 7-6 两片单片机 SPI 接口通信程序流程图

```
//主机程序如下
#include <avr/io.h>
#include <avr/interrupt.h>
//*********************************************
#define uchar unsigned char
#define uint unsigned int
uchar i = 0;                  //定义一个变量 i,用于指向数组中的第 i 个数据
uchar zhongduancishu = 0;   //定义一个变量用于记录定时器的中断次数
uchar ledcode[10] = {0xfe,0xfd,0xfb,0xf7,0xef,0xdf,0xbf,0x7f,0x00,0xff};
```

```c
// ******初始化普通 I/O 端口 ***********
void IO_Initila(void)
{
DDRC = 0XFF;                    //设置为输出
DDRB = 0X07;                    //SS、MOSI、SCK 为输出,其余为输入
}
// ******初始化 SPI 外设端口 ***********
void SPI_MasterInit(void)
{
/* 使能 SPI 主机模式,设置时钟速率为 f_ck/16 */
SPCR = (1<<SPE)|(1<<MSTR)|(1<<SPR0);
}
void SPI_MasterTransmit(char cData)
{PORTB& = ~(1<<0);              //将 SS 位置低
/* 启动数据传输 */
SPDR = cData;
/* 等待传输结束 */
while(! (SPSR & (1<<SPIF)))
;
PORTB| = (1<<0);//将 SS 位置高
}
// ******定时器 T0 初始化函数 ***********
void TIMER0_Initila()
{
TCCR0 = 0X06;                   //选择时钟源,256 分频
TCNT0 = 0X06;                   //计数寄存器赋初值6
TIMSK = 0X01;                   //定时器 T0 中断使能
SREG| = 0X80;                   //总中断使能
}
// ********定时器 T0 中断处理程序 **********//
SIGNAL(SIG_OVERFLOW0)
{
TCNT0 = 0X06;                   //定时器计数寄存器重新赋初值6
zhongduancishu + + ;           //中断次数加 1
if(zhongduancishu = = 6)        //判断中断次数是否到了 6 次,6 次就是 48 ms
    {
    zhongduancishu = 0;        //中断次数赋值 0
    PORTC = ledcode[i];        //把数组中的数据输出到 PC 口 LED 小灯显示
    SPI_MasterTransmit(ledcode[i]);  //把数组中的数据通过 SPI 口传输出去
    i + + ;                    //指向数组中的下一个数据
    if(i = = 10)               //如果到了第 10 个
    i = 0;                     //指向数组中的第一个数据
```

```
    }
    }
// ************* 主程序 *******************//
int main(void)
{
IO_Initila();                        //初始化 I/O 口
SPI_MasterInit();                    //初始化 SPI 接口
TIMER0_Initila();                    //初始化定器 T0
while(1)
        {
        ;
        }
}
//从机程序如下:
# include <avr/io.h>
# include <avr/interrupt.h>
# define uchar unsigned char
// ******初始化普通 I/O 端口 ***********
void IO_Initila(void)
{
DDRC = 0XFF;                         //LED 输出,设置为输出
DDRB = 0X08;                         //MOSI、SS、SCK、设置为输入;MISO 设置为输出
}
// ******初始化 SPI 外设端口 ***********
void SPI_SlaveInit(void)
{
SPCR = 0xc0;                         //使能 SPI 口,开 SPI 中断,从机模式
}
// ********SPI 中断子程序 ***************
SIGNAL(SIG_SPI)
{
PORTC = SPDR;
}
// *************主程序 *******************//
int main(void)
{
I/O_Initila();                       //初始化 I/O 端口
SPI_SlaveInit();                     //初始化 SPI
SREG| = 0X80;                        //开总中断
while(1)
        {
        ;
        }
}
```

7.4.3 AVR 单片机通过 SPI 接口控制数模转换器 MAX531

前两节中应用 SPI 接口实现了两片单片机之间的通信。那么，很多外设芯片都具有 SPI 接口,如何实现单片机与外设之间的 SPI 接口连接与控制呢? 本节中应用 AVR 单片机的 SPI 接口控制 12 位 D/A 转换器 MAX531,进一步熟悉 SPI 接口的使用。

MAX531 是美信集成产品公司生产的 12 位串行数据接口数模转换器,采用"反向"R-2R 的梯形电阻网络结构。内置单电源 CMOS 运算放大器,其最大工作电流为 260 μA,具有很好的电压偏移、增益和线性度。内置 2.048 V 电压基准,供电可以采用单电源,也可以采用双电源。芯片引脚分布如图 7-7 所示。其引脚功能的详细说明如表 7-4 所列。

图 7-7 MAX531 引脚图

表 7-4 引脚功能说明

引 脚	名 字	功 能	引 脚	名 字	功 能
1	BIPOFF	双极性偏置/增益电阻	8	AGND	模拟地
2	DIN	串行数据输入	9	REFIN	参考电压输入
3	$\overline{\text{CLR}}$	清零	10	REFOUT	参考电压输出 2.048 V
4	SCLK	串行时钟输入	11	VSS	负电源
5	$\overline{\text{CS}}$	片选,低电平有效	12	VOUT	DAC 输出
6	DOUT	串行数据输出	13	VDD	正电源
7	DGND	数字地	14	RFB	反馈电阻

有关 MAX531 芯片的工作原理可以结合其工作时序图 7-8 进行分析。当片选引脚 $\overline{\text{CS}}$ 为高电平时,SCLK 被禁止且 DIN 端的数据不能进入 D/A,从而 VOUT 处于高阻状态。当 $\overline{\text{CS}}$ 被拉至低电平时,转换时序开始允许 SCLK 工作并使 VOUT 脱离高阻状态。在 SCLK 的上升沿,串行数据从引脚 DIN 输入给 MAX531 并将数据锁存入 12 位移位寄存器中,在 $\overline{\text{CS}}$ 上升沿时,12 位移位寄存器的数据进入 DAC 寄存器,其 12 位数据的固定转换时间约 25 μs。MAX531 输入数据以 16 位为一个单元,因此需要两个写周期把数据存入 DAC。

MAX531 的典型接法有单极性接法和双极性接法。其中单极性接法如图 7-9 所示。在图 7-9 的图(a)中,当 BIPOFF 和 RFB 都连接到 VOUT 端时,内部的运算放大器构成了电压跟随器,内部增益为 1。如果参考电压 REFOUT=2.048 V,当数字量为 FFFH 时,内部 DAC 转换后的电压为 2.048 V,经过电压跟随器后,VOUT 输出电压仍然是 2.048 V。因此,该图输出电压范围为 0~2.048 V。

在图 7-9 的图(b)中,当 BIPOFF 连接到地,RFB 连接到 VOUT 端时,内部放大器构成了同向比例放大器,放大倍数为 2,如果参考电压 REFOUT=2.048 V,当数字量为 FFFH 时,内部 DAC 转换后的电压为 2.048 V,经过 2 倍放大后,VOUT 输出电压是 4.096 V,输出电压范围为 0~4.096 V。

对应图 7-9 中的两种接法时的转换关系分别如表 7-5 和表 7-6 所列。

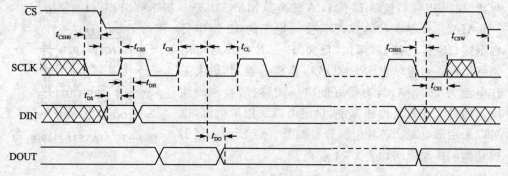

图 7-8　MAX531 工作时序图

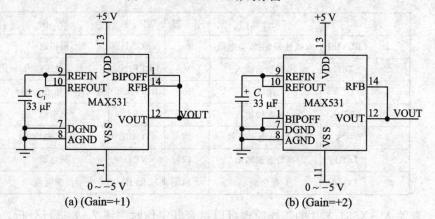

图 7-9　MAX531 单极性电路

表 7-5　单极性二进制码表(0~ V_{REFIN} 输出),增益 Gain=+1

输　　入	输　　出
111 111 111	$(V_{REFIN})\dfrac{4\ 095}{4\ 096}$
100 000 001	$(V_{REFIN})\dfrac{2\ 049}{4\ 096}$
100 000 000	$(V_{REFIN})\dfrac{2\ 048}{4\ 096}=+(V_{REFIN})\dfrac{1}{2}$
0111 111 111	$(V_{REFIN})\dfrac{2\ 047}{4\ 096}$
000 000 001	$(V_{REFIN})\dfrac{1}{4\ 096}$
000 000 000	0 V

表 7 - 6　单极性二进制码表(0～ $2V_{REFIN}$ 输出),增益 Gain＝＋2

输　入	输　出
111 111 111	$+2(V_{REFIN})\dfrac{4\ 095}{4\ 096}$
100 000 001	$+2(V_{REFIN})\dfrac{2\ 049}{4\ 096}$
100 000 000	$+2(V_{REFIN})\dfrac{2\ 048}{4\ 096}=+V_{REFIN}$
0111 111 111	$+2(V_{REFIN})\dfrac{2\ 047}{4\ 096}$
000 000 001	$+2(V_{REFIN})\dfrac{1}{4\ 096}$
000 000 000	0 V

　　MAX531 的双极性接法如图 7 - 10 所示。将 BIPOFF 端接在参考电压输出端 REFOUT 时构成双极性接法。此时电源为正负电源供电。输出电压与输入数字量之间的关系如表 7 - 7 所列。

表 7 - 7　双极性二进制码表($-V_{REFIN}$ ～ ＋ V_{REFIN} 输出)

输　入	输　出
111 111 111	$(+V_{REFIN})\dfrac{2\ 047}{2\ 048}$
100 000 001	$(+V_{REFIN})\dfrac{1}{2\ 048}$
100 000 000	0 V
0111 111 111	$(-V_{REFIN})\dfrac{1}{2\ 048}$
000 000 001	$(-V_{REFIN})\dfrac{2\ 047}{2\ 048}$
000 000 000	$(-V_{REFIN})\dfrac{2\ 048}{2\ 048}=-V_{REFIN}$

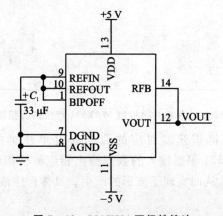

图 7 - 10　MAX531 双极性接法

通过以上的内容,我们了解了芯片 MAX531 的相关知识,接下来将应用 AVR 单片机的 SPI 接口控制 MAX531 产生正弦波信号。硬件电路如图 7-11 所示。图中 MAX531 为单极性接法,内部增益为 2,输出电压幅值为 4.096 V,外部接了同相比例放大电路,调节反馈电阻 R_4,使输出信号的幅值为 5 V。实际应用中可以提高运算放大器的供电电压,调节同向比例的反馈电阻,改变放大倍数,提高输出波形的幅值,满足实际的需求。图 7-12 为用数字示波器观察到的正弦波形图。

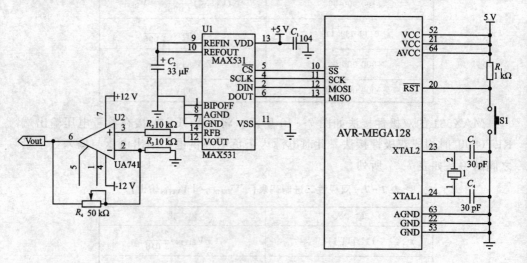

图 7-11 高精度波形发生器

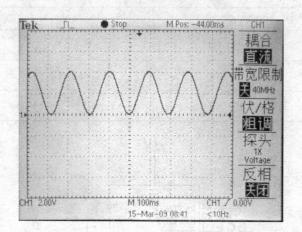

图 7-12 AVR 单片机控制 MAX531 产生的正弦波形图

程序设计思想是,将正弦波对应的数据通过单片机的 SPI 接口依次送到 MAX531 芯片中,MAX531 根据输入的数据输出相应的模拟电压,此电压值按照相应波形的变换规律变换,从而实现了波形的产生。具体程序清单如下。

```c
# include <avr/io.h>
//--------SPI 口初始化 -----------//
void da_initial(void);
//------向 MAX531 写数据 ---------//
void da_write(unsigned int data);
unsigned int sindata[256] =
{
0x7FF,0x831,0x863,0x896,0x8C8,0x8FA,0x92B,0x95D,0x98E,0x9C0,0x9F1,0xA21,
0xA51,0xA81,0xAB1,0xAE0,0xB0F,0xB3D,0xB6A,0xB98,0xBC4,0xBF0,0xC1C,0xC46,
0xC71,0xC9A,0xCC3,0xCEB,0xD12,0xD38,0xD5E,0xD83,0xDA7,0xDCA,0xDEC,0xE0D,
0xE2E,0xE4D,0xE6C,0xE89,0xEA5,0xEC1,0xEDB,0xEF5,0xF0D,0xF24,0xF3A,0xF4F,
0xF63,0xF75,0xF87,0xF97,0xFA6,0xFB4,0xFC1,0xFCD,0xFD7,0xFE0,0xFE8,0xFEF,
0xFF5,0xFF9,0xFFC,0xFFE,0xFFE,0xFFE,0xFFC,0xFF9,0xFF5,0xFEF,0xFE8,0xFE0,
0xFD7,0xFCD,0xFC1,0xFB4,0xFA6,0xF97,0xF87,0xF75,0xF63,0xF4F,0xF3A,0xF24,
0xF0D,0xEF5,0xEDB,0xEC1,0xEA5,0xE89,0xE6C,0xE4D,0xE2E,0xE0D,0xDEC,0xDCA,
0xDA7,0xD83,0xD5E,0xD38,0xD12,0xCEB,0xCC3,0xC9A,0xC71,0xC46,0xC1C,0xBF0,
0xBC4,0xB98,0xB6A,0xB3D,0xB0F,0xAE0,0xAB1,0xA81,0xA51,0xA21,0x9F1,0x9C0,
0x98E,0x95D,0x92B,0x8FA,0x8C8,0x896,0x863,0x831,0x7FF,0x7CD,0x79B,0x768,
0x736,0x704,0x6D3,0x6A1,0x670,0x63E,0x60D,0x5DD,0x5AD,0x57D,0x54D,0x51E,
0x4EF,0x4C1,0x494,0x466,0x43A,0x40E,0x3E2,0x3B8,0x38D,0x364,0x33B,0x313,
0x2EC,0x2C6,0x2A0,0x27B,0x257,0x234,0x212,0x1F1,0x1D0,0x1B1,0x192,0x175,
0x159,0x13D,0x123,0x109,0x0F1,0x0DA,0x0C4,0x0AF,0x09B,0x089,0x077,0x067,
0x058,0x04A,0x03D,0x031,0x027,0x01E,0x016,0x00F,0x009,0x005,0x002,0x000,
0x000,0x000,0x002,0x005,0x009,0x00F,0x016,0x01E,0x027,0x031,0x03D,0x04A,
0x058,0x067,0x077,0x089,0x09B,0x0AF,0x0C4,0x0DA,0x0F1,0x10A,0x123,0x13D,
0x159,0x175,0x192,0x1B1,0x1D0,0x1F1,0x212,0x234,0x257,0x27B,0x2A0,0x2C6,
0x2EC,0x313,0x33B,0x364,0x38D,0x3B8,0x3E2,0x40E,0x43A,0x466,0x494,0x4C1,
0x4EF,0x51E,0x54D,0x57D,0x5AD,0x5DD,0x60E,0x63E,0x670,0x6A1,0x6D3,0x704,
0x736,0x768,0x79B,0x7CD};


//--------SPI 口初始化 -----------//
void da_initial(void)
{
DDRB| = (1<<1)|(1<<1)|(1<<2);                    //将 PB0、PB1、PB2 引脚设置为输出
SPCR| = (1<<SPE)|(1<<MSTR)|(1<<SPR1)|(1<<SPR0); //SPI 使能、主设备,设置
                                                //串行时钟
}
//- - - - - - 向 MAX531 写数据 - - - - - - - - -//
void da_write(unsigned int data)
{
unsigned char temp;
temp = (unsigned char)data>>8;                   //截取数据的高 8 位
```

```
PORTB & = ~(1<<0);                        //使能 MAX531
SPDR = temp;
while(! (SPSR & (1<<SPIF)));
PORTB | = (1<<0);                         //关闭使能 MAX531
temp = (unsigned char)data&0xff;          //截取数据的低 8 位
PORTB & = ~(1<<0);                        //使能 MAX531
SPDR = temp;
while(! (SPSR & (1<<SPIF)));
PORTB| = (1<<0);                          //关闭使能 MAX531
}
//----------主程序--------------------
int main(void)
{
unsigned char i = 0;
da_initial();
while(1)
  {
  for(i = 0 ;i < 255 ;i++)
    {
        da_write(sindata[i]);
    }
  }
return 0;
}
```

【**练习 7. 4. 3. 1**】：用 ATmega128 单片机控制 MAX531 产生锯齿波、方波和三角波信号。

【**练习 7. 4. 3. 2**】：用 ATmega128 单片机控制模数转换器 TLC2543 进行 A/D 转换。

【**练习 7. 4. 3. 3**】：用 ATmega128 单片机控制传感器 LM74，实现温度测量。

【**练习 7. 4. 3. 4**】：用 ATmega128 单片机控制 12864 液晶 SO12864FPD（驱动是 7565）。

【**练习 7. 4. 3. 5**】：以前 4 个题目中涉及到的主要器件为核心器件，设计一个综合制作，完成简易示波器、简易电压表、简易波形发生器、测温等功能。

第8章

通用串行接口 USART 的应用

　　微机和外界的信息交换称为通信。根据接口方式不同,可以分为并行通信和串行通信。与并行通信方式相比较,串行通信具有电路简单、占用 I/O 资源少、使用灵活方便等特点,而且串行通信的速度也在不断提高。因此,串行通信接口方式已经广泛地应用于单片机嵌入式系统中。

8.1　实现串行通信要解决的两个问题

　　串行通信就是发送方一位一位地将数据发送给接收方。为了准确地完成收发数据任务,要求参与通信的两个单片机必须解决两个关键问题。其实,我们可以看看两个人传接球,就明白这两个问题了。如果要准确地把球接到,首先,要知道发球人发出球的速度;其次,要清楚发球人每个阶段发出
球的数量。下面还是说说串行通信要解决的两个问题吧。

　　① 发送数据和接收数据的速度要一致,专业点儿的说法是收发双方工作时的波特率要一致,所谓波特率就是每秒钟传送的二进制数据的位数。如果收发双方的工作"节奏"不同,那么可想而知通信一定失败。那么如何保证一致呢? ATmega128 单片机可以设置选择工作在同步方式或异步方式(由 USART 控制和状态寄存器 C 中的 bit6 位(UMSELn)的设置决定)。同步工作方式就是两片通信的单片机使用同一个时钟信号"指挥收发双方的工作节奏";而异步工作方式是每个单片机利用自己的时钟产生电路为通信提供时钟,此时要求两个单片机设置的波特率要相同。也许读者朋友会想既然自己用自己的时钟,接收方如何知道发送方发送数据的呢? 即如何实现通信时起始位的同步的呢? 是这样的,当没有数据传送时,数据线上的电平为高电平,如图 8-1 中的 IDEL 处。当发送器发送数据时,先将总线拉低,表示起始,如图 8-1 中的 St 处,此时接收方检测到了这个电平变化,就做好接收数据准备,从而

实现和发送方同步。当发送完数据时,在帧的结尾处会有 1 位或 2 位的逻辑 1 表示停止位,如图 8-1 中的 Sp1 和［Sp2］处。

由于同步传输方式需要另外的时钟,使用中并不是很方便。因此,一般多采用异步方式。工作在异步方式的单片机设置波特率时需要对寄存器 UBRRnl 和 UBRRnH(n 为 0 或 1,因为 mega128 单片机中有两个 USART 口)、波特率加倍位 U2X 及时钟频率进行相应的设置和配置。具体的关系如表 8-1 所列。

表 8-1　波特率计算公式

模　式	波特率的计算公式	UBRR 值的计算公式
异步正常模式（U2X = 0）	$BAUD = \dfrac{f_{OSC}}{16(UBRR+1)}$	$UBRR = \dfrac{f_{OSC}}{16BAUD} - 1$
异步倍速模式（U2X = 1）	$BAUD = \dfrac{f_{OSC}}{8(UBRR+1)}$	$UBRR = \dfrac{f_{OSC}}{8BAUD} - 1$
同步主机模式	$BAUD = \dfrac{f_{OSC}}{2(UBRR+1)}$	$UBRR = \dfrac{f_{OSC}}{2BAUD} - 1$

② 要求收发双方传送数据格式要一致。例如发送方每次传送 7 位数据,而接收方准备每次接收 8 位数据,这样就会出现错误。

串行数据帧由数据字、同步位(开始位与停止位)以及用于纠错的奇偶校验位等构成。其中起始位 1 位,数据帧以起始位开始;紧接着是数据字的最低位,数据字最多可以有 9 个数据位,最少是 5 位数据,括号中的位是可选的,以数据的最高位结束。如果使能了校验位,校验位将紧接着数据位,最后是停止位,停止位可以设置为 1 位停止位也可以设置成 2 位停止位。当一个完整的数据帧传输后,可以立即传输下一个新的数据帧,或者使传输线处于空闲状态。具体帧格式如图 8-1 所示。

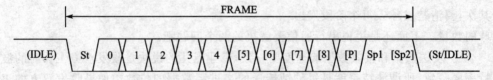

图 8-1　USART 接口的帧格式

除了上面这两问题以外,如果想成功实现两个单片机通过 USART 口通信,还有其他一些地方需要设置,具体如何设置,将在介绍完各个相关寄存器后的应用中举例分析。

8.2　USART 的相关寄存器简介

与 USART 相关的寄存器主要包括数据寄存器、波特率设置寄存器及其他相关状态控制寄存器等,本节将逐个介绍每个寄存器的意义及相应设置方法,为下一节的应用做好准备。需要注意的是,在接下来的内容中会有多处出现字母 n,n 在本节中代表数字 0 或 1,这是因为在 ATmega128 单片机中有两个 USART 串行通信接口。在编写程序时需要将"n"替换成具体的 0 或者 1。

1. USARTn 数据寄存器 UDRn

USART 发送数据缓冲寄存器和 USART 接收数据缓冲寄存器共享相同的 I/O 地址,称为 USART 数据寄存器或 UDR。将数据写入 UDR 时实际操作的是发送数据缓冲寄存器(TXB),读 UDR 时实际返回的是接收数据缓冲寄存器(RXB)的内容。在 5、6、7 比特字长模式下,没有使用的高位被发送器忽略,而接收器则将它们设置为 0。

Bit	7	6	5	4	3	2	1	0
				RXBn[7:0]				
				TXBn[7:0]				
读/写	R/W	R/W	R/W	R/W	R/W	R/W	R/W	R/W
初始值	0	0	0	0	0	0	0	0

2. 控制和状态寄存器 UCSRnA

USART 控制和状态寄存器 A 的各位定义如下所示:

Bit	7	6	5	4	3	2	1	0
	RXCn	TXCn	UDREn	FEn	DORn	UPEn	U2Xn	MPCMn
读/写	R	R/W	R	R	R	R	R/W	R/W
初始值	0	0	1	0	0	0	0	0

➤ 位 7——RXCn:USART 接收结束。接收缓冲器中有未读出的数据时 RXCn 置位,否则清零。接收器禁止时,接收缓冲器被刷新,导致 RXCn 清零。RXCn 标志还可用来产生接收结束中断。

➤ 位 6——TXCn:USART 发送结束。发送移位缓冲器中的数据被送出,且当发送缓冲器(UDRn)为空时 TXCn 置位。执行发送结束中断时 TXCn 标志自动清零,也可以通过写 1 进行清除操作。TXCn 标志可用来产生发送结束中断。

➤ 位 5——UDREn:USART 数据寄存器空。UDREn 标志指出发送缓冲器(UDRn)是否准备好接收新数据。UDREn 为 1 说明缓冲器为空,已准备好进行数据接收。UDREn 标志可用来产生数据寄存器空中断。复位后 UDREn 置位,表明发送器已经就绪。

➤ 位 4——FEn:帧错误。如果接收缓冲器接收到的下一个字符有帧错误,即接收缓冲器中的下一个字符的第一个停止位为 0,那么 FEn 置位。这一位一直有效直到接收缓冲器(UDRn)被读取。当接收到的停止位为 1 时,FE 标志为 0。对 UCSRnA 进行写入时,这一位要写 0。

➤ 位 3——DORn:数据过速。数据过速时 DORn 置位。当接收缓冲器满(包含了两个数据),接收移位寄存器又有数据,若此时检测到一个新的起始位,就产生了数据溢出。这一位一直有效直到接收缓冲器(UDRn)被读取。对 UCSRnA 进行写入时,这一位要写 0。

▶ 位 2——UPEn:奇偶校验错误。当奇偶校验使能(UPMn1＝1),且接收缓冲器中所接收到的下一个字符有奇偶校验错误时 UPEn 置位。这一位一直有效直到接收缓冲器(UDRn)被读取。对 UCSRnA 进行写入时,这一位要写 0。

▶ 位 1——U2Xn:倍速发送。这一位仅对异步操作有影响。使用同步操作时将此位清零。此位置 1 可将波特率分频因子从 16 降到 8,从而有效地将异步通信模式的传输速率加倍。

▶ 位 0——MPCMn:多处理器通信模式。设置此位将启动多处理器通信模式。MPCMn 置位后,USARTn 接收器接收到的那些不包含地址信息的输入帧都将被忽略。发送器不受 MPCMn 设置的影响。

3. 控制和状态寄存器 UCSRnB

USARTn 控制和状态寄存器 B 的各位定义如下所示:

Bit	7	6	5	4	3	2	1	0
	RXCIEn	TXCIEn	UDRIEn	RXENn	TXENn	UCSZn2	RXB8n	TXB8n
读/写	R/W	R/W	R/W	R/W	R/W	R/W	R	R/W
初始值	0	0	1	0	0	0	0	0

▶ 位 7—— RXCIEn:接收结束中断使能。置位后使能 RXCn 中断。当 RXCIEn 设置为 1,且全局中断标志位 SREG 也设置为 1,此时,UCSRnA 寄存器的 RXCn 为 1 时可以产生 USARTn 接收结束中断。

▶ 位 6—— TXCIEn:发送结束中断使能。置位后使能 TXCn 中断。当 TXCIEn 为 1,全局中断标志位 SREG 置位,UCSRnA 寄存器的 TXCn 亦为 1 时可以产生 USARTn 发送结束中断。

▶ 位 5—— UDRIEn:USART 数据寄存器空中断使能。置位后使能 UDREn 中断。当 UDRIEn 为 1,全局中断标志位 SREG 置位,UCSRnA 寄存器的 UDREn 亦为 1 时可以产生 USARTn 数据寄存器空中断。

▶ 位 4—— RXENn:接收使能。置位后将启动 USARTn 接收器。RxDn 引脚的通用端口功能被 USARTn 功能所取代。禁止接收器将刷新接收缓冲器,并使 FEn、DORN 及 UPEn 标志无效。

▶ 位 3—— TXENn:发送使能。置位后将启动 USARTn 发送器。TxDn 引脚的通用端口功能被 USARTn 功能所取代。TXENn 清零后,只有等到所有的数据发送完成后发送器才能够真正被禁止。发送器禁止后,TxDn 引脚恢复其通用 I/O 功能。

➤ 位 2——UCSZn2：字符长度。UCSZn2 与 UCSRnC 寄存器的 UCSZn1～0 结合在一起可以设置数据帧所包含的数据位数（字符长度），如表 8-5 所列。

➤ 位 1——RXB8n：接收数据位 8。对 9 位串行帧进行操作时，RXB8 是第 9 个数据位。读取 UDRn 包含的低位数据之前首先要读取 RXB8n。

➤ 位 0——TXB8n：发送数据位 8。对 9 位串行帧进行操作时，TXB8n 是第 9 个数据位。写 UDRn 之前首先要对它进行写操作。

4. 控制和状态寄存器 UCSRnC

USARTn 控制和状态寄存器 C 的各位定义如下所列：

Bit	7	6	5	4	3	2	1	0
	-	UMSELn	UPMn1	UPMn0	USBSn	UCSZn1	UCSZn0	UXPOLn
读/写	R/W	R/W	R/W	R/W	R/W	R/W	R/W	R/W
初始值	0	0	0	0	0	1	1	0

➤ 位 7：保留位。该位保留。为与未来器件兼容，对 UCSRnC 写入时该位必须写 0。

➤ 位 6——UMSELn：USART 模式选择。通过这一位来选择同步或异步工作模式，如表 8-2 所列。

表 8-2　UMSELn 设置

UMSELn	模　式
0	异步操作
1	同步操作

➤ 位 5：4——UPMn1：0：奇偶校验模式。

这两位设置奇偶校验的模式并使能奇偶校验。如果使能了奇偶校验，那么在发送数据时，发送器都会自动产生并发送奇偶校验位。对每一个接收到的数据，接收器都会产生一奇偶值，并与 UPMn0 所设置的值进行比较。如果不匹配，那么就将 UCSRnA 中的 UPEn 置位。奇偶校验模式的设置如表 8-3 所列。

表 8-3　UPMn 设置

UPMn1	UPMn0	奇偶模式
0	0	禁　止
0	1	保　留
1	0	偶校验
1	1	奇校验

➤ 位 3——USBSn：停止位选择。通过这一位可以设置停止位的位数，如表 8-4所列。接收器忽略这一位的设置。

表 8 - 4　USBSn 设置

USBS	停止位位数
0	1
1	2

➤ 位 2:1——UCSZn1:0：字符长度。UCSZn1～0 与 UCSRnB 寄存器的 UCSZn2 结合在一起可以设置数据帧包含的数据位数（字符长度）。如表 8 - 5 所列。

表 8 - 5　UCSZn 设置

UCSZn2	UCSZn1	UCSZn0	字符长度
0	0	0	5 位
0	0	1	6 位
0	1	0	7 位
0	1	1	8 位
1	0	0	保留
1	0	1	保留
1	1	0	保留
1	1	1	9 位

➤ 位 0——UCPOLn：时钟极性。这一位仅用于同步工作模式。使用异步模式时，将这一位清零。UCPOLn 设置了输出数据的改变和输入数据采样，以及同步时钟 XCKn 之间的关系，如表 8 - 6 所列。

表 8 - 6　UCPOLn 设置

UCPOLn	发送数据的改变（TxDn 引脚的输出）	接收数据的采样（RxDn 引脚的输入）
0	XCKn 上升沿	XCKn 下降沿
1	XCKn 下降沿	XCKn 上升沿

5. 波特率寄存器——UBRRnL 和 UBRRnH

USARTn 波特率寄存器的各位定义如下所列。

Bit	15	14	13	12	11	10	9	8
	—	—	—	—	UBRRn[11:8]			
	UBRRn[7:0]							
	7	6	5	4	3	2	1	0
读/写	R	R	R	R	R/W	R/W	R/W	R/W
	R/W	R/W	R/W	R/W	R/W	R/W	R/W	R/W
初始值	0	0	0	0	0	0	0	0
	0	0	0	0	0	0	0	0

➤ 位 15:12——保留位。这些位是为以后的使用而保留的。为了与以后的器件

兼容,写 UBRRH 时将这些位清零。

➤ 位 11:0——UBRRn11:0:USARTn 波特率寄存器。这个 12 位的寄存器包含了 USARTn 的波特率信息。其中 UBRRnH 包含了 USARTn 波特率高 4 位,UBRRnL 包含了低 8 位。波特率的改变将造成正在进行的数据传输受到破坏。写 UBRRnL 将立即更新波特率分频器。

有关波特率的计算可以参考表 8-1。通用振荡器频率下波特率寄存器的设置实例可以参考 ATmega128 数据手册。

8.3　USART 串行口应用举例

本节通过两个设计实例分析单片机与单片机以及单片机与 PC 机之间通过 USART 串行口通信,从而进一步理解 USART 的工作原理及使用方法。

8.3.1　两片单片机之间通信

在本小节中将完成一个设计实例,实现两个单片机之间的通信,其中一个单片机作为主机发送数据,另一个单片机作为从机接收数据。为了达到练习的目的,主机采用查询法发送数据,而从机采用中断法接收数据。具体实现的功能是主机将一个数组中的数据按照规定的时间间隔循环发送给从机,在发送完一个数据后立刻将此数据输出到 PC 口,用 LED 小灯显示此数据;从机每次接收到此数据后立刻将数据输出到自己的 PC 口用来显示此次接收到的数据。本实验的整体现象是两个单片机控制的 LED 小灯按照相同的花样"同时"闪烁。具体电路图如图 8-2 所示。

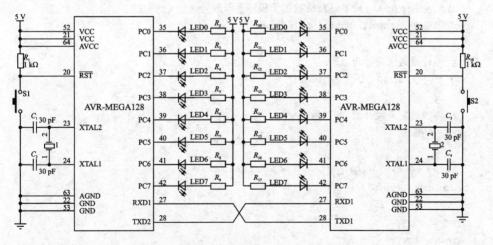

图 8-2　两片单片机通过 USART 口通信

本设计的软件设计思想是两个单片机都需要对串行口进行初始化,并将接有 LED 小灯的 PC 口设置为输出方式。主机和从机的设置有一点不同,就是主机采用查询法,而从机采用中断法,在进行初始化时要注意这一区别。主机将数据发出后等待判断从机是否接收到,如果接收到了就调用延时然后发送下一个数据,如此循环;而从机则是在接收到数据时产生中断,在中断中更新 PC 口数据,从而实现两个单片机控制的 LED 小灯"同时"闪烁。

主机查询法发送程序如下:

```
# include <avr/io.h>
# include <util/delay.h>   //应用系统库里的延时函数必须包含此文件
//*********************************************
# define uchar unsigned char
# define uint unsigned int
const uchar ledcode[] = {0xfe,0xfd,0xfb,0xf7,0xef,0xdf,0xbf,0x7f};
//*************串口初始化*************//
void USART_Init( unsigned int baud )
{
/* 设置波特率 */
UBRR1H = (unsigned char)(baud>>8);
UBRR1L = (unsigned char)baud;
UCSRiA = 0x00;
/* 发送器使能 */
UCSR1B |= (1<<TXEN1);
/* 设置帧格式:8 个数据位,1 个停止位 */
UCSR1C = 0x06;// (1<<USBS0)|(1<<UCSZ01)|(1<<UCSZ00);
}
//***************串口发送数据子程序***************//
void USART_Transmit( unsigned char data )
{
/* 等待发送缓冲器为空 */
while ( ! ( UCSR1A & (1<<UDRE)))
    { ; }
/* 将数据放入缓冲器,发送数据 */
UDR1 = data;
}
//************初始化端口子程序************//
void Init_IO(void)//初始化 I/O 口
{
DDRC = 0XFF;
PORTC = 0Xff;
}
//**************主程序**************//
int main(void)
```

```
{
uchar i;
Init_IO();
USART_Init(25);
while(1)
  {
  for(i = 0;i<8;i+ +)
    {
        USART_Transmit(ledcode[i]);
        PORTC = ledcode[i];
        _delay_ms(100);
    }
  }
}
```

从机程序如下：

```
# include <avr/io.h>
# include <avr/interrupt.h>        //使用中断函数必须包含此头文件
// *****************************************
# define uchar unsigned char
# define uint unsigned int
// ***********串口初始化 ************//
void USART_Init( unsigned int baud )
{
/* 设置波特率 */
UBRR1H = (unsigned char)(baud>>8);
UBRR1L = (unsigned char)baud;
UCSR1A = 0x00;
/* 设置帧格式：8 个数据位，1 个停止位 */
UCSR1C = 0x06;                     // (1<<USBS0)|(1<<UCSZ01)|(1<<UCSZ00);
UCSR1B = 0x90;                     //(1<<RXEN0)|(1<<TXEN0);接收使能,接收结束
                                   //中断使能
}
// **************串口接收数据子程序 ***************//
SIGNAL(SIG_USART1_RECV)
{
  volatile uchar uart_data;
  uart_data = UDR1;             //取接收到的结果
  PORTC = uart_data;
}
// **************初始化端口子程序 ***********//
void Init_IO(void)//初始化 I/O 口
```

```
{
DDRC = OXFF;
PORTC = OXFF;
}
// **************主程序 ****************//
int main(void)
{
Init_IO();
USART_Init(25);//
SREG |= OX80;               //总中断别忘记开!!!!
while(1)
    {
        ;
    }
}
```

【练习 8.3.1.1】：重新完成本节中的设计内容，要求带奇偶校验功能。

8.3.2　单片机与 PC 机通信

单片机与 PC 机通信时，在程序设计上与两片单片机之间通信几乎一样，只是需要在硬件设计上注意。因为，PC 机将＋5～＋15 V 电压认为是逻辑 0；－5～－15 V 电压认为是逻辑 1。因此，要实现单片机与 PC 机通信，必须在它们之间加一个电平转换器。这个电平转换器就相当于是一个翻译。

目前，应用较为广泛的电平转换器是 MAX232。MAX232 集成了两路电平转换器。本例中只需要使用一路即可。还有一处需要注意的是现在多数计算机都没有了串行 COM 口，因此，还需要再购买（也可以自制）一条 USB 转串口的转换线，这样就可以实现 PC 机与单片机通信了。接口电路如图 8-3 所示。

单片机与 PC 机通信的应用比较常见。例如，2010 年黑龙江省大学生电子设计竞赛中有一个温度控制系统的题目，要求系统能够快速调节水温并实时将当前温度值上传 PC 机并绘制温度曲线，这里就用到了 USART 口通信。但是要求掌握上位机高级语言编程，要编写一个软件用来接收单片机的数据并绘制曲线。由于本节主要是练习单片机的 USART 口的应用，上位机高级语言编程不在本书讲解。那么，为了完成 PC 机与单片机通信，该怎么办呢？我们可以使用串口调试助手软件（这样的软件较多），用来和单片机通信，调试助手软件界面如图 8-4 所示。

如果单片机作为接收方可以直接使用第 8.3.1 小节中的接收程序即可，在图 8-4 界面的发送区输入十六进制数据 55，然后单击发送，这样单片机就能接收到数据，并且可以看到单片机控制的 LED 小灯会每隔一个亮。需要注意的是单片机侧的波特率要与图 8-4 界面中的波特率一致。如果单片机侧设置的是 19 200,则图 8-4 界面中的波特率也需要修改为 19 200。当然,如果想用单片机发送数据,用 PC 机接收,那么单片机中的程序就用第 8.3.1 小节中的发送程序即可,这时调试助手的接收区会持续地接收到单片机发送的数据。当然,波特率也需要设置一致。

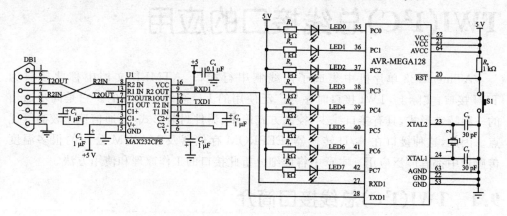

图 8-3　单片机与 PC 机通信的接口电路

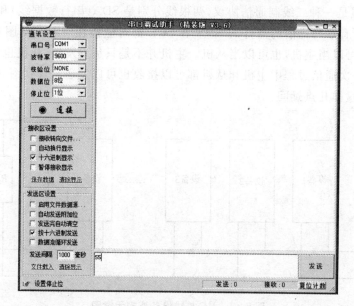

图 8-4　串口调试助手软件界面

【练习 8.3.2.1】:设计一个 USB 转串口的设备。

【练习 8.3.2.2】:设计一个测温系统,要求能够在 PC 机上绘制温度变化曲线。

第9章

TWI(I²C)总线接口的应用

ATmega128 单片机中集成了两线制串行接口，ATMEL 文档中称此接口为 TWI 接口，实际上，TWI 接口时序与广泛使用的 I²C 总线是兼容的。它是同步通信的一种特殊形式，具有接口线少、控制方式简单、器件封装形式小、通信速率较高等优点。因此，这种接口在 A/D 转换器、EEPROM 存储器及 MAXIM 公司的很多温度传感器中都有广泛应用。本章中将详细分析此接口的工作原理和使用方法。

9.1 TWI(I²C)总线接口简介

I²C 总线是一种二线制通信协议，两根线分别是 SDA（串行数据线）和 SCL（串行时钟线）。所有参与通信的器件的 SDA 和 SCL 都对应接在一起。如图 9-1 所示。每个设备都可以当主机，也可以当从机。主机并不是只负责发送，从机也并不是只负责接收，在一次通信过程中主机和从机都可以接收也可以发送。看到图 9-1 也许读者朋友会有这样几点疑问：

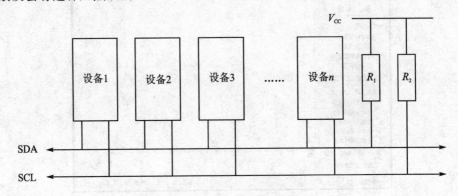

图 9-1 I²C 总线设备连接示意图

① 这么多设备都接到这两条线上，那么它们之间通信不会乱吗？是这样的，每个设备都有自己唯一的地址，在一次通信过程中，"抢上"主机宝座的那个设备会发出一个地址，所有设备接到这个地址后会和自己的地址比较，比较匹配上的才会继续和主机进行接下来的数据通信。在一次通信过程中，主机负责在 SCL 时钟线上产生时钟，控制通信过程的"节奏"。主机和从机都是在主机 SCL 线上产生的时钟的"节拍"

下完成接收数据或发送数据的。

② 图9-1中画的那两个夸张的电阻是干什么的？I²C总线接口内部采用开漏输出。因此，为了得到确定的电平，需要在总线上接上拉电阻。在总线没有工作的情况下，两根线都默认为高电平。

③ 如果哪个设备想当主机，发起一次通信，它是如何"抢"上这个主机的位置的呢？关于这个问题请继续看第9.2节有关I²C总线工作原理的详细分析。

9.2 TWI(I²C)总线是怎么工作的

I²C总线的通信传输过程和人类日常生活中的一些事儿很相似，为了让读者朋友能够更好地理解I²C总线的工作过程，在此，一个语文从来没有及格过的阿范给大家先来一段生活对白，然后咱们再一起详细分析I²C总线的工作过程。

张三："喂！李四儿啊，你把那8个网球给我扔过来呗。"

李四："OK，8个网球我都扔过去了。"

张三："OK，都接到了，没事儿了。"

给大家分析一下上面的对话，首先由张三发起对话（相当于张三是主机），张三大声"喂"了一下，表示要开始了一段对话。这一嗓子够大声的，全都听见了，都以为和自己说话呢。紧接着张三喊了一句"李四儿啊"，其他人一看和自己没关系，就不再听下去了，只有李四接下来继续听张三要干什么。张三说"你把那8个网球给我扔过来呗。"，这时，李四回应了一句OK，表示他听见了

张三的话，然后就将8个网球给撇了过去。张三接到了8个网球后回复了李四儿一句OK，表示自己收到了那8个网球，然后就说"没事儿了"，表示本次对话结束。

其实，I²C总线的通信过程和上面的生活对话过程很相似，一般也需要有开始，通信完成后要有结束，中间传输数据时，如果对方接收到数据要应一声表示成功接收了。下面结合图9-2再具体分析一下I²C总线的工作过程。

① 首先由主机发起始信号，即在SCL线为高电平时将SDA线拉低。当各个设备检测到此起始信号后就进入通信准备状态中。

② 接下来主机发送一个字节的信息，其中前7位是将要与之通信的从机地址，最后1位是状态位，用来告诉从机接下来进行的是读操作还是写操作。最后一位是1表示读，即表示接下来由从机发送数据，主机接收；是0表示写，即表示接下来由主机发送数据，从机接收。主机发送完这个字节后会在SCL线上的第9个脉冲位置释放SDA的使用权。

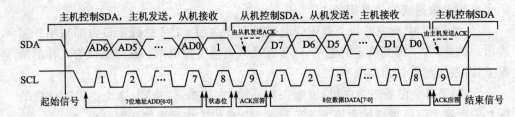

图 9-2　I²C 总线的工作过程

　　③ 除了主机以外的各个设备都会接收到上一步中主机发送的那一个字节的信息。分别用这个字节前 7 位和自己的地址编号进行比较,地址匹配的将继续和主机通信,地址不匹配的则对接下来的通信"视而不见"。

　　④ 接到的 7 位地址与自己的地址编号匹配上的从机设备会在主机发送的第 9 个时钟信号时通过将 SDA 线拉低给主机一个 ACK 应答信号,表示自己成功地接到了主机发送的这个字节信息。

　　⑤ 以图 9-2 为例,图中第 8 个脉冲位置的状态位是 1,表示主机要读从机。所以,从机给主机发送了 ACK 应答信号后会接着给主机传送 8 位数据。从机发送完数据后会释放 SDA 线。

　　⑥ 主机接收完 8 位数据后会给从机发送一个 ACK 应答信号,表示主机读到了从机发送的 8 位数据。

　　⑦ 最后,由主机在 SCL 线为高电平时将 SDA 线从低电平改为高电平作为结束信号结束本次通信。

　　还有一种情况,主机可以给所有从机设备同时发送数据,这时主机首先发送的是广播地址,这个广播地址会和所有其他设备匹配,接下来,主机发送数据时,所有从机设备就都能收到了。但是,如果主机发送了广播地址,并且要求读从机数据,这时就没有意义了,因为所有从机同时在一个 SDA 线上给主机传数据,可想而知,这个数据就乱了,是不能使用的。

　　以上只是简单介绍了 TWI 总线的工作过程,更多关于 TWI(I²C)总线接口工作原理的细节内容请参考 ATMEL 公司的官方手册。

9.3　TWI(I²C)总线相关寄存器

　　上一节分析了 TWI 总线的工作原理,本节具体分析一下与 TWI 接口相关的各个功能寄存器的设置方法。

1. TWI 比特率寄存器 TWBR

TWI 比特率寄存器的各位定义如下所列:

TWBR 为比特率发生器分频因子。比特率发生器是一个分频器,在主机模式下

Bit	7	6	5	4	3	2	1	0
	TWBR7	TWBR6	TWBR5	TWBR4	TWBR3	TWBR2	TWBR1	TWBR0
读/写	R/W	R/W	R/W	R/W	R/W	R/W	R/W	R/W
初始值	0	0	0	0	0	0	0	0

产生 SCL 时钟频率。比特率计算公式如下：

$$SCL_f = \frac{f_{osc}}{16 + 2(TWBR) \cdot 4^{TWPS}}$$

其中，TWBR 是 TWI 比特率寄存器的数值，TWPS 是 TWI 状态寄存器预分频的数值。当 TWI 工作在主机模式时，TWBR 值应该不小于 10，否则会产生错误。

2. TWI 控制寄存器 TWCR

TWCR 用来控制 TWI 接口的操作。它用来使能 TWI，发送起始信号，产生接收器应答，产生结束信号，以及在写入数据到 TWDR 寄存器时控制总线的暂停等。TWI 控制寄存器的各位定义如下所示：

Bit	7	6	5	4	3	2	1	0
	TWINT	TWEA	TWSTA	TWSTO	TWWC	TWEN	—	TWIE
读/写	R/W	R/W	R/W	R/W	R/W	R/W	R	R/W
初始值	0	0	0	0	0	0	0	0

（1）位 7——TWINT：TWI 中断标志。当 TWI 完成当前工作，希望应用程序介入时 TWINT 置位。若 SREG 的 I 标志以及 TWCR 寄存器的 TWIE 标志也置位，则 MCU 执行 TWI 中断例程。当 TWINT 置位时，SCL 信号的低电平被延长。TWINT 标志的清零必须通过软件写"1"来完成。执行中断时硬件不会自动将其改写为"0"。要注意只要这一位被清零，TWI 会立即开始工作。因此，在清零 TWINT 之前一定要首先完成对地址寄存器 TWAR、状态寄存器 TWSR、以及数据寄存器 TWDR 的访问。

（2）位 6——TWEA：使能 TWI 应答。TWEA 标志控制应答脉冲的产生。若 TWEA 置位，出现如下条件时将发出 ACK 应答脉冲：

➤ 器件的从机地址与主机发出的地址相符合；

➤ TWAR 的 TWGCE 置位时接收到广播呼叫；

➤ 在主机/从机接收模式下接收到一个字节的数据。

（3）位 5——TWSTA：TWI START 状态标志。当 CPU 希望自己成为总线上的主机时需要置位 TWSTA。TWI 硬件检测总线是否可用。若总线空闲，接口就在总线上产生起始状态（START）。若总线忙，接口就一直等待，直到检测到一个结束状态，然后产生起始信号以声明自己希望成为主机。发送完起始信号之后软件必须清零 TWSTA。

（4）位 4——TWSTO：TWI STOP 状态标志。在主机模式下，如果置位 TWSTO，TWI 接口将在总线上产生结束通信信号（STOP），然后 TWSTO 自动清零。在从机模式下,置位 TWSTO 可以使接口从错误状态恢复到未被寻址的状态。此时总线上不会有 STOP 状态产生,但 TWI 返回一个定义好的未被寻址的从机模式且释放 SCL 与 SDA 为高阻态。

(5) 位 3——TWWC:TWI 写碰撞标志。当 TWINT 为低时写数据寄存器 TWDR 将置位 TWWC。当 TWINT 为高时,每一次对 TWDR 的写访问都将更新此标志。

(6) 位 2——TWEN:TWI 使能。TWEN 位用于使能 TWI 操作与激活 TWI 接口。当 TWEN 位被写为“1”时,TWI 引脚将 I/O 引脚切换到 SCL 与 SDA 引脚,使能波形斜率限制器与尖峰滤波器。如果该位清零,TWI 接口模块将被关闭,所有 TWI 传输将被终止。

(7) 位 1—— Res:保留。保留,读返回值为“0”。

(8) 位 0——TWIE:使能 TWI 中断。当 SREG 的 I 以及 TWIE 置位时,只要 TWINT 为“1”,就产生 TWI 中断。

3. TWI 状态寄存器 TWSR

TWI 状态寄存器 TWSR 的各位定义如下所示:

Bit	7	6	5	4	3	2	1	0
	TWS7	TWS6	TWS5	TWS4	TWS3	—	TWPS1	TWPS0
读/写	R	R	R	R	R	R	R/W	R/W
初始值	0	0	0	0	0	0	0	0

(1) 位 7:3——TWS:TWI 状态。这 5 位用来反映 TWI 逻辑和总线的状态。注意从 TWSR 读出的值包括 5 位状态值与 2 位预分频值。检测状态位时设计者应屏蔽预分频位为“0”。关于 5 位状态的不同状态值的具体意义请参考官方数据手册。

(2) 位 2——Res:保留。保留,读返回值为“0”。

(3) 位 1:0——TWPS:TWI 预分频位。这两位可读/写,用于控制比特率预分频因子,如表 9-1 所列。

表 9-1 TWI 比特率预分频器

TWPS1	TWPS0	预分频器值
0	0	1
0	1	4
1	0	16
1	1	64

4. TWI 数据寄存器 TWDR

在发送模式,TWDR 包含了要发送的字节;在接收模式,TWDR 包含了接收到的数据。当 TWI 接口没有进行移位工作(TWINT 置位)时这个寄存器是可写的。在第一次中断发生之前用户不能够初始化数据寄存器。只要 TWINT 置位,TWDR 的数据就是稳定的。TWI 数据寄存器的各位定义如下所示:

Bit	7	6	5	4	3	2	1	0
	TWD7	TWD6	TWD5	TWD4	TWD3	TWD2	TWD1	TWD0
读/写	R/W	R/W	R/W	R/W	R/W	R/W	R/W	R/W
初始值	1	1	1	1	1	1	1	1

➤ 位 7:0——TWD：TWI 数据寄存器。根据状态的不同，其内容为要发送的下一个字节，或是接收到的数据。

5. TWI(从机)地址寄存器 TWAR

TWAR 的高 7 位为从机地址。工作于从机模式时，TWI 将根据这个地址进行响应。主机模式不需要此地址。在多主机系统中，TWAR 需要进行设置以便其他主机访问自己。TWAR 的 TWGCE 用于使能广播地址识别(0x00)。器件内有一个地址比较器。一旦接收到的地址和本机地址一致，芯片就请求中断。TWI(从机)地址寄存器的各位定义如下所示：

Bit	7	6	5	4	3	2	1	0
	TWA7	TWA6	TWA5	TWA4	TWA3	TWA2	TWA1	TWGCE
读/写	R/W	R/W	R/W	R/W	R/W	R/W	R/W	R/W
初始值	1	1	1	1	1	1	1	1

(1) 位 7:1——TWA：TWI 从机地址寄存器。其值为从机地址。

(2) 位 0——TWGCE：使能 TWI 广播识别。置位后 MCU 可以识别 TWI 总线广播。

9.4 TWI(I²C)总线主机发送从机接收过程分解

通过对 TWI 总线工作原理的分析及相关寄存器的介绍，想必读者对 TWI 不再陌生了，但是把工作过程如何反映到程序上呢？下面用程序的形式举例进一步说明 TWI 的工作过程。下面的程序实现的是主机发送一个数据字节给从机。具体过程如表 9-2 所列。需要说明一点，下面的程序不可以直接用于自己设计的程序中，因为有些函数或变量并没有定义，自己编写程序时需要相应修改，当然也可以参考下一节的内容来熟练程序。

表 9-2 TWI(I²C)总线发送过程

过程序号	C 例子	说 明
1	TWCR = (1<<TWINT)|(1<<TWSTA)|(1<<TWEN)；	发出 START 信号
2	while (! (TWCR & (1<<TWINT))) 　；	等待 TWINT 置位，TWINT 置位表示 START 信号已发出
3	if ((TWSR & 0xF8) ! = START) 　ERROR()；	检验 TWI 状态寄存器，屏蔽预分频位，如果状态字不是 START 转出错处理

过程序号	C 例子	说 明
4	TWDR = SLA_W; TWCR = (1<<TWINT) | (1<<TWEN);	将 SLA_W 载入 TWDR 寄存器，TWINT 位清零，启动发送地址
5	while (! (TWCR & (1<<TWINT))) ;	等待 TWINT 置位，TWINT 置位表示总线命令 SLA + W 已发出，及收到应答信号 ACK/NACK
6	if ((TWSR & 0xF8) ! = MT_SLA_ACK) ERROR();	检验 TWI 状态寄存器，屏蔽预分频位，如果状态字不是 MT_SLA_ACK 转出错处理
7	TWDR = DATA; TWCR = (1<<TWINT) | (1<<TWEN);	装入数据到 TWDR 寄存器，TWINT 清零，启动发送数据
8	while (! (TWCR & (1<<TWINT))) ;	等待 TWINT 置位，TWINT 置位表示总线数据 DATA 已发送，及收到应答信号 ACK/NACK
9	if ((TWSR & 0xF8) ! = MT_DATA_ACK) ERROR();	检验 TWI 状态寄存器，屏蔽预分频器，如果状态字不是 MT_DATA_ACK 转出错处理
10	TWCR = (1<<TWINT)|(1<<TWEN)| (1<<TWSTO);	发送 STOP 信号

9.5　TWI(I²C)总线应用举例

　　虽然前面 3 节已经介绍了 TWI 总线的工作原理，并对通信过程进行了分析。但是，光说不练不行，本节将用一个实例进一步展示 ATmega128 单片机中的 TWI 总线接口的应用。

　　电路如图 9-3 所示。本设计实现两片单片机之间通过 TWI 总线接口进行通信，要求一个单片机将一个数组中的数据循环输出到自己的数码管上显示，同时将这些数据通过 TWI 总线接口传输给另一个单片机，并在另一个单片机控制的数码管上显示相同的数字。

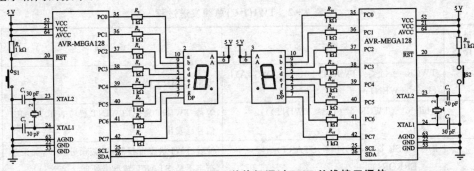

图 9-3　两片 ATmega128 单片机通过 TWI 总线接口通信

主机程序如下：

```
# include <avr/io.h>
# include "compat/twi.h"
# include <util/delay.h>
// ********************************************
# define uchar unsigned char
# define uint unsigned int
# define TWI_ADDRESS 0X28
# define START          0X08
# define RE_START        0X10
# define MT_SLA_ACK      0X18
# define MT_SLA_NOACK    0X20
# define MT_DATA_ACK     0X28
# define MT_DATA_NOACK   0X30
# define MR_SLA_ACK      0X40
# define MR_SLA_NOACK    0X48
# define MR_DATA_ACK     0X50
# define MR_DATA_NOACK   0X58
unsigned char const duanma[] =
{0xc0,0xf9,0xa4,0xb0,0x99,0x92,0x82,0xf8,0x80,0x90};
// *****发送 start 信号*****
uchar twi_start(void)
{
TWCR = (1<<TWINT)|(1<<TWSTA)|(1<<TWEN);//发送开始信号
while (! (TWCR & (1<<TWINT)));              //等待发送开始信号发送结束
return TW_STATUS;
}
// *****start end ***************//


// ******* 发送停止信号 ***********//
void twi_stop(void)
{
TWCR = (1<<TWINT)|(1<<TWEN)|(1<<TWSTO);
}
// ******* twt_send 一个字节 **************
uchar twi_send_byte(uchar data_send)
{
TWDR = data_send;
TWCR = (1<<TWINT)|(1<<TWEN);
while (! (TWCR & (1<<TWINT)));              //等待发送数据结束
return TW_STATUS;
```

```
}
// **********初始化端口子程序 ************//
void Init_I/O(void)                //初始化 I/O 口
{
DDRC = 0XFF;
PORTC = 0Xff;
DDRA = 0XFF;
PORTA = 0XFF;
DDRD = 0X00;                        //SDA\SCL 为输出口,TWI 功能
PORTD = 0XFF;
}
// *************主程序 *******************//
int main(void)
{
Init_IO();
TWBR = 0x73;
uchar i_data,i;
do
{
i = twi_start();
i = twi_send_byte(TWI_ADDRESS|TW_WRITE);
for(i_data = 0;i_data<8;i_data++)
    {
        i = twi_send_byte(duanma[i_data]);
        PORTC = duanma[i_data];
        PORTA = 0XFE;
        _delay_ms(2000);
    }
twi_stop();
}
while(1);
}
```

从机程序如下：

```
# include <avr/io.h>
# include "compat/twi.h"
// *****************************************
# define uchar unsigned char
# define uint unsigned int
# define TWI_ADDRESS 0X28
// *****发送 start 信号 *****
unsigned char twi_start(void)
```

```
{
TWCR = (1<<TWINT)|(1<<TWSTA)|(1<<TWEN);          //发送开始信号
while (! (TWCR & (1<<TWINT)));                    //等待发送开始信号发送结束
return TW_STATUS;
}
// ***** start end ***************//

// ******* 发送停止信号 ***********//
void twi_stop()
{
TWCR = (1<<TWINT)|(1<<TWEN)|(1<<TWSTO);
}
// ******* twt_send 一个字节 **************
unsigned char twi_send_byte(uchar data_send)
{
TWDR = data_send;
TWCR = (1<<TWINT)|(1<<TWEN);
while (! (TWCR & (1<<TWINT)));                    //等待发送数据结束
return TW_STATUS;
}
// ********* 初始化端口子程序 ************//
void Init_IO(void)                               //初始化 I/O 口
{
DDRA = 0XFF;
PORTA = 0XFE;
DDRC = 0XFF;
PORTC = 0XFF;
DDRD = 0X00;//SDA\SCL 为输出口,TWI 功能
PORTD = 0XFF;
}
// ************* 主程序 *******************//
int main(void)
{
Init_IO();
TWAR = TWI_ADDRESS|(1<<TWGCE);
TWCR = (1<<TWEA)|(1<<TWEN);
uchar state;
do
{
while((TWCR&(1<<TWINT)) = = 0)
    {

    ;
```

```
    }
state = TW_STATUS;
switch(state)
{
case TW_SR_SLA_ACK:
    break;
case TW_SR_DATA_ACK:
PORTC = TWDR;
    break;
case TW_SR_STOP:
    break;
default:break;
}
TWCR = (1<<TWINT)|(1<<TWEN)|(1<<TWEA);
}
while(1);
}
```

【练习 9.5.1.1】：通过 ATmega128 单片机的 TWI 接口控制数码管驱动器 ZLG7290，完成简易数字电子钟实验。

【练习 9.5.1.2】：通过 ATmega128 单片机的 TWI 接口控制 DS1307 及 ZLG7290 设计数字电子时钟实验。

第 **10** 章

其他片内外设资源的应用

在前面章节中介绍了 AVR 单片机的常用外设的应用,本章将补充介绍模拟比较器、EEPROM、看门狗等相关知识的应用。

10.1　模拟比较器的应用

本节介绍 AVR 单片机中模拟比较器的应用。从字面意思不难理解,模拟比较器就是比较两个模拟电压,一方电压大输出逻辑"1";如果另一方电压大则输出逻辑"0"。有点像赌博,投掷骰子。

模拟比较器原理框图如图 10-1 所示。模拟比较器的作用是对正极 AIN0 的值与负极 AIN1 的值进行比较。当 AIN0 上的电压比负极 AIN1 上的电压高时,模拟比较器的输出 ACO 置位。比较器的输出可用来触发定时器/计数器 1 的输入捕捉功能。此外,比较器还可触发自己的中断。比较器输出的触发信号可以由用户进行设置,可以设置成上升沿、下降沿或者交替变化的边沿等。

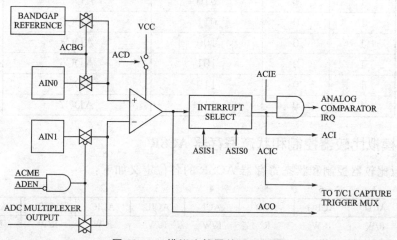

图 10-1　模拟比较器的原理框图

10.1.1 模拟比较器相关的寄存器

想要灵活应用模拟比较器,首先要了解并掌握与模拟比较器相关的寄存器相关位的意义。下面,介绍与模拟比较器相关的几个寄存器。

1. 特殊功能 I/O 寄存器 SFIOR

特殊功能 I/O 寄存器 SFIOR 中只有一位与模拟比较器的应用有关,即 ACME位。特殊功能 I/O 寄存器 SFIOR 的各位定义如下:

Bit	7	6	5	4	3	2	1	0
	TSM	—	—	—	ACME	PUD	PSR0	PSR321
读/写	R/W	R	R	R	R/W	R/W	R/W	R/W
初始值	1	1	1	1	1	1	1	0

ACME 位设置为逻辑"1",并且模数转换器 ADC 处于关闭状态(ADCSRA 寄存器的 ADEN 位为"0")时,可以选择模数转换器 ADC 的 8 个输入端 ADC7~0 之中的任意一个来代替模拟比较器的负极输入端 AIN1。具体是哪一个 ADC 输入引脚代替了模拟比较器负极输入端 AIN1,则可以通过 ADMUX 寄存器的低 3 位的设置来选择,详见表10-1。如果 ACME 清零或 ADEN 置位,则模拟比较器的负极输入变回 AIN1。

表 10-1 模拟比较器复用输入

ACME	ADEN	MUX[2:0]	模拟比较器负极输入
0	×	×××	AIN1
1	1	×××	AIN1
1	0	000	ADC0
1	0	001	ADC1
1	0	010	ADC2
1	0	011	ADC3
1	0	100	ADC4
1	0	101	ADC5
1	0	110	ADC6
1	0	111	ADC7

2. 模拟比较器控制和状态寄存器 ACSR

模拟比较器控制和状态寄存器 ACSR 的各位定义如下:

Bit	7	6	5	4	3	2	1	0
	ACD	ACBG	ACO	ACI	ACIE	ACIC	ACIS1	ACIS0
读/写	R/W	R/W	R	R/W	R/W	R/W	R/W	R/W
初始值	0	0	N/A	0	0	0	0	0

➤ bit7——ACD:模拟比较器禁用。ACD 置位时,模拟比较器的电源被切断。可以在任何时候设置此位来关掉模拟比较器,这可以减少器件工作模式及空闲模式下的功耗。改变 ACD 位时,必须清零 ACSR 寄存器的 ACIE 位来禁止模拟比较器中断。否则 ACD 改变时可能会产生中断。

➤ bit6——ACBG:选择模拟比较器的基准源。ACBG 置位后,原模拟比较器的正极输入 AIN0 与模拟比较器断开,取而代之的是单片机内部的一个基准电源信号作为模拟比较器的正极输入。此基准电压的典型值为 1.23 V。

➤ bit5——ACO:模拟比较器输出。模拟比较器的输出经过同步后直接连到 ACO。同步机制引入了 1~2 个时钟周期的延时。

➤ bit4——ACI:模拟比较器中断标志。当比较器的输出事件触发了由 ACIS1 及 ACIS0 定义的触发模式时 ACI 置位。如果 ACIE 和 SREG 寄存器的全局中断标志 I 也置位了,那么模拟比较器将产生中断,并执行中断服务程序,执行中断程序的同时 ACI 被硬件清零。ACI 也可以通过软件写"1"来清零。

➤ bit3——ACIE:模拟比较器中断使能。当 ACIE 位被置"1"且状态寄存器 SREG 中的全局中断标志 I 也被置位时,模拟比较器中断被激活。否则中断被禁止。

➤ bit2——ACIC:模拟比较器输入捕捉使能。ACIC 置位后允许通过模拟比较器来触发 T/C1 的输入捕捉功能。此时比较器的输出被直接连接到输入捕捉的前端。当使用比较器触发 T/C1 的输入捕捉中断,定时器中断屏蔽寄存器 TIMSK 的 TICIE1 必须置位。ACIC 为"0"时模拟比较器及输入捕捉功能之间没有任何联系。

➤ bit1,0——ACIS1,ACIS0:模拟比较器中断模式选择。这两位用于设置触发模拟比较器中断的事件,具体如表 10-2 所列。需要改变 ACIS1 和 ACIS0 时,必须清零 ACSR 寄存器的中断使能位来禁止模拟比较器中断。否则有可能在改变这两位时产生中断。

表 10-2　模拟比较器中断触发事件的设置

ACIS1	ACIS0	中断模式
0	0	比较器输出变化即可触发中断
0	1	保留
1	0	比较器输出的下降沿产生中断
1	1	比较器输出的上升沿产生中断

注意:(1) 改变 ACD 位时,必须清零 ACSR 寄存器的 ACIE 位来禁止模拟比较器中断。否则ACD改变时可能会产生中断。

(2)ACI 可以通过写"1"来清零。

(3) 需要改变 ACIS1 和 ACIS0 时,必须清零 ACSR 寄存器的中断使能位。

10.1.2 模拟比较器在电源电压监测中的应用

应用模拟比较器设计一个电源电压监测电路,电路如图 10 - 2 所示。在一些便携或手持电子产品中,通常都包括对电源电压监测电路,当电压一旦低于正常电压时,就给出 LED 灯指示进行警告提示。图 10 - 2 中,正常电源电压 VCC 的供电电压范围是 3~5 V,一旦 VCC 电压低于 3.69 V 时,就用 D1 指示灯警告。在本设计中,将 VCC 用两个电阻 R_2 和 R_3 进行分压,分压后将信号输入到模拟比较器的 AIN1(PE3 引脚),与模拟比较器的 AIN0 端进行比较。其中,AIN0 端的输入选择单片机内部 1.23 V 的参考源。因此,当电源电压高于 3.7 V 时,AIN1 端电压高于参考源电压,模拟比较器输出低电平;当电源电压低于 3.7 V 时,AIN1 端电压低于参考源电压,模拟比较器输出高电平。所以,只要查询模拟比较器的输出状态就可以判断供电电源电压是否达到警告值,从而正确地发出警告提示。

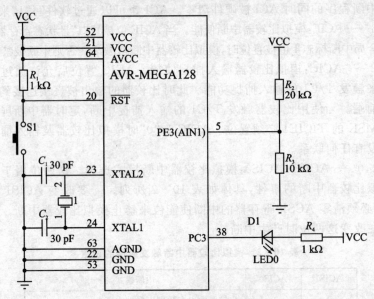

图 10 - 2 系统电源电压监测电路

软件设计思想就是通过程序不断地判断模拟比较器输出的状态,从而得知系统供电电源是否比正常供电范围的下限还低,进而决定控制指示灯是否需要发出警告指示。具体程序代码如下:

```
#include<avr/io.h>
//------------------------------
int main()
{
DDRC = 0X08;        //PC3 口设置为输出(LED 小灯输出指示报警)
DDRE = 0XF7;        //PE3 口设置为输入(模拟比较器输入)
```

```
        ACSR | = (1<<ACBG)|(1<<ACIS1)|(1<<ACIS0);//使能比较器,选内部参考源,上升沿触发
        while(1)
        {
            if(ACO = = 1)
            {
              PORTC = 0XF7;                   //PC3 口输出低电平,LED 指示灯告警
            }
            else
            {
              PORTC = 0XFF;                   //PC3 口输出高电平,LED 指示灯熄灭
            }
        }
    }
```

> 注意:(1) 芯片复位后,模拟比较器为允许工作状态,如果不用模拟比较器,
>   可以设置寄存器 SCSR 的 ACD 位,禁止其工作可以降低功耗。
>   (2) 使用模拟比较器时,相关 I/O引脚要设置为输入。
>   (3) 当选择内部参考源时,单片机 AIN0 引脚可以空出来当普通 I/O口用。

【练习 10.1.2.1】:将本节实例中的程序修改为中断方式。

【练习 10.1.2.2】:一般设计电动小车的巡线电路中用到比较器,试应用 AT-mega128 单片机内部模拟比较器设计小车巡线电路,并完成程序设计。

【练习 10.1.2.3】:设计一个调节电烙铁温度的控制系统:这里要求采用单片机内部模拟比较器完成对市电交流过零点的捕捉,进而通过控制过零后的延迟触发角度控制双向可控硅的导通角度,从而完成对电烙铁的温度调节。

10.2　EEPROM 的应用

ATmega128 单片机内部集成了 4 KB 的 EEPROM 存储器,该存储器与 Flash 存储器和 RAM 存储器分开编址,并且按照字节访问。EEPROM 的使用寿命至少为 10 万次的擦/写次数。EEPROM 的访问由地址寄存器、数据寄存器和控制寄存器决定,一般可在程序运行时访问,也可以在编程时写入。在实际应用中,该存储器一般用来存储需要断电后保留的数据。

AVR 采用芯片内部可校准的 RC 振荡器的 1 MHz(与 CKSEL 的状态无关)作为访问 EEPROM 的定时时钟。EEPROM 编程使用 8 448 个周期,典型值是 8.5 ms。在写入数据时难免会由于某些原因造成数据被破坏。因此,在操作 EEPROM 时,一般要注意以下几点:

① 正确选择芯片的掉电检测门限电压,当系统电压低于门限值时,使 AVR 立即停止工作。

② 配置熔丝位,选择合适的上电后执行程序前的延时,等待系统稳定运行后再对 EEPROM 进行初始化或读/写操作。

③ 在对 EEPROM 操作时,尽量关闭其他中断。

10.2.1　EEPROM 相关寄存器

与 EEPROM 相关的寄存器主要有地址寄存器 EEARH 和 EEARL、数据寄存器 EEDR 和控制寄存器 EECR。下面,简单介绍各个寄存器的意义及设置方法。

1. EEPROM 地址寄存器——EEARH 和 EEARL

地址寄存器 EEARH 和 EEARL 各位定义如下:

Bit	15	14	13	12	11	10	9	8	
	—	—	—	—	EEAR11	EEAR10	EEAR9	EEAR8	EEARH
	EEAR7	EEAR6	EEAR5	EEAR4	EEAR3	EEAR2	EEAR1	EEAR0	EEARL
	7	6	5	4	3	2	1	0	
读/写	R	R	R	R	R/W	R/W	R/W	R/W	
	R/W	R/W	R/W	R/W	R/W	R/W	R/W	R/W	
初始值	0	0	0	0	X	X	X	X	
	X	X	X	X	X	X	X	X	

➤ bit 15:12:保留位。读出时钟为"0"。写入数据时一般写"0",为了和后来产品兼容。

➤ bit 11:0:EEPROM 的地址。EEARH 和 EEARL 指定了 4 KB 的 EEPROM 空间。EEPROM 的地址是线性的,从 0 到 4 095。EEAR 的初始值没有定义。在访问 EEPROM 之前必须为其赋予正确的数据。

2. EEPROM 数据寄存器——EEDR

寄存器 EEDR 各位的定义如下:

Bit								
	MSB							LSB
读/写	R/W	R/W	R/W	R/W	R/W	R/W	R/W	R/W
初始值	0	0	0	0	0	0	0	0

➤ bits 7:0——EEDR7:0:EEPROM 数据。对于 EEPROM 写操作,EEDR 是需要写到 EEAR 单元的数据;对于读操作,EEDR 是从地址 EEAR 读取的数据。

3. EEPROM 控制寄存器——EECR

寄存器 EECR 各位的定义如下:

Bit	7	6	5	4	3	2	1	0
	—	—	—	—	EERIE	EEMWE	EEWE	EERE
读/写	R	R	R	R	R/W	R/W	R/W	R/W
初始值	0	0	0	0	0	0	X	0

➤ bits 7:4:保留。保留位,读操作返回值为零。

➤ bit 3——EERIE:EEPROM 就绪中断使能位。若 SREG 的 I 为"1",并置位 EERIE 将使 EEPROM 准备就绪时产生中断。若清零 EERIE 则禁止此中断。只要 EEWE 清零,EEPROM 即可发生就绪中断。

➤ bit 2——EEMWE:EEPROM 主机写入允许。EEMWE 可以决定在 EEWE 为"1"时是否可以启动 EEPROM 写操作。当 EEMWE 为"1"时,在 4 个时钟周期内如果置位 EEWE 将把数据写入 EEPROM 的指定地址;若 EEMWE 为"0",那么即使 EEWE 置"1"也不能完成写入操作。EEMWE 置位后 4 个周期,硬件对其清零。

➤ bit 1——EEWE:EEPROM 写使能。

当 EEPROM 数据和地址设置好之后,需置位 EEWE 以便将数据写入 EEPROM。此时 EEMWE 必须置位,否则 EEPROM 写操作将不会发生。写时序如下(第③和第④步不是必须的):

① 等待 EEWE 为 0。

② 等待 SPMCSR 寄存器的 SPMEN 为零。

③ 将新的 EEPROM 地址写入 EEAR。

④ 将新的 EEPROM 数据写入 EEDR。

⑤ 对 EECR 寄存器的 EEMWE 写"1",同时清零 EEWE。

⑥ 在置位 EEMWE 的 4 个周期内,置位 EEWE。

在 CPU 写 Flash 存储器的时候不能对 EEPROM 进行编程。在启动 EEPROM 写操作之前软件必须要检查 Flash 写操作是否已经完成。第②步仅在软件包含引导程序(有关引导程序方面的内容请参考第 11 章),允许 CPU 对 Flash 进行编程时才有用。如果 CPU 永远都不会写 Flash,则第②步可以忽略。

> 注意:如有中断发生于步骤 ⑤ 和 ⑥ 之间将导致写操作失败。因为此时 EEPROM 写使能操作将超时。如果一个操作 EEPROM 的中断打断了另一个 EEPROM 操作,EEAR 或 EEDR 寄存器可能被修改,引起EEPROM 操作失败。建议此时关闭全局中断标志 I。

经过写访问时间之后,EEWE 由硬件清零。用户可以凭此位判断写时序是否已经完成。EEWE 置位后,CPU 要停止两个时钟周期才会运行下一条指令。

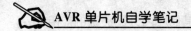

下面这段程序是写 EEPROM 的一般函数,可以结合上面的内容比较分析。

```c
void EEPROM_write(unsigned int uiAddress, unsigned char ucData)
{
/* 等待上一次写操作结束 */
while(EECR & (1<<EEWE))
;
/* 设置地址和数据寄存器 */
EEAR = uiAddress;
EEDR = ucData;
/* 置位 EEMWE */
EECR |= (1<<EEMWE);
/* 置位 EEWE 以启动写操作 E */
EECR |= (1<<EEWE);
}
```

bit 0——EERE:EEPROM 读使能。当 EEPROM 地址设置好之后,需置位 EE-RE 以便启动读 EEPROM 的操作。读取 EEPROM 时 CPU 要停止 4 个时钟周期。用户在读取 EEPROM 时应该检测 EEWE。如果一个写操作正在进行,就不可以读取 EEPROM,也不可以改变寄存器 EEAR。以下是一段读 EEPROM 的例程。

```c
unsigned char EEPROM_read(unsigned int uiAddress)
{
/* 等待上一次写操作结束 */
while(EECR & (1<<EEWE))
;
/* 设置地址寄存器 */
EEAR = uiAddress;
/* 设置 EERE 以启动读操作 */
EECR |= (1<<EERE);
/* 自数据寄存器返回数据 */
return EEDR;
}
```

10.2.2 EEPROM 存储器应用举例

设计一个 PC 口控制 LED 小灯的实验,练习 EEPROM 的读写操作。在程序初始化时给 EEPROM 指定地址写入数据,然后在主循环中循环读取 EEPROM 中事先存储好的数据,然后用 LED 显示出来。具体电路如图 10-3 所示。

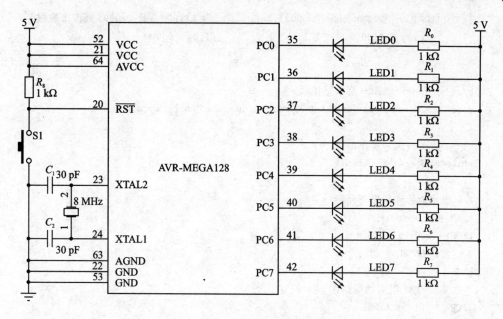

图 10 - 3   PC 口控制 LED 小灯

程序代码如下：

```
# include<avr/io.h>
# include<util/delay.h>
unsigned char EEPROM_read(unsigned int uiAddress);
void EEPROM_write(unsigned int uiAddress, unsigned char ucData);
// -----------------------------
int main()
{
DDRC = 0XFF;   //PC 口设置为输出
EEPROM_write(0x0000,0x55);//向 EEPROM 地址 0x0000 处写入一个数据 0x55
EEPROM_write(0x0001,0xAA);//向 EEPROM 地址 0x0001 处写入一个数据 0xAA
EEPROM_write(0x0002,0xF0);//向 EEPROM 地址 0x0002 处写入一个数据 0XF0
EEPROM_write(0x0003,0x0F);//向 EEPROM 地址 0x0003 处写入一个数据 0x0F
while(1)
    {
    PORTC = EEPROM_read(0x0000);//从 EEPROM 地址 0x0000 处读出数据
    _delay_ms(1000);           //延时 1 000 ms
    PORTC = EEPROM_read(0x0001);//从 EEPROM 地址 0x0001 处读出数据
    _delay_ms(1000);           //延时 1 000 ms
    PORTC = EEPROM_read(0x0002);//从 EEPROM 地址 0x0002 处读出数据
    _delay_ms(1000);           //延时 1 000 ms
```

```
        PORTC = EEPROM_read(0x0003);            //从 EEPROM 地址 0x0003 处读出数据
        _delay_ms(1000);                        //延时 1 000 ms
    }
}
//----------EEPROM 写数据函数----------------
void EEPROM_write(unsigned int uiAddress, unsigned char ucData)
{
/* 等待上一次写操作结束 */
while(EECR & (1<<EEWE))
;
/* 设置地址和数据寄存器 */
EEAR = uiAddress;
EEDR = ucData;
/* 置位 EEMWE */
EECR |= (1<<EEMWE);
/* 置位 EEWE 以启动写操作 E */
EECR |= (1<<EEWE);
}
//----------EEPROM 读数据函数----------------
unsigned char EEPROM_read(unsigned int uiAddress)
{
/* 等待上一次写操作结束 */
while(EECR & (1<<EEWE))
;
/* 设置地址寄存器 */
EEAR = uiAddress;
/* 设置 EERE 以启动读操作 */
EECR |= (1<<EERE);
/* 自数据寄存器返回数据 */
return EEDR;
}
```

10.2.3　avr - libc 提供的 EEPROM 库函数应用举例

avr - libc 库提供了一些操作 EEPROM 的函数,用户可以使用,但是需要在程序头部包含头文件"#include <avr/eeprom.h>"。需要注意的是,avr - libc 库提供的 EEPROM 操作函数都是基于查询方式的,如果需要使用中断方式操作 EEPROM,则需要自己编写相应的函数。关于 EEPROM 相关的库函数可以自行参考 avr 目录下的 eeprom.h 文件。使用了 avr - libc 库提供的函数后,将第 10.2.2 小节中的程序进行修改,修改后的程序如下:

```
# include<avr/io.h>
# include<avr/eeprom.h>
# include<util/delay.h>
//---------------------------
int main()
{
DDRC = 0XFF;   //PC 口设置为输出
eeprom_write_byte(0x0000,0x55); //向 EEPROM 地址 0x0000 处写入一个数据 0x55
eeprom_write_byte(0x0001,0xAA); //向 EEPROM 地址 0x0001 处写入一个数据 0xAA
eeprom_write_byte(0x0002,0xF0); //向 EEPROM 地址 0x0002 处写入一个数据 0XF0
eeprom_write_byte(0x0003,0x0F); //向 EEPROM 地址 0x0003 处写入一个数据 0x0F
while(1)
    {
    PORTC = eeprom_read_byte(0x0000); //从 EEPROM 地址 0x0000 处读出数据
    _delay_ms(1000);                  //延时 1 000 ms
    PORTC = eeprom_read_byte(0x0001); //从 EEPROM 地址 0x0001 处读出数据
    _delay_ms(1000);                  //延时 1 000 ms
    PORTC = eeprom_read_byte(0x0002); //从 EEPROM 地址 0x0002 处读出数据
    _delay_ms(1000);                  //延时 1 000 ms
    PORTC = eeprom_read_byte(0x0003); //从 EEPROM 地址 0x0003 处读出数据
    _delay_ms(1000);                  //延时 1 000 ms
    }
}
```

【练习 10.2.3.1】：结合 DS1307 及第 10.1 节中模拟比较器的相关知识，设计一个实验，检测电源电压，当电压低于电源电压 2/3 时记录当前时间，并写入 EEPROM 中。

【练习 10.2.3.2】：设计一个简易电子密码锁，密码存于 EEPROM 中，当键盘输入的密码与所存储的密码相同时，就可以开机进入系统，3 次输入错误系统自动关机。

10.3 看门狗定时器

  ATmega128 内部集成了看门狗定时器。看门狗定时器的作用是防止程序执行"迷失"或"被困"在某个地方"死机"。其原理是在看门狗定时器所定的时间内不能够及时将看门狗计数值清零，则看门狗将发出复位脉冲，迫使单片机复位重启，从而解决诸如程序"被困"在某处"死机"的问题。如右图所示，如果不及

时喂狗,则小狗就会让您的计算机复位了,呵呵。所以,及时喂狗说明主人还"活着"。对于程序呢,及时"喂狗"才证明程序没有出故障。

10.3.1 看门狗定时器控制寄存器 WDTCR

看门狗定时器控制寄存器各位定义如下:

Bit	7	6	5	4	3	2	1	0
	—	—	—	WDCE	WDE	WDP2	WDP1	WDP0
读/写	R	R	R	R/W	R/W	R/W	R/W	R/W
初始值	0	0	0	0	0	0	0	0

➤ bits7:5——Res:保留。保留位,读操作返回值为零。

➤ bit4——WDCE:看门狗修改使能。清零 WDE 时必须先置位 WDCE,否则不能禁止看门狗。该位一旦置位,硬件将在紧接着的 4 个时钟周期之后将其清零。

➤ bit3——WDE:看门狗使能。WDE 为"1"时,看门狗使能,否则看门狗将被禁止。只有在 WDCE 为"1"时 WDE 才能清零。

以下为关闭看门狗的步骤:

① 即使在 WDE 已经为"1"的情况下,也要在同一个指令内对 WDCE 和 WDE 同时写"1"。

② 在紧接着的 4 个时钟周期之内对 WDE 写"0"。

关闭看门狗的参考程序如下:

```
void WDT_off(void)
{
/* 置位 WDCE 和 WDE */
WDTCR = (1<<WDCE) | (1<<WDE);
/* 关闭 WDT */
WDTCR = 0x00;
}
```

➤ bits2:0——WDP2,WDP1,WDP0:看门狗定时器预分频器设置位。

看门狗定时器由独立的 1 MHz 片内振荡器驱动工作,在此振荡频率下工作时,表 10-3 给出了由 WDP2、WDP1 和 WDP0 决定的看门狗定时器的定时时间。

表 10-3 看门狗定时器预分频器选项设置

WDP2	WDP1	WDP0	WDT 振荡器周期	VCC=3 V 时溢出周期	VCC=5 V 时溢出周期
0	0	0	16 K(16 384)	14.8 ms	14.0 ms
0	0	1	32 K(32 768)	29.6 ms	28.1 ms
0	1	0	64 K(65 536)	59.1 ms	56.2 ms

WDP2	WDP1	WDP0	WDT 振荡器周期	VCC=3 V 时溢出周期	VCC=5 V 时溢出周期
0	1	1	128 K(131 072)	0.12 s	0.11 s
1	0	0	256 K(262 144)	0.24 s	0.22 s
1	0	1	512 K(524 288)	0.47 s	0.45 s
1	1	0	1 024 K(1 048 576)	0.95 s	0.9 s
1	1	1	2 048 K(2 097 152)	1.9 s	1.8 s

10.3.2　看门狗应用举例

设计一个跑马灯的实验,硬件电路如图 10 - 4 所示。每间隔 50 ms 点亮的 LED 小灯"跑"一下。现在启用看门狗,根据表 10 - 3 设置看门狗定时 0.22 s。这样,每次还没等到 8 个 LED 小灯"跑"完,单片机就已经复位了,小灯又会从头开始"跑"。

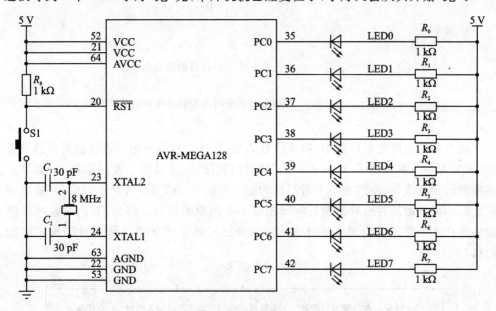

图 10 - 4　跑马灯电路图

程序代码如下:

```
# include<avr/io.h>              //包含头文件 avr/io.h
# include <util/delay.h>         //包含头文件 util/delay.h
void paomadeng();                //声明一个跑马灯函数
//----------------------------------------------------------
int main()
{
```

```
DDRC = 0XFF;                    //将单片机 C 口设置为输出
PORTC = 0XFE;                   //C 口初始输出数据为 0xFE
WDTCR = 0X18;                   //看门狗修改使能,看门狗使能
WDTCR |= 0X04;                  //将 WDP2 置 1,设置看门狗定时 0.22 s
while(1)
    {
       paomadeng();
    }
}
//------------------------------------------------------------
void paomadeng()
{
  if(PORTC = = 0X7F)
    {
       PORTC = 0XFE;
    }
  else
    {
      PORTC =   PORTC<<1|0x01;//左移一位同时将最低位或成 1
    }
    _delay_ms(50);             //调用此函数时需要包含库函数头文件 util/delay.h
}
```

在上面的初始化程序段中,需要注意的是,在进行看门狗定时器控制寄存器设置时,需要先用一条"WDTCR = 0X18;"将看门狗使能,并且使能看门狗修改(如果不使能看门狗修改位,则改变不了看门狗的定时时间)。在"WDTCR = 0X18;"这条语句之后不可以加延时或其他执行时间超过 4 个周期的语句。因为,看门狗修改位使能后会在 4 个周期后自动变为不使能,如果加入延时就会错过修改看门狗时间的时机。

> 注意:在设置看门狗时,下面这两条语句之间不可以加入超过 4 个周期的语句。
> WDTCR = 0X18;   // 看门狗修改使能,看门狗使能
> WDTCR |= 0X04;   // 将 WDP2 置 1,设置看门狗定时 0.22 s

10.3.3 avr - libc 提供的看门狗库函数应用举例

avr - libc 库提供了一些操作看门狗的函数,用户可以使用,但是需要在程序头部包含头文件"♯include <avr/wdt.h>"。关于看门狗相关的库函数可以自行参考

avr 目录下的 wdt. h 文件。使用 avr – libc 库提供的函数后,将第 10.3.2 小节中的程序进行修改,修改后的程序如下:

```
# include<avr/io.h>              //包含头文件 avr/io.h
# include <util/delay.h>          //包含头文件 util/delay.h
# include<avr/wdt.h>             //包含看门狗头文件 avr/wdt.h
void paomadeng();               //声明一个跑马灯函数
//-------------------------------------------------------
int main()
{
DDRC = 0XFF;                   //将单片机 C 口设置为输出
PORTC = 0XFE;                  //C 口初始输出数据为 0XFE
wdt_enable(WDTO_250MS);          //使能看门狗,并设置看门狗定时时间为 250 ms
while(1)
    {
        paomadeng();
    }
}
//-------------------------------------------------------
void paomadeng()
{
  if(PORTC == 0X7F)
    {
        PORTC = 0XFE;
    }
  else
    {
        PORTC =    PORTC<<1|0x01;//左移一位同时将最低位或成 1
    }
    _delay_ms(50);               //调用此函数时需要包含库函数头文件 util/delay.h
}
```

上面的程序执行时的效果同样是 8 个跑马灯不能跑到头单片机就被看门狗复位了,从而验证看门狗在程序中确实起作用了。正常看门狗在程序中定时的时间要略大于程序执行一个循环所用的最长时间,所以将上面程序中的看门定时改为 500 ms,这样就可以让跑马灯跑完的一个循环了,在每次循环的最后给看门狗定时器清零,从而防止单片机系统在正常执行的情况下复位,当发生意外程序跑飞或死机时,不能及时"喂狗"(将看门狗定时器清零),这时看门狗再发出复位信号,使系统复位,修改后的程序如下:

```
# include<avr/io.h>              //包含头文件 avr/io.h
# include <util/delay.h>          //包含头文件 util/delay.h
```

```
# include<avr/wdt.h>              //包含看门狗头文件 avr/wdt.h
void paomadeng();                 //声明一个跑马灯函数
//------------------------------------------------
int main()
{
DDRC = OXFF;                      //将单片机 C 口设置为输出
PORTC = OXFE;                     //C 口初始输出数据为 OXFE
wdt_enable(WDTO_50MS);            //使能看门狗,并设置看门狗定时时间为 500 ms
while(1)
    {
        paomadeng();
        wdt_reset();              //看门狗复位
    }
}
//------------------------------------------------
void paomadeng()
{
  if(PORTC = = 0X7F)
    {
        PORTC = OXFE;
    }
  else
    {
        PORTC =   PORTC<<1|0x01;//左移一位同时将最低位或成 1
    }
    _delay_ms(50);                //调用此函数时需要包含库函数头文件 util/delay.h
}
```

在上面的程序中,看门狗设置的定时时间是 60 ms,而在程序的主循环中,每次执行 paomadeng()函数时调用的延时是 50 ms,也就是调完跑马灯函数后离看门狗给系统发出复位还有 10 ms 的时间,而此时就已经执行了看门狗复位函数 wdt_reset(),从而系统就不会被看门狗复位了,这样程序能正常执行。而当程序真正出现故障不能及时调用看门狗复位函数时,看门狗还能发出让单片机复位的信号。

10.4　电源管理及睡眠

ATmega128 可以关闭没有使用的模块,使系统工作在睡眠模式,从而降低功耗。ATmega128 具有几种不同的睡眠模式,允许用户根据自己的应用要求进行选择。

10.4.1 睡眠模式的设置

想让系统工作在睡眠模式,要对寄存器 MCUCR 中与睡眠模式相关的位进行设置。MCUCR 寄存器各位定义如下:

Bit	7	6	5	4	3	2	1	0
	SRE	SRW10	SE	SM1	SM0	SM2	IVSEL	IVCE
读/写	R/W	R/W	R/W	R/W	R/W	R/W	R/W	R/W
初始值	0	0	0	0	0	0	0	0

> ➤ bit5——SE:睡眠使能。为了使系统能够进入睡眠模式,要求先将 SE 位置"1",然后立即执行 SLEEP 指令使系统进入睡眠模式。一旦系统从睡眠模式被唤醒,则立即清除 SE 位,当再次要进入睡眠模式时,需要将 SE 重新置位并执行 SLEEP 指令。

> ➤ bits4:2——SM2:0:睡眠模式选择位。这几位用于设置系统进入哪种睡眠模式。具体如表 10-4 所列。注意,表中 Standby 模式和扩展的 Standby 模式仅在使用外部晶体或谐振器时才可用。

表 10-4 睡眠模式选择

SM2	SM1	SM0	睡眠模式	SM2	SM1	SM0	睡眠模式
0	0	0	空闲模式	1	0	0	保留
0	0	1	ADC 噪声抑制模式	1	0	1	保留
0	1	0	掉电模式	1	1	0	Standby 模式
0	1	1	省电模式	1	1	1	扩展的 Standby 模式

在表 10-4 中各个睡眠模式的意义可以结合下面的文字及表 10-5 进行分析掌握。

1. 空闲模式

当 SM2:0 为 000 时,SLEEP 指令将使 MCU 进入空闲模式。在此模式下,CPU 停止运行,而 SPI、USART、模拟比较器、ADC、两线接口、定时器 / 计数器、看门狗和中断系统继续工作。这个睡眠模式只停止了 clk_{CPU} 和 clk_{FLASH},其他时钟则继续工作。

内外部中断都可以唤醒 MCU。如果不需要从模拟比较器中断唤醒 MCU,为了减少功耗,可以切断比较器的电源。方法是置位模拟比较器控制和状态寄存器 AC-SR 的位 ACD。如果 ADC 使能,进入此模式后将自动启动一次转换。

2. ADC 噪声抑制模式

当 SM2:0 为 001 时,SLEEP 指令将使 MCU 进入噪声抑制模式。在此模式下,

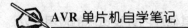

CPU 停止运行,而 ADC、外部中断、两线接口地址配置、定时器/计数器 0 和看门狗继续工作。

这个睡眠模式只停止了 clk_{IO}、clk_{CPU} 和 clk_{FLASH},其他时钟则继续工作。

此模式提高了 ADC 的噪声环境,使得转换精度更高。ADC 使能的时候,进入此模式将自动启动一次 A/D 转换。能够将 MCU 从 ADC 噪声抑制模式唤醒的条件主要有:ADC 转换结束中断、外部复位、看门狗复位、BOD 复位、两线接口(TWI)地址匹配时的中断、定时器/计数器 0 产生中断、SPM/EEPROM 准备就绪时产生的中断和外部中断等。

3. 掉电模式

当 SM2:0 为 010 时,SLEEP 指令将使 MCU 进入掉电模式。在此模式下,外部晶体停振,外部中断、两线接口地址匹配及看门狗(如果使能的话)继续工作。只有外部复位、看门狗复位、BOD 复位、两线接口地址匹配中断、外部电平中断 NT7:4,或外部中断 INT3:0 可以使 MCU 脱离掉电模式。这个睡眠模式停止了所有的时钟,只有异步模块可以继续工作。

当使用外部电平中断方式将 MCU 从掉电模式唤醒时,必须保持外部电平一定的时间。从施加掉电唤醒条件到真正唤醒有一个延迟时间,此时间用于时钟重新启动并稳定下来。唤醒周期与熔丝位 CKSEL 定义的复位周期是一样的。

4. 省电模式

当 SM2:0 为 011 时,SLEEP 指令将使 MCU 进入省电模式。这一模式与掉电模式只有一点不同:如果定时器/计数器 0 为异步驱动,即寄存器 ASSR 的 AS0 置位,则定时器/计数器 0 在睡眠时继续运行。只要 TIMSK 使能了定时器/计数器 0 的溢出中断或比较匹配中断,而且 SREG 的全局中断使能位 I 置位,此时也可以将 MCU 从休眠方式唤醒。如果异步定时器不是异步驱动的,建议使用掉电模式,而不是省电模式。因为在省电模式下,若 AS0 为 0,则 MCU 唤醒后异步定时器的寄存器数值是没有定义的。

这个睡眠模式停止了除 clk_{ASK} 以外所有的时钟,只有异步模块可以继续工作。

5. Standby 模式

当 SM2:0 为 110 时,SLEEP 指令将使 MCU 进入 Standby 模式。这一模式与掉电模式唯一的不同之处在于振荡器继续工作。其唤醒时间只需要 6 个时钟周期。

6. 扩展的 Standby 模式

当 SM2:0 为 111 时,SLEEP 指令将使 MCU 进入扩展的 Standby 模式。这一模式与省电模式唯一的不同之处在于振荡器继续工作。其唤醒时间只需要 6 个时钟周期。

表 10-5　在不同睡眠模式下活动的时钟以及唤醒源

睡眠模式	工作的时钟					振荡器		唤醒源					
	clk_{CPU}	clk_{FLASH}	clk_{IO}	clk_{ADC}	clk_{ASY}	使能的主时钟	使能的定时器时钟	INT7:0	TWI	T0	SPM/E² 准备好	AD	其他 I/O
空闲模式			X	X	X	X	X(2)	X	X	X	X	X	X
ADC 噪声抑制模式				X	X	X	X(2)	X(3)	X	X	X	X	
掉电模式								X(3)	X				
省电模式					X(2)		X(2)	X(3)	X	X(2)			
Standby 模式(1)						X		X(3)	X				
扩展的 Standby 模式(1)					X(2)	X	X(2)	X(3)	X	X(2)			

注:(1) 时钟源为外部晶体或谐振器。
　　(2) ASSR 的 ASO 置位。
　　(3) INT3.0 或电平中断 INT7:4。

10.4.2　降低系统功耗的方法

降低 AVR 控制系统的功耗时需要考虑几个问题。一般来说,要尽可能利用睡眠模式,并且使尽可能少的模块继续工作,不需要的功能必须禁止。下面的模块需要特殊考虑以达到尽可能低的功耗。

(1) 模数转换器

ADC 使能时,在睡眠模式下继续工作。为了降低功耗,在进入睡眠模式之前需要禁止 ADC。重新启动后的第一次转换为扩展的转换。

(2) 模拟比较器

在空闲模式时,如果没有使用模拟比较器,可以将其关闭。在 ADC 噪声抑制模式下也是如此。在其他睡眠模式下模拟比较器是自动关闭的。如果模拟比较器使用了内部电压基准源,则不论在什么睡眠模式下都需要关闭它。否则内部电压基准源将一直使能。

(3) 掉电检测 BOD

如果系统没有利用掉电检测器 BOD,这个模块也可以关闭。如果熔丝位 BODEN 被编程,从而使能了 BOD 功能,它将在各种休眠模式下继续工作。在深层次的休眠模式下,这个电流将占总电流的很大比重。

(4) 片内基准电压

使用 BOD、模拟比较器和 ADC 时可能需要内部电压基准源。若这些模块都禁止了,则基准源也可以禁止。重新使能后用户必须等待基准源稳定之后才可以使用它。如果基准源在休眠过程中是使能的,其输出立即可以使用。

(5) 看门狗定时器

如果系统无需利用看门狗,这个模块也可以关闭。若使能,则在任何休眠模式下都持续工作,从而消耗电流。在深层次的睡眠模式下,这个电流将占总电流的很大比重。

(6) 端口引脚

进入休眠模式时,所有的端口引脚都应该配置为只消耗最小的功耗。最重要的是避免驱动电阻性负载。在休眠模式下 I/O 时钟 $clk_{I/O}$ 和 ADC 时钟 clk_{ADC} 都被停止了,输入缓冲器也禁止了,从而保证输入电路不会消耗电流。在某些情况下输入逻辑是使能的,用来检测唤醒条件。如果输入缓冲器是使能的,此时输入不能悬空,信号电平也不应该接近 VCC/2,否则输入缓冲器会消耗额外的电流。

10.4.3　avr–libc 提供的睡眠库函数应用举例

avr–libc 提供了与睡眠模式相关的库函数,用户设计程序时可以用"# include <avr/sleep.h>"包含头文件,使用相关函数。在文件 sleep.h 中用宏定义将睡眠模式的几种情况都定义好了,如下所示:

```
# define SLEEP_MODE_IDLE          (0)
# define SLEEP_MODE_ADC           _BV(SM0)
# define SLEEP_MODE_PWR_DOWN      _BV(SM1)
# define SLEEP_MODE_PWR_SAVE      (_BV(SM0) | _BV(SM1))
# define SLEEP_MODE_STANDBY       (_BV(SM1) | _BV(SM2))
# define SLEEP_MODE_EXT_STANDBY   (_BV(SM0) | _BV(SM1) | _BV(SM2))
```

此外在文件 sleep.h 中还有两个函数用于设置睡眠模式及使系统进入睡眠模式,它们分别是 set_sleep_mode(mode) 和 sleep_mode (void),其中 set_sleep_mode (mode)用于设置系统将进入哪种睡眠模式,此函数中的形参 mode 在实际使用本函数时用前面宏定义中的名字代替,而 sleep_mode (void)则用于启动系统进入睡眠模式。例如设置系统工作于 ADC 噪声抑制模式,可以通过下面的程序实现:

```
# include <avr/sleep.h>
main()
{
set_sleep_mode(SLEEP_MODE_ADC);
sleep_mode ();
while(1)
```

```
{
  ;
}
}
```

下面设计一个正弦波产生电路,电路如图 10-5 所示。实现的原理是利用定时器 1 的输出比较匹配功能产生 PWM 信号,只要比较匹配的数据存储到数组中(这个数据可以用正弦波数据产生软件产生,这个软件的下载链接:http://xiaozu. renren. com/xiaozu/255487/att),然后每次比较匹配中断时取数组中的下一个数据,如此循环,在单片机的引脚 PB5 就会输出按照正弦规律变化的 PWM 信号,再通过阻容滤波器滤波,就可以得到正弦信号了。

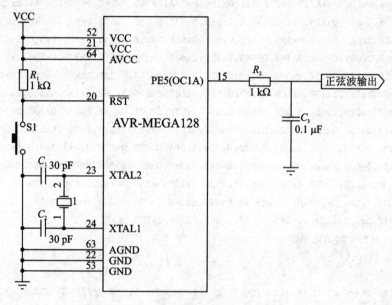

图 10-5 正弦波产生电路

在本小节中我们为了研究睡眠模式而设计本例。因此,在设计程序时,在初始化中将睡眠模式设置为空闲模式,并在主程序循环中调用库函数"sleep_mode();"使系统进入空闲模式,当定时器 1 发生比较匹配中断时就唤醒 MCU 进入中断更新比较匹配寄存器的值,然后返回到主程序再次调用函数"sleep_mode();"使系统进入空闲模式,如此循环。从而使系统既完成了输出正弦波的任务,也达到了降低系统功耗的目的,具体程序如下:

```
// ***********头文件部分 ***********
# include <avr/io.h>
# include <avr/sleep.h>
# include <avr/interrupt.h>
```

```
// **********************************************
# define uchar unsigned char
# define uint unsigned int
// **********************************************
uchar i = 0;
int   SIN_DATA[] = {0x3FF,0x418,0x431,0x44A,0x463,0x47C,0x495,0x4AE,0x4C7,
0x4DF,0x4F8,0x510,0x528,0x540,0x558,0x56F,0x587,0x59E,0x5B5,0x5CB,0x5E1,0x5F7,
0x60D,0x623,0x638,0x64C,0x661,0x675,0x688,0x69C,0x6AE,0x6C1,0x6D3,0x6E4,0x6F5,0x706,
0x716,0x726,0x735,0x744,0x752,0x760,0x76D,0x77A,0x786,0x791,0x79C,0x7A7,0x7B1,0x7BA,
0x7C3,0x7CB,0x7D2,0x7D9,0x7E0,0x7E6,0x7EB,0x7EF,0x7F3,0x7F7,0x7FA,0x7FC,0x7FD,0x7FE,
0x7FE,0x7FE,0x7FD,0x7FC,0x7FA,0x7F7,0x7F3,0x7EF,0x7EB,0x7E6,0x7E0,0x7D9,0x7D2,0x7CB,
0x7C3,0x7BA,0x7B1,0x7A7,0x79C,0x791,0x786,0x77A,0x76D,0x760,0x752,0x744,0x735,0x726,
0x716,0x706,0x6F5,0x6E4,0x6D3,0x6C1,0x6AE,0x69C,0x688,0x675,0x661,0x64C,0x638,0x623,
0x60D,0x5F7,0x5E1,0x5CB,0x5B5,0x59E,0x587,0x56F,0x558,0x540,0x528,0x510,0x4F8,0x4DF,
0x4C7,0x4AE,0x495,0x47C,0x463,0x44A,0x431,0x418,0x3FF,0x3E6,0x3CD,0x3B4,0x39B,0x382,
0x369,0x350,0x337,0x31F,0x306,0x2EE,0x2D6,0x2BE,0x2A6,0x28F,0x277,0x260,0x249,0x233,
0x21D,0x207,0x1F1,0x1DB,0x1C6,0x1B2,0x19D,0x189,0x176,0x162,0x150,0x13D,0x12B,0x11A,
0x109,0x0F8,0x0E8,0x0D8,0x0C9,0x0BA,0x0AC,0x09E,0x091,0x084,0x078,0x06D,0x062,0x057,
0x04D,0x044,0x03B,0x033,0x02C,0x025,0x01E,0x018,0x013,0x00F,0x00B,0x007,0x004,0x002,
0x001,0x000,0x000,0x000,0x001,0x002,0x004,0x007,0x00B,0x00F,0x013,0x018,0x01E,0x025,
0x02C,0x033,0x03B,0x044,0x04D,0x057,0x062,0x06D,0x078,0x084,0x091,0x09E,0x0AC,0x0BA,
0x0C9,0x0D8,0x0E8,0x0F8,0x109,0x11A,0x12B,0x13D,0x150,0x162,0x176,0x189,0x19D,0x1B2,
0x1C6,0x1DB,0x1F1,0x207,0x21D,0x233,0x249,0x260,0x277,0x28F,0x2A6,0x2BE,0x2D6,0x2EE,
0x306,0x31F,0x337,0x350,0x369,0x382,0x39B,0x3B4,0x3CD,0x3E6};
//-------- 初始化函数 --------------//
void init(void)
{
TCCR1A| = (1<<COM1A1)|(1<<COM1B1)|(1<<WGM11);//匹配时清零 OC1A
//到 TOP 时 OC1A 置 1
TCCR1B| = (1<<WGM13)|(1<<WGM12)|(1<<CS10);        //快速 PWM,时钟不分频
//TOP 值由 ICR1 设定
DDRB | = (1<<PB5);                               //PB5 口设置为输出
ICR1 = 0X7FF;                                    //PWM 计数上限值
OCR1A = 0;                                       //比较寄存器初始值设置为 0
TIMSK| = (1<<OCIE1A);                            //开定时器输出比较匹配中断
SREG | = 0X80;                                   //开总中断
}
//-------定时器 1 输出比较匹配中断函数 -------//
SIGNAL(SIG_OUTPUT_COMPARE1A)
{
if(i==255)
{
```

```
    i = 0;
    OCR1A = SIN_DATA[i];
    }
    else
    {
    OCR1A = SIN_DATA[i];              //更新比较寄存器的值
    i++;
    }
}
// ---------- 主程序 --------------------
int main(void)
{
init();                               //调用初始化函数
set_sleep_mode(SLEEP_MODE_IDLE);      //设置休眠模式为空闲模式
while(1)
  {
    sleep_mode();                     //进入睡眠状态
  }
return 0;
}
```

10.5 熔丝位及锁定位的设置

　　熔丝位的主要作用是配置芯片的工作环境和参数,允许和禁止片内功能的使用,内部资源的调整和状态的改动,芯片的锁定加密等。一般,在使用 AVR 单片机时都需要先设置熔丝位,但是有些人会有疑问,我没有设置熔丝位也用单片机了,完全好用啊。其实,是这样的,在单片机出厂时有一个默认设置,因此可以使用。但是,当我们需要使用某些功能时就可能会需要修改熔丝位的设置,正确设置熔丝位是用好 AVR 单片机的关键一步。很多初学者都因为没用正确配置熔丝位而在应用中遇到很多麻烦。因此,本节将详细分析熔丝位的配置。

　　本书以 ATmega128 单片机为例讲解熔丝位配置。关于其他型号的 AVR 单片机读者可以参考官方提供的数据手册自行分析。下面就分别介绍熔丝位各个位的意义,然后我们一起练习使用软件向导配置熔丝位。

　　在 AVR 的器件手册中,熔丝位未编程(Unprogrammed)熔丝状态定义为“1”,表示为“禁止”,相当于“该位不起作用”;熔丝位已编程(Programmed)定义为“0”,表示为“允许”,相当于“该位使能”。实际上配置熔丝位的过程是选择哪些功能使能,哪些功能不使能的过程。

　　那么,ATmega128 都有哪些熔丝位需要配置呢? 它们又都起到什么作用呢? 其实，在 ATmega128 有 3 个熔丝位字节和一个锁定位字节，具体如表 10 - 6 所列。

表 10 - 6 熔丝位和锁定位

位 名称	7	6	5	4	3	2	1	0
锁定位	—	—	BLB12	BLB11	BLB02	BLB01	LB2	LB1
扩展熔丝	—	—	—	—	—	—	M103C	WDTON
熔丝位高	OCDEN	JTAGEN	SPIEN	CKOPT	EESAVE	BOOTSZ1	BOOTSZ0	BOOTRST
熔丝位低	BODLEVEL	BODEN	SUT1	SUT0	CKSEL3	CKSEL2	CKSEL1	CKSEL0

10.5.1 锁定位的设置

首先，介绍锁定位。ATmega128 提供了 6 个锁定位，锁定位的初始值如表 10 - 7 所列。

表 10 - 7 锁定位字节

位　号	名　称	描　述	默认值（擦除后）
7	N	保留	1（未编程）
6	N	保留	1（未编程）
5	BLB12	Boot 锁定位	1（未编程）
4	BLB11	Boot 锁定位	1（未编程）
3	BLB02	Boot 锁定位	1（未编程）
2	BLB01	Boot 锁定位	1（未编程）
1	LB2	存储锁定位	1（未编程）
0	LB1	存储锁定位	1（未编程）

根据这 6 位锁定位被编程（"0"）还是没有被编程（"1"）的情况可以获得多种对 AVR 芯片内数据进行加密的模式，具体如表 10 - 8 所列。被加密后的芯片依然可以读出熔丝位和加密位的情况，一旦试图对加密位进行修改，芯片内的程序将会被修改或擦除，不能再使用。加密位可以通过编程界面的芯片擦除功能擦除到初始状态，使得芯片可以重复编程使用。注意，在编程 LB1 和 LB2 前先编程熔丝位和 Boot 锁定位。

表 10 - 8 锁定位保护模式

存储器锁定位			保护类型
LB 模式	LB2	LB1	
1	1	1	不使用存储器保护功能

存储器锁定位			保护类型
2	1	0	在并行和 SPI/JTAG 串行编程模式中 Flash 和 EEPROM 的进一步编程被禁止,熔丝位被锁定
3	0	0	在并行和 SPI/JTAG 串行编程模式中 Flash 和 EEPROM 的进一步编程及验证被禁止,锁定位和熔丝位被锁定
BLB0 模式	BLB01	BLB02	
1	1	1	SPM 和(E)LPM 对应用区的访问没有限制
2	1	0	不允许 SPM 对应用区进行写操作
3	0	0	不允许 SPM 指令对应用区进行写操作,也不允许运行于 Boot Loader 区的(E)LPM 指令从应用区读取数据。若中断向量位于 Boot Loader 区,那么执行应用区代码时中断是禁止的
4	0	1	不允许运行于 Boot Loader 区的(E)LPM 指令从应用区读取数据。若中断向量位于 Boot Loader 区,那么执行应用区代码时中断是禁止的
BLB1 模式	BLB12	BLB11	
1	1	1	允许 SPM/(E)LPM 指令访问 Boot Loader 区
2	1	0	不允许 SPM 指令对 Boot Loader 区进行写操作
3	0	0	不允许 SPM 指令对 Boot Loader 区进行写操作,也不允许运行于应用区的(E)LPM 指令从 Boot Loader 区读取数据。若中断向量位于应用区,那么执行 Boot Loader 区代码时中断是禁止的。
4	0	1	不允许运行于应用区的(E)LPM 指令从 Boot Loader 区读取数据。若中断向量位于应用区,那么执行 Boot Loader 区代码时中断是禁止的

10.5.2 扩展熔丝位的设置

扩展熔丝位只有两位,分别用于控制是否启用与 ATmega103 兼容模式和是否启动看门狗,如表 10 - 9 所列。默认设置时启动 ATmega103 兼容模式,这一点请读者注意,因为有些功能在启动 ATmega103 兼容模式时不好用。所以一般可在设置熔丝位时将此项设置为"1"。WDTON 这一位用于设置看门狗的定时器是否始终开启。WDTON 默认为"1",即禁止看门狗定时器开启。如果该位设置为"0"后,看门狗的定时器在单片机复位后就会始终打开。

表 10 - 9 熔丝位扩展字节

位　号	扩展熔丝位名称	描　述	默认值(出厂)
7	—	—	
6	—	—	

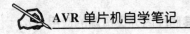

续表 10-9

位　号	扩展熔丝位名称	描　述	默认值（出厂）
5	—	—	
4	—	—	
3	—	—	
2	—	—	
1	M103C	ATmega103 兼容模式	0（编程）
0	WDTON	看门狗定时器始终开启	1（未编程）

10.5.3　熔丝位高字节的设置

熔丝位高字节的默认状态如表 10-10 所列。

表 10-10　熔丝位高字节

位　号	熔丝位名称	描　述	默认值（出厂）
7	OCDEN	使能 OCD	1（未编程，OCD 禁用）
6	JTAGEN	使能 JTAG 接口	0（编程，JTAG 使能）
5	SPIEN	串行程序和数据下载	0（被编程，SPI 编程使能）
4	CKOPT	振荡器选项	1（未编程）
3	EESAVE	执行芯片擦除时 EEPROM 的内容保留	1（未被编程），EEPROM 内容不保留
2	BOOTSZ1	选择 Boot 区大小	0（被编程）
1	BOOTSZ0	选择 Boot 区大小	0（被编程）
0	BOOTRST	选择复位向量	1（未被编程）

OCDEN 熔丝位使能片内调试系统,默认状态是禁止的。

JTAGEN 用于设置是否使能 JTAG。芯片出厂时 JTAGEN 的状态默认为"0",表示允许 JTAG 接口,JTAG 的外部引脚不能作为 I/O 口使用。当 JTAGEN 的状态设置为"1"后,JTAG 接口立即被禁止,此时只能通过并行方式或 ISP 编程方式才能将 JTAG 重新设置为"0",开放 JTAG。

芯片出厂时 SPIEN 位的状态默认为"0",表示允许 ISP 串行方式下载数据。如果该位被配置为未编程"1"后,ISP 串行方式下载数据立即被禁止,此时只能通过并行方式或 JTAG 编程方式才能将 SPIEN 的状态重新设置为"0",重新打开 ISP 下载功能。通常情况下,应保持 SPIEN 的状态为"0",允许 ISP 编程不会影响其引脚的 I/O 正常使用。在 SPI 串行编程模式下 SPIEN 熔丝位不可访问。

执行擦除命令时是否保留 EEPROM 中的内容,默认状态为"1",表示 EEPROM

中的内容同 Flash 中的内容一同擦除。如果该位设置为"0",对程序进行下载前的擦除命令只会对 FLASH 代码区有效,而对 EEPROM 区无效。

BOOTSZ1 和 BOOTSZ0 这两位用于设置 boot 区大小,具体如表 10 - 11 所列。

表 10 - 11 boot 区大小设置

BOOTSZ1	BOOTSZ0	Boot 区大小	页数	应用区	BootLoader 区	BootLoader 起始地址
1	1	512 字	4	0x0000~0xFDFF	0xFE00~0xFFFF	0xFE00
1	0	1 024 字	8	0x0000~0xFBFF	0xFC00~0xFFFF	0xFC00
0	1	2 048 字	16	0x0000~0xF7FF	0xF800~0xFFFF	0xF800
0	0	4 096 字	32	0x0000~0xEFFF	0xF000~0xFFFF	0xF000

BOOTRST 位用于设置芯片复位后开始执行的起始地址。当 BOOTRST 为"1"时芯片复位后从地址 0x0000 处执行;当 BOOTRST 为"0"时芯片复位后从 Boot Loader 起始地址处执行,如表 10 - 12 所列。

表 10 - 12 复位后起始地址

BOOTRST	复位地址
1	0x0000
0	Boot Loader 起始地址(见表 10 - 11)

10.5.4 熔丝位低字节的设置

熔丝位低字节的默认状态如表 10 - 13 所列。

表 10 - 13 熔丝位低字节

位 号	熔丝位名称	描 述	默认值(出厂)
7	BODLEVEL	BOD 掉电触发电平	1（未被编程）
6	BODEN	BOD 使能掉电复位	1（未被编程,BOD 禁用)
5	SUT1	选择启动时间	1（未被编程）
4	SUT0	选择启动时间	0（被编程）
3	CKSEL3	选择时钟源	0（被编程）
2	CKSEL2	选择时钟源	0（被编程）
1	CKSEL1	选择时钟源	0（被编程）
0	CKSEL0	选择时钟源	1（未被编程）

ATmega128 具有片内掉电检测电路,这个功能可以在电压低于一个特定电压的时候,单片机自动处于复位的状态,可以避免由电压不稳而导致的意外死机的发生,

掉电检测 BOD 电路的开关由熔丝位 BODEN 控制。

如果使能了 BOD 功能,那么,电压低到多少单片机会自动复位呢? 熔丝位 BODLEVEL 用来设置掉电的门限电压,只有两个电压可以选择,BODLEVEL 为"1"(不被编程)时门限电压值为 2.7 V,而 BODLEVEL 为"0"(被编程)时门限电压值为 4.0 V。

熔丝位低字节的低 6 位用于设置系统时钟源和系统的启动时间。具体如表 10-14 所列。

表 10-14 系统时钟选择与启动延时配置一览表

系统时钟源	启动延时	熔丝状态配置
外部时钟	6 CK + 0 ms	CKSEL=0000 SUT=00
外部时钟	6 CK + 4.1 ms	CKSEL=0000 SUT=01
外部时钟	6 CK + 65 ms	CKSEL=0000 SUT=10
内部 RC 振荡 1 MHz	6 CK + 0 ms	CKSEL=0001 SUT=00
内部 RC 振荡 1 MHz	6 CK + 4.1 ms	CKSEL=0001 SUT=01
内部 RC 振荡 1 MHz(默认)	6 CK + 65 ms	CKSEL=0001 SUT=10
内部 RC 振荡 2 MHz	6 CK + 0 ms	CKSEL=0010 SUT=00
内部 RC 振荡 2 MHz	6 CK + 4.1 ms	CKSEL=0010 SUT=01
内部 RC 振荡 2 MHz	6 CK + 65 ms	CKSEL=0010 SUT=10
内部 RC 振荡 4 MHz	6 CK + 0 ms	CKSEL=0011 SUT=00
内部 RC 振荡 4 MHz	6 CK + 4.1 ms	CKSEL=0011 SUT=01
内部 RC 振荡 4 MHz	6 CK + 65 ms	CKSEL=0011 SUT=10
内部 RC 振荡 8 MHz	6 CK + 0 ms	CKSEL=0100 SUT=00
内部 RC 振荡 8 MHz	6 CK + 4.1 ms	CKSEL=0100 SUT=01
内部 RC 振荡 8 MHz	6 CK + 65 ms	CKSEL=0100 SUT=10
外部 RC 振荡≤0.9 MHz	18 CK + 0 ms	CKSEL=0101 SUT=00
外部 RC 振荡≤0.9 MHz	18 CK + 4.1 ms	CKSEL=0101 SUT=01
外部 RC 振荡≤0.9 MHz	18 CK + 65 ms	CKSEL=0101 SUT=10
外部 RC 振荡≤0.9 MHz	6 CK + 4.1 ms	CKSEL=0101 SUT=11
外部 RC 振荡 0.9～3.0 MHz	18 CK + 0 ms	CKSEL=0110 SUT=00
外部 RC 振荡 0.9～3.0 MHz	18 CK + 4.1 ms	CKSEL=0110 SUT=01
外部 RC 振荡 0.9～3.0 MHz	18 CK + 65 ms	CKSEL=0110 SUT=10
外部 RC 振荡 0.9～3.0 MHz	6 CK + 4.1 ms	CKSEL=0110 SUT=11
外部 RC 振荡 3.0～8.0 MHz	18 CK + 0 ms	CKSEL=0111 SUT=00
外部 RC 振荡 3.0～8.0 MHz	18 CK + 4.1 ms	CKSEL=0111 SUT=01
外部 RC 振荡 3.0～8.0 MHz	18 CK + 65 ms	CKSEL=0111 SUT=10

系统时钟源	启动延时	熔丝状态配置
外部 RC 振荡 3.0~8.0 MHz	6 CK + 4.1 ms	CKSEL=0111 SUT=11
外部 RC 振荡 8.0~12.0 MHz	18 CK + 0 ms	CKSEL=1000 SUT=00
外部 RC 振荡 8.0~12.0 MHz	18 CK + 4.1 ms	CKSEL=1000 SUT=01
外部 RC 振荡 8.0~12.0 MHz	18 CK + 65 ms	CKSEL=1000 SUT=10
外部 RC 振荡 8.0~12.0 MHz	6 CK + 4.1 ms	CKSEL=1000 SUT=11
低频晶振(32.768 kHz)	1 K CK + 4.1 ms	CKSEL=1001 SUT=00
低频晶振(32.768 kHz)	1 K CK + 65 ms	CKSEL=1001 SUT=01
低频晶振(32.768 kHz)	32 K CK + 65 ms	CKSEL=1001 SUT=10
低频石英/陶瓷振荡器(0.4~0.9 MHz)	258 K CK + 4.1 ms	CKSEL=1010 SUT=00
低频石英/陶瓷振荡器(0.4~0.9 MHz)	258 K CK + 65 ms	CKSEL=1010 SUT=01
低频石英/陶瓷振荡器(0.4~0.9 MHz)	1 K CK + 0 ms	CKSEL=1010 SUT=10
低频石英/陶瓷振荡器(0.4~0.9 MHz)	1 K CK + 4.1 ms	CKSEL=1010 SUT=11
低频石英/陶瓷振荡器(0.4~0.9 MHz)	1 K CK + 65 ms	CKSEL=1011 SUT=00
低频石英/陶瓷振荡器(0.4~0.9 MHz)	16 K CK + 0 ms	CKSEL=1011 SUT=01
低频石英/陶瓷振荡器(0.4~0.9 MHz)	16 K CK + 4.1 ms	CKSEL=1011 SUT=10
低频石英/陶瓷振荡器(0.4~0.9 MHz)	16 K CK + 65 ms	CKSEL=1011 SUT=11
中频石英/陶瓷振荡器(0.9~3.0 MHz)	258 CK + 4.1 ms	CKSEL=1100 SUT=00
中频石英/陶瓷振荡器(0.9~3.0 MHz)	258 CK + 65 ms	CKSEL=1100 SUT=01
中频石英/陶瓷振荡器(0.9~3.0 MHz)	1 K CK + 0 ms	CKSEL=1100 SUT=10
中频石英/陶瓷振荡器(0.9~3.0 MHz)	1 K CK + 4.1 ms	CKSEL=1100 SUT=11
中频石英/陶瓷振荡器(0.9~3.0 MHz)	1 K CK + 65 ms	CKSEL=1101 SUT=00
中频石英/陶瓷振荡器(0.9~3.0 MHz)	16 K CK + 0 ms	CKSEL=1101 SUT=01
中频石英/陶瓷振荡器(0.9~3.0 MHz)	16 K CK + 4.1ms	CKSEL=1101 SUT=10
中频石英/陶瓷振荡器(0.9~3.0 MHz)	16 K CK + 65 ms	CKSEL=1101 SUT=11
高频石英/陶瓷振荡器(3.0~8.0MHz)	258 CK + 4.1 ms	CKSEL=1110 SUT=00
高频石英/陶瓷振荡器(3.0~8.0MHz)	258 CK + 65 ms	CKSEL=1110 SUT=01
高频石英/陶瓷振荡器(3.0~8.0MHz)	1 K CK + 0 ms	CKSEL=1110 SUT=10
高频石英/陶瓷振荡器(3.0~8.0MHz)	1 K CK + 4.1 ms	CKSEL=1110 SUT=11
高频石英/陶瓷振荡器(3.0~8.0MHz)	1 K CK + 65 ms	CKSEL=1111 SUT=00
高频石英/陶瓷振荡器(3.0~8.0MHz)	16 K CK + 0 ms	CKSEL=1111 SUT=01
高频石英/陶瓷振荡器(3.0~8.0MHz)	16 K CK + 4.1ms	CKSEL=1111 SUT=10
高频石英/陶瓷振荡器(3.0~8.0MHz)	16 K CK + 65 ms	CKSEL=1111 SUT=11

总结一下,正确配置熔丝和锁定位的操作顺序是:在芯片无锁定状态下,下载运行代码和数据,配置相关的熔丝位,最后配置芯片的锁定位。芯片被锁定后,如果发现熔丝位配置不对,必须使用芯片擦除命令,清除芯片中的数据,并解除锁定。然后重新下载运行代码和数据,修改配置相关的熔丝位,最后再次配置芯片的锁定位。

通过上文对熔丝位的介绍,相信读者已经了解了熔丝位的意义,在设置熔丝位时可以参考上文中多个表格中的内容进行配置。在实际应用中通常是使用软件进行配置。在配置熔丝位前可以通过读熔丝位了解当前熔丝位的配置情况,也可以截图将当前熔丝位的配置记录下来,以防止配置不当时可以重新恢复回去。

下面举例演示熔丝位的配置。应用下载软件 PROGISP(Ver1.72)对熔丝位进行配置,在图 10-6 中单击"熔丝位配置"那个圈起的位置,进入图 10-7 界面。在此界面下可以直接单击熔丝位或加密位前面的"0"或"1"对熔丝位进行设置。当然,也可以单击图 10-7 中的"向导方式",如图 10-8 所示,在图 10-8 中可以根据文字的意义在前面的小方框内选择,从而完成对熔丝位的设置,最后,单击图 10-8 中的"写入"。这样就把设置好的熔丝位写入单片机中了,熔丝位也就设置好了。

图 10-6　PROGISP 软件主界面

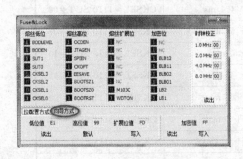

图 10-7　熔丝位配置界面

图 10-8　熔丝位向导方式设置界面

第 11 章

BootLoader 引导加载功能的应用

ATMEL 公司的很多型号单片机提供引导加载功能,即常说的 BootLoader 功能。单片机通过运行常驻在 Flash 中一个特定区域的 BootLoader 程序从而实现"在应用中编程"(IAP)以及实现系统程序的远程自动更新等应用。

11.1　AVR 单片机中的 BootLoader 功能简介

虽然很多资料中都提到 BootLoader,但是,很多初学者对 BootLoader 的理解并不好,也很少自己配置使用 BootLoader 功能。所以,接下来我们就一起学习 BootLoader 的相关知识,并介绍 ATmega128 单片机中使用 BootLoader 的设置方法。

11.1.1　可以这样理解 BootLoader

一见到 BootLoader,就会想到"引导"的意思,很容易让人联想到每次上台领奖都会有一个漂亮的美女在前面引导受表彰者上台。其实美女只是起到引导的作用,而真正的主角是受表彰者。

现在再来看看这个 BootLoader。将 BootLoader 拆开,从字面的意思来说是 Boot 和 Loader。那么什么是 Boot 呢? Boot 就是引导,就是引导单片机进入并开始执行用户自己开发的程序。有人会说,正常单片机复位后不是就开始执行用户程序了么,为什么还要引导,下面会详细讲解这个问题。那什么又是 Loader 呢? Loader 就是载入,说得通俗一点就是下载,这里单片机下载的是自己需要运行的程序,并把程序写入自己的存储器,BootLoader 就是引导载入的意思。

上面留了一个疑问,AVR 单片机引导的问题。AVR 单片机在不使用 BootLoader 功能的时候,复位后直接从地址 0x000000 处执行程序,也就没有引导这个问题了。如果使用了 BootLoader 程序,那么单片机复位后将从用户配置的地址处执行程序,而不再从地址 0 处执行程序了。复位后单片机从用户配置的地址处执行的程序就是 BootLoader 程序,如果要让单片机运行 0x000000 处的用户程序,就需要 BootLoader 程序让单片机再回到 0x000000 地址执行用户程序,这就是 BootLoader 的引导功能。

为什么要使用 BootLoader 这个功能呢? AVR 高端的单片机支持用户程序在线自编程功能,这个功能提供了一个由单片机本身自动下载更新自己程序的功能,由 Flash 特定区域的一段特定功能的 BootLoader 程序,实现对单片机程序的在线自编程更新。有 BootLoader 这个功能程序,就可以让设备在脱离编程器的状态下让单片机自己给自己编程,更新自己的程序。这个功能通用的说法是升级产品的固件。如果没有这项功能,产品和设备升级就只能由厂家通过把设备开箱用编程器来实现升级了。

11.1.2 ATmega128 单片机中 BootLoader 功能的设置

上文提到当启用 BootLoader 功能时,单片机复位后就不从地址 0x000000 处执行程序,而是从事先配置好的特定地址处执行 BootLoader 程序。那么,BootLoader 程序所在的特定地址在哪儿? 是怎么确定的呢?

BootLoader 区的大小及其位于 Flash 存储器中的位置由熔丝位高字节中的 BOOTSZ1 和 BOOTSZ0 这两位决定。具体如表 11-1 所列。

表 11-1 Boot 区大小配置

BOOTSZ1	BOOTSZ0	Boot 区大小	页数	应用 Flash 区	Boot Loader Flash 区	应用区结束地址	Boot 复位地址 (Boot Loader 起始地址)
1	1	512 字	4	$ 0000~ $ FDFF	$ FE00~ $ FFFF	$ FDFF	$ FE00
1	0	1 024 字	8	$ 0000~ $ FBFF	$ FC00~ $ FFFF	$ FBFF	$ FC00
0	1	2 048 字	16	$ 0000~ $ F7FF	$ F800~ $ FFFF	$ F7FF	$ F800
0	0	4 096 字	32	$ 0000~ $ EFFF	$ F000~ $ FFFF	$ EFFF	$ F000

那么,BootLoader 程序怎么开始执行呢? 通过跳转指令或从应用区调用的方式可以进入 BootLoader。这些操作可以由一些触发信号启动,比如通过 USART 或 SPI 接口接收到相关的命令。另外,可以通过编程 Boot 复位熔丝位使得复位向量指向 Boot 区的起始地址。即将熔丝位高字节中的 BOOTRST 编程设置为 0。这样,复

位后 BootLoader 程序就立即启动了。由于 MCU 本身不能改变熔丝位的设置，因此，一旦 Boot 复位熔丝位被编程，复位后程序就总是从 Boot 区的起始地址处开始执行。而熔丝位只能通过串行或并行编程的方法来改变。

11.1.3 avr–libc 对 BootLoader 功能的支持

avr–libc 提供了一组 C 语言程序接口 API 来支持 BootLoader 功能。此功能函数的声明在头文件 boot.h 中，应用时需要将此头文件包含到程序中。在 boot.h 中这些 API 均为预定义宏，以下是几个主要的宏。

```
# define boot_spm_interrupt_enable()    (__SPM_REG | = (uint8_t)_BV(SPMIE))
```
允许 SPM 中断。
```
# define boot_spm_interrupt_disable()   (__SPM_REG & = (uint8_t)~_BV(SPMIE))
```
禁止 SPM 中断。
```
# define boot_is_spm_interrupt()    (__SPM_REG & (uint8_t)_BV(SPMIE))
```
检查是否允许 SPM 中断。
```
# define boot_rww_busy()    (__SPM_REG & (uint8_t)_BV(__COMMON_ASB))
```
检查 PWW 区域是否处于繁忙状态。
```
# define boot_spm_busy()     (__SPM_REG & (uint8_t)_BV(__SPM_ENABLE))
```
检查 SPM 区域是否处于繁忙状态。
```
# define boot_spm_busy_wait()      do{}while(boot_spm_busy())
```
当 SPM 指令忙时，等待。
```
# define boot_page_fill(address, data) __boot_page_fill_alternate(address, data)
```
将待写入 address 地址的数据字 data 写入页临时缓冲区。
```
# define boot_page_erase(address)    __boot_page_erase_alternate(address)
```
刷新包含 address 地址的 Flash 页。
```
# define boot_page_write(address)   __boot_page_write_alternate(address)
```
将页临时缓冲区的内容写入包含地址 address 的 Flash 页。
```
# define boot_rww_enable()   __boot_rww_enable_alternate()
```
使能 RWW 区域。
```
# define boot_lock_bits_set(lock_bits) __boot_lock_bits_set_alternate(lock_bits)
```
设定 BootLoader 锁定位。

11.2 应用 BootLoader 更新升级用户程序

本节将给出一个实际的 BootLoader 程序，它可以配合 Windows 中的超级终端程序，采用 Xmodem 传输协议，通过 RS232 接口下载更新用户的应用程序。首先，设计 BootLoader 程序并将该程序先下载到单片机的 boot 区，并设置系统每次复位时从 boot 区开始启动执行程序。每次复位开机时，首先执行 BootLoader 程序，然后可以通过 UASRT1 口给单片机发送数据，单片机就会将接到的数据写入用户程序区，当写入完成后就会自动跳转至用户程序区执行更新后的程序,当然如果在单片机复位开机后 6 s 内没有给单片机发送数据,则系统将自动跳入用户程序区执行原有的用户程序。

11.2.1 硬件电路设计

电路如图 11-1 所示。图中 P1 是 ISP 下载接口,在本设计中,首先通过该接口将 BootLoader 程序下载到单片机的 boot 区,然后复位从 boot 区运行 BootLoader 程序,之后 ATmega128 单片机通过 USART 口与 PC 机通信,在上位机中应用超级终端将用户编写的另一个程序经 BootLoader 程序引导加载到单片机的应用程序区,当系统从 boot 区跳转到用户程序区执行用户程序时,可以看到图中的 LED0 发光管闪烁的现象。需要说明一点,现在的 PC 机几乎都没有串行 COM 口了,所以还要购买一条 USB 转串口线用于连接 PC 机和图中 DB1 接口。

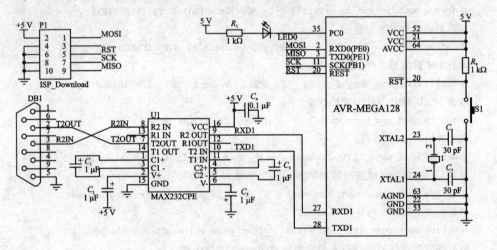

图 11-1 BootLoader 应用电路图

11.2.2 引导加载程序设计及操作过程简介

和编写普通程序一样,首先打开 AVR Studio 软件,编写 BootLoader 引导加载程序代码如下:

```
# include <avr/io.h>
# include <util/delay.h>
# include <avr/boot.h>
# include <util/crc16.h>
//管脚定义
# define PIN_RXD        2              //PD2
# define PIN_TXD        3              //PD3
//常数定义
```

```c
#define SPM_PAGESIZE            256
#define DATA_BUFFER_SIZE SPM_PAGESIZE
//定义 Xmoden 控制字符
#define XMODEM_NUL              0x00
#define XMODEM_SOH              0x01
#define XMODEM_STX              0x02
#define XMODEM_EOT              0x04
#define XMODEM_ACK              0x06
#define XMODEM_NAK              0x15
#define XMODEM_CAN              0x18
#define XMODEM_EOF              0x1A
#define XMODEM_WAIT_CHAR        'C'
//定义全局变量
struct str_XMODEM
{
    unsigned char SOH;
    unsigned char BlockNo;
    unsigned char nBlockNo;
    unsigned char Xdata[128];
    unsigned char CRC16hi;
    unsigned char CRC16lo;
}
strXMODEM;
unsigned char Pagedata[256];
unsigned long FlashAddress;
#define   BootAdd               0x1e000
unsigned char BlockCount;
unsigned char STATUS;
#define ST_WAIT_START           0x00
#define ST_BLOCK_OK             0x01
#define ST_BLOCK_FAIL           0x02
#define ST_OK                   0x03
void delay_ms(unsigned int t)
{
    while(t--)
    {
        _delay_ms(1);
    }
}
void WriteOnePage(void)
{
    unsigned int i;
```

```
    unsigned int   w;
    boot_page_erase(FlashAddress);
    boot_spm_busy_wait();
    for(i = 0;i<SPM_PAGESIZE;i += 2)
    {
        w = Pagedata[i];
        w += Pagedata[i + 1]<<8;
        boot_page_fill(i, w);
    }
    boot_page_write(FlashAddress);
    boot_spm_busy_wait();
}
void uart1_init(void)
    {
    UCSR1B| = (1<<RXEN1)|(1<<TXEN1);
    UBRR1L = 103;
    UBRR1H = 0x00;
    UCSR1C| = (0<<UMSEL0)|(1<<UCSZ1)|(1<<UCSZ0);
    UCSR1A| = (1<<U2X1);
    }
void PutChar(unsigned char cc)
    {
    UDR1 = cc;
    loop_until_bit_is_set(UCSR1A,UDRE);
    UCSR1A| = (1<<UDRE);
    }
void PutString(unsigned char * ptr)
{
    while ( * ptr)
    {
        PutChar( * ptr ++ );
    }
}
unsigned char GetString(unsigned char * ptr,unsigned char len,unsigned int timeout)
{
    unsigned count = 0;
    do
    {
        if (UCSR1A & (1<<RXC1))
        {
            * ptr ++ = UDR1;
            count ++ ;
```

```
                   if (count> = len)
                   {
                       break;
                   }
               }
       _delay_ms(1);
       timeout -- ;
       }
       while (timeout);
       return count;
}
unsigned int calcrc(unsigned char * ptr, unsigned char count)
{
       unsigned int crc = 0;
       while (count -- )
       {
           crc = _crc_xmodem_update(crc, * ptr ++ );
       }
       return crc;
}
int main(void)
{
       unsigned char c;
       unsigned char i;
       unsigned int crc;
       char HalfPage;
       DDRD = (1<<PIN_TXD);
       MCUCR = (1<<IVCE)|(1<<IVSEL);
       asm volatile("cli"; : );
       uart1_init() ;
       c = 0;
       PutString("\r\n\r\nBootloder Demo Program V3.0");
       PutString("\r\n 按下 'B' 或者 'b' 进入 BootLoader");
       PutString("\r\n6 秒内不进行操作,执行用户区程序");
       GetString(&c,1,6000);
       if ((c == 'b')||(c == 'B'))
         {
         HalfPage = 0;
         while(1) {
                   PutString("\r\n\r\nBootloder Demo Program V3.0");
                   PutString("\r\n1. Download Program.");
                   PutString("\r\nPress Any key Run User Program.");
```

```
    while((UCSR1A&0b10000000)! = 0b10000000) ;
c = UDR1;
if(c = = '1') {
            STATUS = ST_WAIT_START;
            PutString("\r\n 请使用 XMODEM 协议传输 BIN 文件,最大 124KB\r\n\r\n");
            break;
            }
else    {STATUS = ST_OK;PutString("\r\n 运行用户程序");break;}
        }
    }
    else STATUS = ST_OK;
    FlashAddress = 0x0000;
    BlockCount = 0x01;
    while(STATUS! = ST_OK)
    {
        if (STATUS = = ST_WAIT_START)
        {//XMODEM 未启动
            PutChar(XMODEM_WAIT_CHAR);
        }
        i = GetString(&strXMODEM.SOH,133,5000);
        if(i)
        {
            switch(strXMODEM.SOH)
            {
            case XMODEM_SOH:
                if (i> = 133)
                {
                    STATUS = ST_BLOCK_OK;
                }
                else
                {
                    STATUS = ST_BLOCK_FAIL;
                    PutChar(XMODEM_NAK);
                }
                break;
            case XMODEM_EOT:
                PutChar(XMODEM_ACK);
                STATUS = ST_OK;
            PutString("程序升级成功");
                break;
            case XMODEM_CAN:
                PutChar(XMODEM_ACK);
                STATUS = ST_OK;
```

```
PutString("用户取消升级。请重新升级用户程序!");
                    break;
            default:
                PutChar(XMODEM_NAK);
                STATUS = ST_BLOCK_FAIL;
                break;
            }
        }
        if (STATUS = = ST_BLOCK_OK)
        {
            if (BlockCount ! = strXMODEM.BlockNo)
            {
                PutChar(XMODEM_NAK);
                continue;
            }
            if (BlockCount ! = (unsigned char)(~strXMODEM.nBlockNo))
            {
                PutChar(XMODEM_NAK);
                continue;
            }
            crc = strXMODEM.CRC16hi<<8;
            crc + = strXMODEM.CRC16lo;
            if(calcrc(&strXMODEM.Xdata[0],128)! = crc)
            {
                PutChar(XMODEM_NAK);
                continue;
            }
            if (FlashAddress<(BootAdd - SPM_PAGESIZE))
            {
            if (HalfPage == 0)
              {
                 for ( i = 0;i<128;i++)
                   {
                        Pagedata[i] = strXMODEM.Xdata[i] ;
                   }
                 WriteOnePage();
                 HalfPage = 1 ;
                 }
              else
                 {
                    for ( i = 0;i<128;i++)
                      {
```

```
                    Pagedata[i + 128] = strXMODEM.Xdata[i];
              }
          WriteOnePage();
          FlashAddress + = SPM_PAGESIZE;
          for ( i = 0;i<255;i ++)
            {
                  Pagedata[i] = 0;
            }
          HalfPage = 0;
            }
        }
          else
        {
            PutChar(XMODEM_CAN);
            STATUS = ST_OK;
            PutString("程序大小超范围,取消下载\r\n");
            break;
        }
        PutChar(XMODEM_ACK);
        BlockCount ++;
    }
  }
  delay_ms(500);
  MCUCR = (1<<IVCE);
  MCUCR = (0<<IVCE)|(0<<IVSEL);
  boot_rww_enable ();
  PutString("\r\n 执行用户程序");
  asm volatile("jmp 0x0000": : );
}
```

在上面的程序中采用 Xmodem 通信协议完成与 PC 机之间的数据交换。Xmo-dem 协议是一种使用拨号调制解调器的个人计算机通信中广泛使用的异步文件传输协议。这种协议以 128 B 块的形式传输数据,并且每个块都使用一个校验和来进行错误检测。如果接收方一个块的校验和与它在发送方的校验和相同时,接收方就向发送方发送一个认可字节。有关 Xmodem 的完整协议请参考其他相关的资料。

将上面的程序编译连接后会生成名为 BootLoader. hex 的文件(假设将上面程序取名为 BootLoader)。下一步,需要将 BootLoader. hex 文件下载到单片机 Flash 中的 boot 区。在下载 BootLoader. hex 文件之前需要先配置相关熔丝位,打开下载软件如图 11 - 2 所示,单击用圈圈起的位置进入图 11 - 3 所示界面,然后再单击图 11 - 3 中用圈圈起的位置,使用熔丝位配置向导进行熔丝位设置,出现如图 11 - 4 所示的熔丝位设置向导界面。

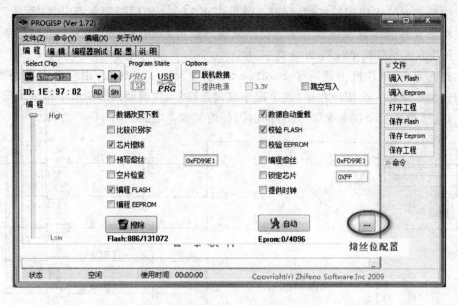

图 11 - 2　PROGISP 下载软件界面

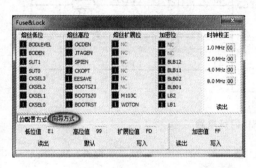

图 11 - 3　熔丝位设置界面

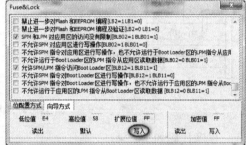

图 11 - 4　熔丝位设置向导界面

由于熔丝位设置向导的内容较多,不能一一展示出来,所以这里将本设计中用 "√"选中编程的熔丝位设置选项总结如下:

① 使能片上调试系统[OCDEN＝0];

② 使能 ISP 编程(SPIEN＝0);

③ Boot 区大小(4 096Words);Boot 区起始地址(0XF000)[BOOTSZ＝00];

④ 将复位向量移至 Boot 区起始地址(默认地址＝0X0000)[BOOTRST＝0];

⑤ 掉电检测电平位 2.7 V[bodlevel＝1];

⑥ 内部 RC 振荡器(8 MHz);起动时间 6CK＋65 ms[CKSEL＝0100　SUT＝10];

⑦ 无加密(设有使能存储器保护特性)[LB2＝1 LB1＝1];

⑧ SPM 和 LPM 对应用区的访问没有限制[BLB02＝1 BLB01＝1];

⑨ 允许 SPM/LPM 指令访问 BootLoader 区[blb12＝1 blb11＝1]。

按照上面的选项配置好熔丝位后,就单击图 11-4 中用圈圈起部分的"写入"这样就将设置好的熔丝位配置好了。接下来就可以将 BootLoader. hex 文件用正常的 ISP 下载方式下载到单片机 boot 区。

到此为止,单片机中就有了 BootLoader 引导程序了。那么,用它来引导谁呢? 我们还需要编写一个用户程序,这个程序就很普通了,在前面很多章节中都举了很多例子,这里设计一个让 8 个 LED 灯同时闪烁的实验。电路如图 11-5 所示。

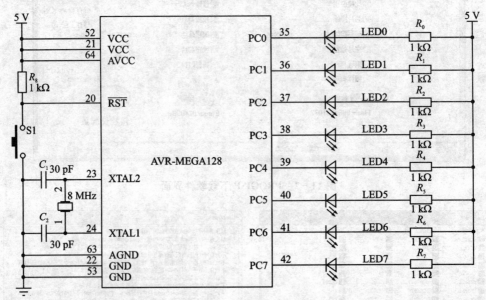

图 11-5　LED 闪烁电路

程序代码如下:

```
# include<avr/io.h>
# include<util/delay.h>
int main()
{
DDRC = 0xff;
while(1)
    {
    PORTC = 0x00;
    _delay_ms(300);
    PORTC = 0xff;
    _delay_ms(300);
    }
}
```

将上面的程序编译生成 led. hex 文件,但是这个文件不能直接通过 boot 区的

BootLoader 程序接收并写入到程序存储器的用户区。而需要将 led.hex 转换成 led.bin 文件。转换的方法主要有两种,一种可以在网上找到一个"HEX 转 BIN"的软件进行转换;第二种是通过启用外部的 makefile 文件(需要对 makefile 文件修改),在编译时就直接生成 led.bin 文件。这里就不多说了,为了简化,读者可以使用"HEX 转 BIN"软件进行转换。

转换后得到 led.bin 文件,然后用串口线连接 PC 机和单片机上的 DB1 接口(现在的 PC 机都没有串口,不过可以到耗材市场买一个 USB 转串口适配器,来解决计算机没有串口的问题)。PC 端使用的是 Windows 自带的通信工具超级终端,如果使用的是 Windows Vista 或者 Windows 7 的话,系统将不带有超级终端,我们需要寻找第 3 方的通信软件,或者将 XP 的超级终端复制出来,然后在 Vista 或者 Windows 7 中使用。

超级终端的原理并不复杂,它是将用户输入随时发向串口(采用 TCP 协议时是发往网口,这里只说串口的情况)。超级终端界面显示的是从串口接收到的字符。所以,上文 BootLoader 程序完成的任务中就包括:

① 将启动信息、过程信息主动发到运行有超级终端的 PC 主机上;

② 将接收到的字符返回到主机,同时发送需要显示的字符(如命令的响应等)到主机。

使用超级终端给单片机载入 led.bin 文件的步骤如下:

① 打开超级终端。

如图 11-6 所示。开始→所有程序→附件→通讯→超级终端。

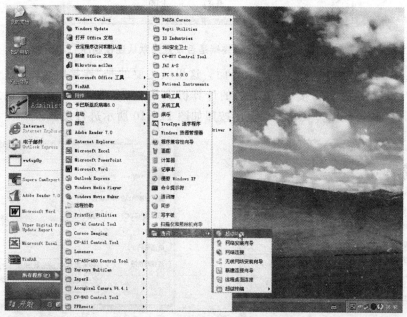

图 11-6 超级终端打开路径界面

② 打开超级终端后出现如图 11-7 所示的界面。给这个连接起个名字 AVR-boot,然后单击"确定"按钮,进行下一步的设置。

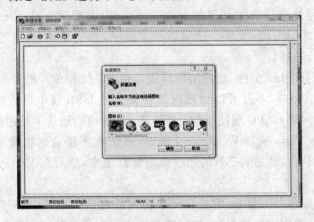

图 11-7　超级终端打开时的界面

③ 出现如图 11-8 所示界面。这里单击"是"与"否"都不影响。最好把"请不要再问这个问题(D)"选上,免得下次还会弹出此对话框。

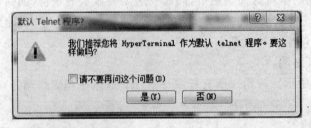

图 11-8　选择超级终端是否设置为默认连接程序

④ 之后会出现如图 11-9 所示界面。这里最主要的是"连接时使用"这一选项的设置,这里要选择串行接口,在笔者的计算机上是 com3 端口(您的计算机上也许是 com4 这都不一定)。其余选项可以按照如图 11-10 所示进行设置。

图 11-9　连接设置界面

图 11-10　连接设置界面

⑤ 接下来需要对超级终端进行设置，如图 11-11所示。"波特率"（每秒传输二进制数据的位数）设置为 9 600，数据流控制选项选择"无"，数据位设置"8"，停止位设置"1"，奇偶校验设置"无"。然后单击"确定"按钮，进入超级终端的主窗口。

图 11-11　超级终端设置界面

⑥ 这时复位单片机，单片机系统从 boot 区启动执行在前面通过 ISP 下载到 boot 区的 Boot-Loader 程序。然后就能看到单片机向超级终端发送的信息，如图 11-12所示。如果在 6 s 内，按下 PC 机键盘的 B 或者 b 就进入 BootLoader。如果 6 s 内没有操作，系统将执行 0x000000 地址处原有的程序。

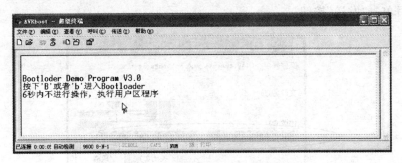

图 11-12　超级终端主窗口界面

⑦ 在图 11-12界面下，在 6 s 内按下 b 按键，就会在超级终端界面看到如图 11-13所示界面。进入 BootLoader 后可以按下"1"下载程序或者按除"1"外的任何按键进入 0x000000 地址执行应用区原有的程序。这里，选择"1"，下载新的用户程序。

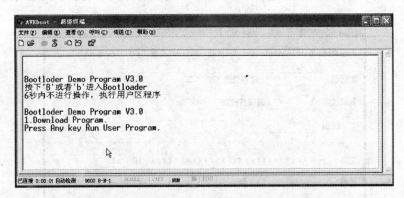

图 11-13　进入 BootLoader 后的超级终端界面

⑧ 单击图 11-14中圈圈起来的部分，然后会弹出和图 11-15所示对话框。

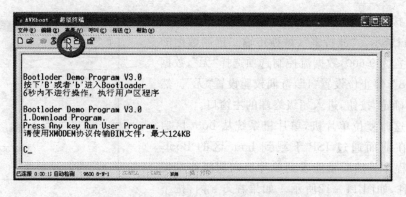

图 11 - 14　等待超级终端发送文件界面

⑨ 在图 11 - 15 中,协议项选择 Xmodem,然后单击"浏览"找到文件 led. bin,选择文件后单击"发送"按钮。

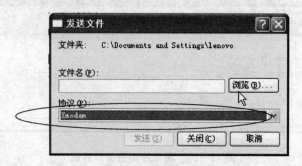

图 11 - 15　超级终端发送文件对话框

⑩ 接下来,在 BootLoader 程序的引导加载下,PC 机将文件 led. bin 下载到单片机的应用程序区,在发送阶段会有如图 11 - 16 所示的界面出现显示发送的进度。

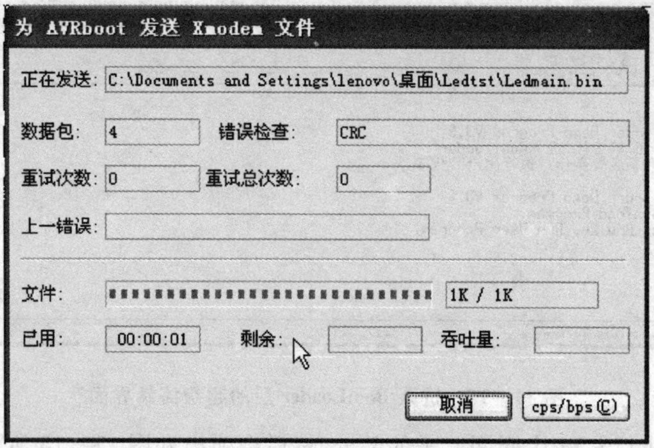

图 11 - 16　超级终端发送数据进度界面

⑪下载完成后，出现如图 11-17 所示的界面。BootLoader 开始自动跳转到地址 0x000000 处执行刚刚下载的用户程序。我们会看到 8 个 LED 小灯同时闪烁。到此为止，我们已经实现了用 BootLoader 引导加载程序的全部过程，以后再向这个单片机下载用户程序就可以脱离 ISP 下载线了，可以使用 PC 机中的超级终端并通过串口给单片机下载程序了。

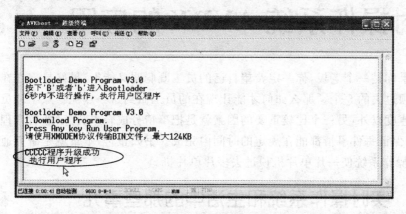

图 11-17　超级终端提示下载程序完成界面

【练习 11.2.2.1】：设计一个 BootLoader 程序，实现系统开机输入密码，如果输入 3 次密码错误，则系统自动将原有用户区程序自行擦写掉。如果输入密码正确，则从 Boot 区跳转到用户程序区正常执行原有用户程序。

第 **12** 章

实时操作系统 AVRX 的应用

如果你是一个老板，你一定希望自己的员工既聪明又能干，最好是现在在职的员工一个顶过去的 5 个。那么如何才能让现在的员工做到这一点呢？除了让员工加快干活的速度以外，另一个比较重要的因素就是把事情分成轻重缓急，然后合理安排时间，从而保证每件事情都能在规定的时间内完成。书归正传，本章就是研究通过应用AVRX 操作系统使一片单片机顶过去多片单片机。

12.1 实时操作系统和生活中的那些事儿

下面笔者将自己学习做饭的成长经历和大家分享一下，相信做过饭的朋友一定会深有体会，没有做过饭的也会从中领悟出用操作系统调度各段不同功能的程序与做饭之间的关系。

做饭时需要做的事情很多，如洗米、洗菜、用电饭锅做饭、炖菜、收拾厨房等。可以这样安排做饭的顺序：先洗米，然后用电饭锅做饭，接下来等饭熟了以后，再洗菜，然后炖菜，再等菜做好了，然后吃饭，最后收拾厨房；也可以这样来安排：首先是洗米，把米放到电饭锅里，现在就不用管饭是怎么熟的了，接下来在电饭锅做饭的同时就可以洗菜了，洗完菜后放到锅里炖，在炖菜的同时就可以简单地收拾厨房了，在收拾厨房的过程中饭可能就会熟了，当听到饭熟了的提示音后，就可

以放下手头正在收拾厨房的活儿去把电饭锅的电源线拔掉，然后再继续收拾厨房，当菜也熟了的时候，就可以放下手头的活儿去处理菜。这样安排厨房里的事情可比以前效率提高多了。而且在做饭做菜的期间就把厨房收拾好了。

在应用单片机编写程序时也可以借鉴厨房中的那点儿事儿。不要让单片机按部就班地从头执行到尾，而是利用有些程序在调用延时函数时转而去执行其他的任务

函数,当那个函数的延时结束时再跳回来继续执行,这样就有效地提高了单片机的执行效率,从而保证每个任务都能得到实时处理,使得单片机的 CPU 最大程度地发挥自己的作用,并最终达到让用单片机的人省心,真正让现在的单片机做到一片顶过去的 5 片,价格便宜,还能干。

如果想让单片机能够"智能"地切换各个任务,就需要有一个操作系统软件来帮助我们调度自己编写的程序。其实,常用的操作系统有很多种,如 RTX51、uc/os-Ⅱ、VxWorks、Linux、WinCE 和 Android 等。在本章中使用的是 AVRX 操作系统。

12.2 感受 AVRX 操作系统之好

到此,许多初学者一定着急了,想立刻就使用 AVRX 操作系统。先别急,我们还是一起完成一个不用 AVRX 的实验,观察现象后再利用 AVRX 重新完成这个实验,通过对比来感受一下操作系统的好处。

12.2.1 不使用 AVRX 操作系统的设计实例

在第 3.4.3 小节中我们曾经完成一个实验,即用按键调节数码管上显示的数据。使用两个按键,当一个按键按下时数码管上的数据加 1,当另一个按键按下时数码管上的数据减 1,数码管初始显示数据为 50。电路如图 12-1 所示。

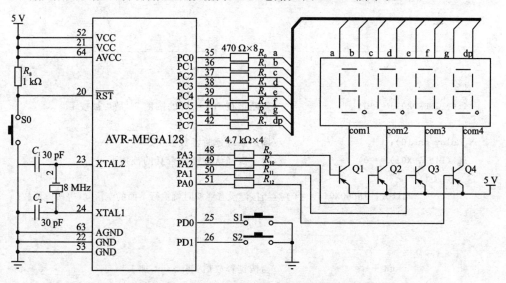

图 12-1 按键控制数码管显示数据加减

按键控制数码管数据加减的程序代码如下:

```
# include<avr/io.h>                //包含头文件 avr/io.h
# include <util/delay.h>           //包含头文件 util/delay.h
unsigned int count = 50;           //计数变量 count 初始值为50
unsigned char qianwei,baiwei,shiwei,gewei;
unsigned char  discode[10] = {0XC0,0XF9,0XA4,0XB0,0X99,0X92,0X82,0XF8,
                     0X80,0X90};
void key();                        //声明一个按键函数
void chufa();                      //声明一个除法函数
void xianshi();                    //声明一个显示函数
//------------------------------------------------------------
int main()
{
 DDRD  = 0XFC;                     //将单片机 D 口的低两位设置为输入
 PORTD = 0X03;                     //单片机 D 口的低 3 位启动内部上拉电阻
 DDRC = 0XFF;                      //将单片机 C 口设置为输出
 DDRA = 0X0F;                      //将单片机 A 口低 4 位设置为输出
 while(1)
     {
         key();
         chufa();
         xianshi();
     }
}
//------------------------------------------------------------
void key()
{
if((PIND&0X01) == 0)               //判断接在 PD0 引脚的按键 S1 是否被按下
{
_delay_ms(10);                     //调用系统延时函数去抖
if((PIND&0X01) == 0)               //再一次确认按键是否真的被按下
    {
         while((PIND&0X01) == 0)//当按键没有释放时就执行下面的空语句(等按键释放)
             {
                 ;
             }
         count ++ ;                //当按键释放后,将 count 加 1
    }
}
if((PIND&0X02) == 0)               //判断接在 PD1 引脚的按键 S2 是否被按下
{
    _delay_ms(10);                 //调用系统延时函数去抖
    if((PIND&0X02) == 0)           //再一次确认按键是否真的被按下
```

```
        {
            while((PIND&0X02) == 0)    //当按键没有释放时就执行下面的空语句(等按键释放)
                {
                    ;
                }
            count -- ;                          //当按键释放后,将 count 减 1
        }
    }
}
//------------------------------------------------------------
void chufa()
{
qianwei = count/1000;
baiwei  = count % 1000/100;
shiwei = count % 100/10;
gewei  = count % 10;
}
//------------------------------------------------------------
void xianshi()
{
PORTC = discode[qianwei];
PORTA = 0xf7;
_delay_ms(1);
PORTC = discode[baiwei];
PORTA = 0xfb;
_delay_ms(1);
PORTC = discode[shiwei];
PORTA = 0xfd;
_delay_ms(1);
PORTC = discode[gewei];
PORTA = 0xfe;
_delay_ms(1);
PORTA = 0XFF;
}
```

在本设计中采用的是动态显示,数码管需要频繁地被刷新,才能显示出内容,如果因为某种原因耽误了显示函数的执行,那么,就会出现数码管不亮的现象。所以,一定是按住按键时显示函数得不到执行,所以数码管就熄灭了。那么,究竟程序停在了按键函数中的哪个部分了呢? 在按键函数中有两个部分是用来判断按键是否被释放的,如果不释放就反复执行一个空语句";",如下段程序所示,当第一按键按下不放时就是这样。

```
while((PIND&0X01)==0)    //当按键没有释放时就执行下面的空语句(等按键释放)
                {
                    ;
                }
```

那么如何能让按键按下时又不让数码管失了光彩呢？其实，也很简单，只要让 CPU 别那么傻傻地等就可以了，就是当按键按住不放时不要只执行一条空语句";"，可以执行一次显示函数，然后再去检测按键是否被释放，如此一来，就达到了检测按键的目的，同时，数码管也会一直显示了。将上面的程序修改如下：

```
while((PIND&0X01)==0)    //当按键没有释放时就执行下面的空语句(等按键释放)
                {
                    xianshi();
                }
```

虽然，通过修改程序实现了不让数码管熄灭，但是上面的按键处理程序还是有不尽人意的地方。例如，为了去除抖动，在第一次检测按键是否被释放时调用了延时函数去抖，虽然达到了去除按键抖动的目的，但是却牺牲了 CPU 的宝贵时间，是 CPU 亲自去执行延时函数来实现跳过按键抖动的那段时间的。其实，CPU 完全可以去做些更有意义的事情，这个时间由"别人"帮忙记录，然后时间到时再通知 CPU 去检测按键状态即可。所以，接下来我们再次对程序进行修改，应用实时操作系统 AVRX 来帮助调度程序，从而达到设计任务要求，还没有"浪费"太多 CPU 的时间，提高了 CPU 的工作效率和处理能力。

12.2.2　使用 AVRX 操作系统重新设计上例中的程序

现在采用 AVRX 操作系统重新完成第 12.2.1 小节中的设计任务。这里只是给出应用 AVRX 后的程序代码，具体 AVRX 如何加入到用户设计的程序中及 AVRX 相关函数的具体意义将在第 12.3 节和第 12.4 节中具体讲解。

```
# include <avrx-io.h>
# include <avrx-signal.h>
# include "avrx.h"
# include "hardware.h"


unsigned int count = 50;                      //计数变量 count 初始值为 50
unsigned char qianwei,baiwei,shiwei,gewei;    //定义千位、百位、十位和个位变量
unsigned char discode[10] = {0XC0,0XF9,0XA4,0XB0,0X99,0X92,0X82,0XF8,
                             0X80,0X90};      //显示段码
AVRX_GCC_TASK(key, 20, 6);                    //key 任务声明,占用 20 B 堆栈,任务
                                              //优先级 6
AVRX_GCC_TASK(chufa, 20, 5);                  //chufa 任务声明,占用 20 B 堆栈,任务
                                              //优先级 5
```

```
AVRX_GCC_TASK(xianshi, 20, 2);              //xianshi 任务声明,占用 20 B 堆栈,任务优先级 2
TimerControlBlock XianshiDelay, KeyScanTimer;   //声明两个定时器
AVRX_MUTEX(KeyPushed);                       //申请一个名为 KeyPushed 的信号量
int main(void)                              //主程序
{
    AvrXSetKernelStack(0);                  //新建任务堆栈,如果参数为空切换到当前
                                            //任务堆栈
TCNT0 = TCNT0_INIT;                         //初始化定时器 0
TCCR0 = TMC8_CK256;                         //设置定时器时钟分频
TIMSK = 1<<TOIE0;                           //允许定时器 0 中断
    AvrXRunTask(TCB(key));                  //运行任务 key
    AvrXRunTask(TCB(chufa));                //运行任务 chufa
    AvrXRunTask(TCB(xianshi));              //运行任务 xianshi
    Epilog();                               // 切换到 AVRX 系统堆栈中的第一个进程任务
    while(1);                               //死循环,实际上不会运行到这里
}
//----------- 定时器 0 中断,提供系统节拍 ---------------//
AVRX_SIGINT(SIG_OVERFLOW0)
{
    IntProlog();                            // 保存上下文,切换上下文堆栈
    TCNT0 = TCNT0_INIT;                     // 定时器重新赋初始值
    AvrXTimerHandler();                     // 定时器队列
    Epilog();                               // 弹出堆栈
}
//-----------key 任务程序,按键扫描程序 ---------------//
NAKEDFUNC(key)
{
    DDRD &= 0xfc;                           //初始化端口 D 的第 0 个和第 1 个引脚为输入
    PORTD |= 0x03;                          //初始化端口 D 的第 0 个和第 1 个引脚为上拉
    while(1)
    {
      if (( PIND&0x01 ) == 0)               //如果第一个引脚为 0,那么有按键被按下了
      {
        AvrXDelay(&KeyScanTimer, 10);       //延时 10 ms 去抖
        if (( PIND&0x01 ) == 0)             //如果第一个引脚为 0,那么按键确实按下了
        {
        while(( PIND&0x01 ) == 0)           //等待按键被释放
        AvrXDelay(&KeyScanTimer, 10) ;
        AvrXIntSetSemaphore(&KeyPushed);    //设置信号量 KeyPushed
        count ++ ;                          //变量 count 加 1
        }
```

```
        }
    if (( PIND&0x02 ) == 0)                   //如果第二个引脚为 0,那么有按键被按下了
{
  AvrXDelay(&KeyScanTimer, 10);               //延时 10 ms 去抖
  if (( PIND&0x02 ) == 0)                     //如果第二个引脚为 0,那么按键确实被按下了
    {
    while(( PIND&0x02 ) == 0)                 //等待按键被释放
    AvrXDelay(&KeyScanTimer, 10);
    AvrXIntSetSemaphore(&KeyPushed);          //设置信号量 KeyPushed
    count -- ;                                //变量 count 减 1
    }
  }
    AvrXDelay(&KeyScanTimer, 30);             //延时 30 ms
    }
}
// ----------------- 除法任务程序 -----------------------//
NAKEDFUNC(chufa)
{
    while(1)                                  //死循环一直执行
    {
    AvrXWaitSemaphore(&KeyPushed);            //等待按键被按下传递过来的信号
    qianwei = count/1000;
    baiwei  = count % 1000/100;
    shiwei  = count % 100/10;
    gewei   = count % 10;
    }
}
// ------------------- xianshi 任务程序 ---------------------//
NAKEDFUNC(xianshi)                            //显示任务程序
{
    DDRA = 0XFF;                              //A 口设置为输出
    DDRC = 0XFF;                              //C 口设置为输出
    while(1)                                  //死循环一直执行
    {
    PORTC = discode[qianwei];                 //显示千位
    PORTA =    0xf7;
    AvrXDelay(&XianshiDelay, 2);
    PORTC = discode[baiwei];                  //显示百位
    PORTA =    0xfb;
    AvrXDelay(&XianshiDelay, 2);
    PORTC = discode[shiwei];                  //显示十位
    PORTA =    0xfd;
```

```
    AvrXDelay(&XianshiDelay, 2);
    PORTC = discode[gewei];        //显示个位
    PORTA =   0xfe;
    AvrXDelay(&XianshiDelay, 2);
    PORTA = 0XFF;
    }
}
```

12.3　AVRX 实时操作系统来龙去脉

　　通过第 12.2.2 小节的程序我们已经应用 AVRX 操作系统实现了按键控制数码管的任务。但是,大家也许会说,我也按照上面的程序试了,编译都没有通过,还有上面程序中出现了很多新函数,以前也没见过……这里,先弄清楚 AVRX 操作系统是从哪儿来的? 又是怎么和上面的程序"嫁接"的?

12.3.1　如何获得 AVRX

　　首先,到网站"http://www.barello.net/avrx/AvrX - 2.6/"上通过单击"Download AvrX - 2.6f Now"下载 AVRX 操作系统的源码,然后将源码的压缩包进行解压,将解压后的文件夹打开会看到如图 12 - 2 所示的文件。

名称	修改日期	类型	大小
avrx	2005/9/17 15:32	文件夹	
AvrXserialIO	2005/9/17 15:32	文件夹	
Examples	2005/9/17 15:32	文件夹	
TestCases	2005/9/17 15:32	文件夹	
Changes	2005/9/17 9:38	文本文档	8 KB
copyright	2005/9/17 9:38	文本文档	2 KB
README	2005/9/17 9:38	文本文档	1 KB

图 12 - 2　AVRX 内核源码文件包解压后的文件截图

　　接下来,需要对 avrx 文件夹里面的源文件编译成与目标器件对应的静态连接库。在本书中的目标器件为 ATmega128,用 WinAVR - 20100110 编译。具体步骤如下:

　　① 打开 PN 编辑软件,如图 12-3 所示。

　　② 单击主菜单下的 File 下的 Open…选项,在 avrx 文件夹下找到 makefile 文件,打开后如图 12-4 所示。

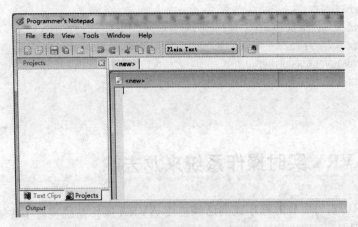

图 12-3　PN 软件的打开界面

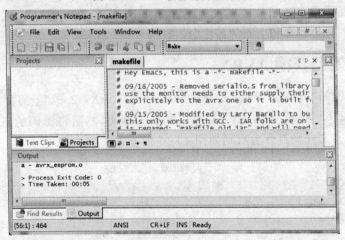

图 12-4 用 PN 软件打开 avrx 文件夹下的 makefile 文件界面

③ 将打开的 makefile 文件向下翻，找到"MCU = at90s8515"，如图 12-5 所示。

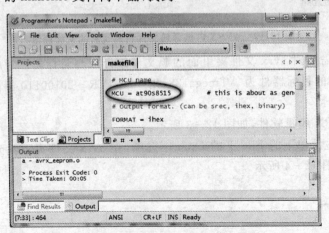

图 12-5　显示 makefile 的部分内容

④ 将图 12-5 中的"MCU = at90s8515"修改成"MCU = atmega128"。当然，如果所使用的器件是 atmega16，那么，就修改成"MCU = atmega16"。

⑤ 然后单击菜单 Tools 下的"[WinAVR]Make All"，如图 12-6 所示。这样就会在 avrx 文件夹下编译生成文件"avrx.a"。

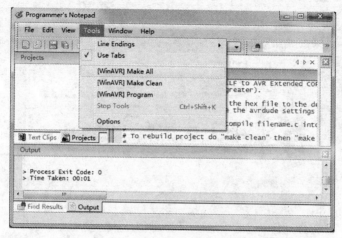

图 12-6 用菜单 Tools 下的"[WinAVR]Make All"编译 AVRX 内核

12.3.2 在 AVR Studio4 下应用 AVRX 操作系统

通过第 12.3.1 小节我们已经编译了 AVRX 操作系统，那么怎么在 AVR Studio4 软件下使用 AVRX 呢？接下来，演示一下如何在 AVR Studio4 中使用 AVRX 操作系统，并成功地将 AVRX 与用户程序编译连接生成最终下载到单片机的 HEX 文件。具体步骤如下：

① 打开 AVR Studio4 软件，如图 12-7 所示。

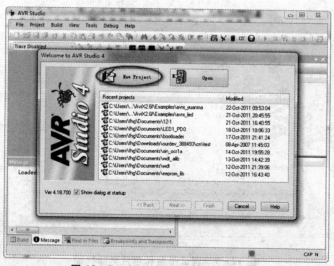

图 12-7 AVR Studio4 软件打开界面

② 在图 12－7 中单击 New Project，出现如图 12－8 所示的界面。设置编译器选择为 AVR GCC；工程名输入 AVRX_LED（这个名字可以随便输入）；路径设置可以选择第 12.3.1 小节中下载 AVRX 内容的解压文件夹下的 Examples。

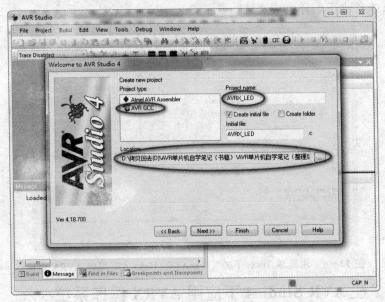

图 12－8　编译器、工程名及路径设置界面

③ 图 12－8 中的各个项都设置好后单击 Next 按钮，进入调试平台和芯片选择界面，如图 12－9 所示。调试平台可以选择 AVR Simulator，芯片选择 ATmega128。然后单击 Finsh 按钮。

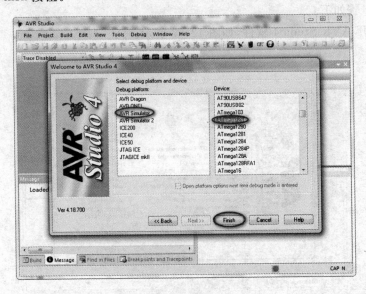

图 12－9　调试平台和芯片选择界面

④ 单击 AVR Studio 软件中菜单项 Project 下的 Configuration Options 选项，出现如图 12－10 所示界面。设置频率 Frequency 为 8 000 000 Hz。（假设单片机熔丝位配置为 8 M）

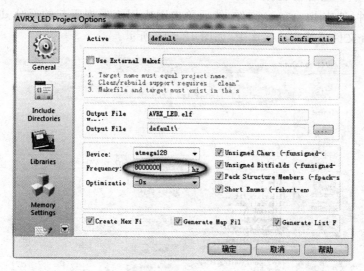

图 12－10　AVR Studio 软件配置选项的基本设置界面

⑤ 在第 12.3.1 小节中我们编译 AVRX 内核生成了 avrx. a 文件，在 AVR Studio 软件下需要将此文件包含进编译连接库列表中。连接库要求文件名必须是以 lib 开头的文件。所以，到 avrx 文件夹下将文件 avrx. a 重命名为 libavrx. a。然后再单击图 12－10 中左侧的 Libraries，出现如图 12－11 所示的界面。

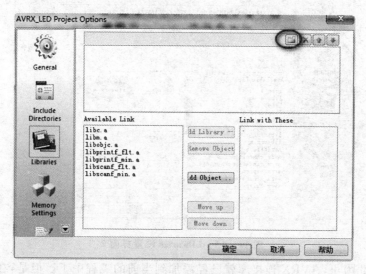

图 12－11　Libraries 界面

⑥ 在图 12-11 中单击用圈圈起的文件夹图标。然后在方框内输入 avrx 文件夹所在的路径，当然也可以单击输入框右侧的部分，设置 libavrx.a 所在的路径，如图 12-12 所示。之后会在左下方 Available Link 栏中看到我们编译后改名的 libavrx.a 文件，选中 libavrx.a 文件，然后单击图中用矩形框圈起的部分 dd Library，将 libavrx.a 文件添加到连接库中，如图 12-13 所示。

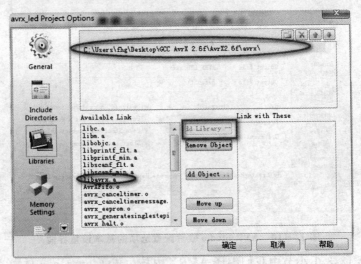

图 12-12　Libraries 设置界面 1

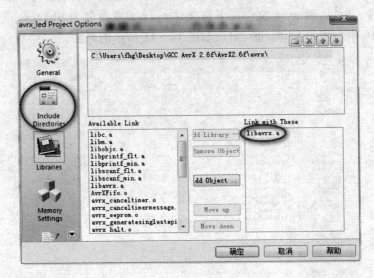

图 12-13　Libraries 设置界面 2

⑦ 到此为止，AVRX 连接库就已经添加到当前的工程中了。但是，在第 12.2.2 小节中的程序中有几个头文件：

```
# include <avrx - io.h>
# include <avrx - signal.h>
# include "avrx.h"
# include "hardware.h"
```

为了让编译器在编译时能顺利找到这些头文件，需要在图 12 - 13 中单击左侧的 Include Directories，出现如图 12 - 14 所示界面，单击用圈圈起的文件夹图标。然后，AVRX 把操作系统源文件包解压后的 avrx 和 Examples 的路径输入进去，或者单击输入框右边的部分找到这两个文件夹也可以。设置好路径后的界面如图 12 - 14 所示。最后单击"确定"按钮。

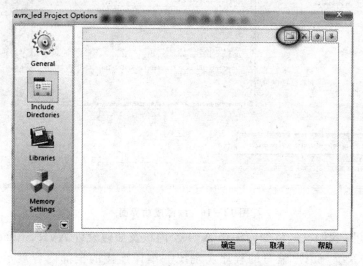

图 12 - 14　Include Directories 界面

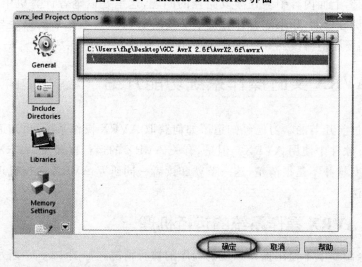

图 12 - 15　设置包含头文件的路径

⑧ 设置好上面的选项后,回到 AVR Studio 软件的主界面下,如图 12 - 16 所示。现在把第 12.2.2 小节中的程序复制到图 12 - 16 的程序编辑窗口中(这里先不解释程序的意义)。然后,单击用圆圈圈起的部分进行编译,最后在图 12 - 16 的下方出现编译成功的信息。

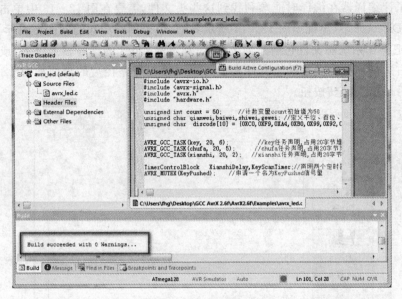

图 12 - 16　编译成功界面

到此为止,我们已经将如何编译 AVRX 内核及如何设置 AVR Studio 软件使得 AVRX 操作系统与用户编写的程序实现统一编译连接的全部内容展示给读者了。需要注意的是,上面内容中多处涉及路径的问题,这里是以笔者计算机中 AVRX 所在的路径为例分析的,如果笔者计算机中下载的 AVRX 并解压后的路径与笔者的路径不同,则需要相应修改。

12.4　AVRX 实时操作系统功能介绍

虽然通过前几节的学习已经知道了如何获取 AVRX 操作系统,也知道了怎么在 AVR Studio 软件中使用 AVRX。但是,有关 AVRX 的运行机理及 AVRX 中出现的一些函数和变量并不是很清楚,这一节就和读者一同研究 AVRX 运行机理及相关函数的使用方法。

12.4.1　AVRX 操作系统的运行机理

首先,介绍一下不使用操作系统的程序的执行情况。如图 12 - 17 所示为不使用操作系统的程序执行情况示意图。这样的系统一般在微波炉、电话和玩具中应用较为广泛。这种系统可称为前后台系统。应用程序是一个无限循环,循环中调用相应的函数完成相应的操作,这部分可以看成后台行为(background)。在执行后台无限循环的程序时,可能会有中断发生,这时,后台任务会被暂停,CPU 转而执行中断程序(ISR)。中断程序可以看成前台行为(foreground)。一般后台也可以叫做任务级,前台也叫中断级。

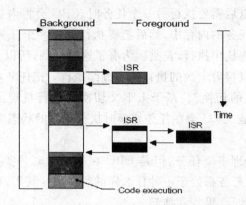

图 12 - 17 不使用操作系统的程序执行情况示意图

虽然,在图 12 - 17 所示的系统中前台任务能够及时得到执行,但是后台任务级程序只能是无限地从头循环到尾来处理。所以,有些函数的响应就不够及时,使得系统的实时性变差。

正是考虑到基于前后台行为的系统中后台任务响应不够及时的缺点。人们开始研究实时多任务操作系统的应用。其中,AVRX 就是众多实时多任务操作系统之一。那么,何为多任务呢? 它们又是怎么执行的呢?

所谓的"多任务"就是"同时"执行多个任务,但是 CPU 只有一个,那么,怎么实现多个任务同时执行呢? 我们还是想象一个生活场景吧,一个幸福的女人正抱着宝宝、吃着瓜子,陪几个姐妹打麻将(挺没正事儿的,哈哈…)。那么,任意时刻这个女人能做几件事呢? 严格来说是一件。当姐妹们催她出牌时,她不得不放下手中的瓜子马上去出牌,但是一旦出完这张牌后,她可以继续吃瓜子,但是,这个时候孩子又吵了,她就马上又放下瓜子去哄哄小孩……

我们可以用"一边……,一边……,一边……,……"来形容上面的 3 件事情,其实基于 AVRX 操作系统的程序执行和上面的例子很相似。CPU 可以"同时"处理多个任务,实际上,在任一时刻只能处理一件事,但是可以利用某一件事的空闲或等待时间去处理另一件事,CPU 就频繁地"奔走"于各个任务之间。也许,有人会有疑问,CPU 放

下一个任务的执行,等再次回来时是怎么接着执行的,它怎么记住原来程序执行的位置呢?

实际上,在应用 AVRX 操作系统时,假设有 3 个任务要处理,那么在定义这 3 个任务时,会给每个任务分配一定的内存空间,某一时刻 CPU 处理一个任务时,CPU 会将这个任务内存中的相关状态参数和数据复制到内核中,然后执行该任务;当这个任务空闲或者处理完以后需要执行另一个任务时,CPU 会将内核中相关的状态参数和数据再复制回那个任务的内存中,然后把要执行的下一个任务的内存中相关的状态参数和数据复制到内核中执行,正是因为有了这种机制,所以,CPU 在下一次执行原来的那个任务时可以接着上次的执行地点继续执行。把任务切换保存和导入任务状态的过程叫"上下文的切换"。基于上下文切换的运行机理虽然可以让 CPU"同时"处理多个任务,但是,CPU 会在任务切换时执行相关的状态参数和数据的复制上消耗一定的时间。

虽然 CPU 可以处理多个任务,但是 CPU 在任一时刻其实只能执行一个任务。那么,没有执行的那些任务都处于一种什么样的状态呢?其实,每个任务都有 4 种工作状态,分别是就绪、运行、等待和挂起。

➢ 就绪:该任务已经准备好,等待 CPU,以便执行。

➢ 运行:正在使用 CPU 执行任务。

➢ 等待:等待某一事件发生时所处的状态。

➢ 挂起:任务暂停,直到等待的时间结束。

通常,AVRX 会根据各个任务的轻重缓急来调度每个任务,一般会让重要的(优先级别高)先执行,当优先级高的任务空闲下来,CPU 会在准备就绪的任务中挑选一个优先级别最高的执行。那么,如果所有的任务都处于等待状态,操作系统该如何安排呢?实际上,在系统中还有一个"隐形"的空闲任务,当所有其他任务都处于等待状态时 AVRX 会自动转入空闲任务执行。

12.4.2　AVRX 简介

AVRX 具备嵌入式操作系统的绝大部分功能,它具有如下的特点,现在读者只需要知道这些特点就可以了,之后再慢慢了解这些功能。

➢ 支持优先级、占先式驱动的任务调度算法。16 个优先级,优先级的数越小,优先级别越高。相同优先级的任务采用轮流调度算法轮流执行。所以,如果先得到执行的任务不主动释放 CPU,其余相同优先级别的任务就得不到运行。

➢ 信号量可用于信号传递、同步和互斥。支持阻塞和非阻塞算法。

➢ 任务间可用消息队列相互传递信息。接收和确认消息可以用阻塞和非阻塞调用。

➢ 支持单个定时器的时间队列管理。任何进程都可以设置一个定时器并且任何一个任务都可以等待定时器时间到。

➤ 程序空间小：包含所有功能的版本只占用 1 KB。

➤ 速度快：在 10 MHz 的时钟频率下，10 kHz 的系统时钟下 CPU 消耗 20％的资源。中断进入和返回用 211 个时钟周期。

虽然，初学者对上面的有些内容并不十分理解，这没有关系，读者可以通过接下来的内容进一步分析理解本小节的内容。

12.4.3 AVRX 中任务的结构

AVRX 中的每一个任务都需要先声明。例如，声明一个名字为 LedFlash 的任务，声明形式如下：

```
AVRX_GCC_TASKDEF(LedFlash, 50, 3);
```

其中，AVRX_GCC_TASK 是在文件 avrx. h 中定义的宏，具体细节见 avrx. h 文件。宏 AVRX_GCC_TASK 有 3 个参数，第 1 个是任务名，如 LedFlash；第 2 个是用户堆栈大小，本例中设置为 50；第 3 个是任务优先级，本例中设置为 3。

声明好一个任务，而真正执行这个任务通常由一个函数来完成，如下面的代码所示：

```
NAKEDFUNC(LedFlash)
{
  DDRB = 0xFF;
    while(1)    //一直执行
    {
        PORTB ^= PORTB;
      (其他语句);
    }
}
```

上面的这段程序与我们平时编写的 main 函数很相似，只是名字不同而已。一般在函数的开始也需要定义变量或者进行初始化，之后就是一段无限循环。

也许读者对上面的函数名有些疑问，为什么写成 NAKEDFUNC(LedFlash)这样的呢？其实可以改写成"void LedFlash(void)"，这回就不陌生了吧。这又是为什么呢？原因是在 avrx. h 文件中有一条宏定义"# define NAKEDFUNC(A) void A (void)"，现在，应该清楚了吧。

编写好任务程序后，启动该任务执行时需调用 AvrXRunTask，将该任务插入到系统任务队列中，这样任务才有机会执行。例如，启动上文声明的任务 LedFlash 的形式如下：

```
AvrXRunTask(TCB(LedFlash));
```

除了 AvrXRunTask 以外，有关任务的内核 API 还有以下几个：

```
void AvrXResume(pProcessID);
```

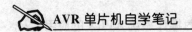
使指定的任务从挂起状态恢复到运行状态。

```
AvrXSuspend(pProcessID);
```

挂起任务,将指定的任务从内核运行队列中移除。

```
AvrXTerminate(pProcessID);
```

终止任务,将指定的任务从内核运行队列中移除。

```
AvrXHalt(void);
```

该函数在系统发生错误时使用,此函数将使系统进入一个无限循环。

```
AvrXPriority(pProcessID);
```

调用该函数将返回指定任务的优先级。

```
AvrXChangePriority(pProcessID, unsigned char);
```

设置指定任务的优先级,前一个参数为指定的任务,后一个参数为要修改的任务优先级。

掌握了任务的声明方法和任务的结构,同时也了解了有关任务的部分 API 函数,下面完成一个实验,实现两个 LED 小灯闪烁,其中一个 LED 用一个任务控制,每隔 1 000 ms 闪烁一次;另一个 LED 用另一个任务控制,每隔 500 ms 闪烁一次,电路如图 12 - 18 所示。

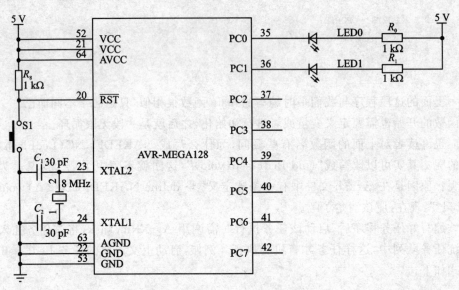

图 12 - 18　两个 LED 小灯闪烁

基于 AVRX 操作系统的程序设计如下:

```
# include <avrx-io.h>
# include <avrx-signal.h>
# include "avrx.h"
# include "hardware.h"

AVRX_GCC_TASK(LedTask1, 20, 3);    //LedTask1 声明,占 20 B 堆栈,优先级 3
AVRX_GCC_TASK(LedTask2, 20, 3);    //LedTask2 声明,占 20 B 堆栈,优先级 3

TimerControlBlock   LedDelay_1,LedDelay_2;        //声明两个定时器
//-----------------------------------------------//
int main(void)                     //主程序
{
   AvrXSetKernelStack(0);          //新建任务堆栈,如果参数为空切换到当前任务堆栈
   MCUCR = 1<<SE;                  //允许低功耗
   TCNT0 = TCNT0_INIT;            //初始化定时器 0
   TCCR0 = TMC8_CK256;           //设置定时器时钟分频
   TIMSK = 1<<TOIE0;              //允许定时器 0 中断
   AvrXRunTask(TCB(LedTask1));    //运行任务 LedTask1
   AvrXRunTask(TCB(LedTask2));    //运行任务 LedTask2
   Epilog();                      // 切换到 AVRX 系统堆栈中的第一个进程任务
   while(1);                      //死循环,实际上不会运行到这里
}

//-------------------------------------------------------//
AVRX_SIGINT(SIG_OVERFLOW0)        //定时器 0 中断,提供系统节拍
{
   IntProlog();                   // 保存上下文,切换上下文堆栈
   TCNT0 = TCNT0_INIT;
   AvrXTimerHandler();            // 定时器队列
   Epilog();                      //切换到第一个任务
}

//-------------------------------------------------------//
NAKEDFUNC(LedTask1)               //LedTask1 任务程序
{
   DDRC |= 0x01;                  //初始化端口 C 的第 0 个引脚为输出
   while(1)                       //死循环一直执行
   {
      AvrXDelay(&LedDelay_1, 1000);   //延时 1 000 ms(1 s)
      PORTC ^= _BV(PORTC0);      //将端口 C 的第 0 根引脚信号取反
   }
}
//-------------------------------------------------------//
NAKEDFUNC(LedTask2)               //LedTask2 任务程序
```

```
{
    DDRC | = 0x02;                      //初始化端口 C 的第 1 个引脚为输出
    while(1)                            //死循环一直执行
    {
    AvrXDelay(&LedDelay_2, 500);        //延时 500 ms
     PORTC &= 0xfd;                     //将端口 B 的第 1 根引脚设置为低电平,LED 点亮
    AvrXDelay(&LedDelay_2, 500);        //延时 500 ms
    PORTC | = 0x02;                     //将端口 C 的第 1 根引脚信号置为高电平,LED 熄灭
    }
}
```

12.4.4 基于 AVRX 的程序执行分析及延时的原理

以第 12.4.3 小节中实现两个 LED 闪烁的程序为例,分析基于 AVRX 程序的执行过程及该程序中所用到的延时的作用和工作原理。

当第 12.4.3 小节的程序开始执行时,首先执行 main 函数,第一条"AvrXSetKernelStack(0);"用于设置内核堆栈;接下来的 4 条语句是对定时器 0 进行初始化(TCNT0_INIT 和 TMC8_CK256 在文件 hardware. h 中有宏定义),因为程序中用到了系统延时,这个系统延时就是利用单片机内部的定时器 0 来完成的,关于这个问题在接下来的内容中详细分析;再下面的两条语句用来启动两个任务,使得这两个任务进入队列中等待 CPU 的执行。最后通过调用"Epilog();"切换到第一个任务,这样第一个任务就开始执行了。

由于在本例中,声明的两个任务的优先级都是"3",所以它们是轮流执行的,这就要求每个任务必须在执行期间有空闲时刻,如果一直执行,则另一个任务将得不到执行。那么每个任务是怎么实现运行中的空闲的呢? 是这样的,在 main 主程序前定义了两个定时器,如下所示:

```
TimerControlBlock    LedDelay_1,LedDelay_2;   //声明两个定时器
```

并且在每个任务中都用这两个定时器进行延时。如在任务 LedTask1 中就用下面的函数实现了延时。

AvrXDelay(&LedDelay_1, 1000);   //延时 1 000 ms(1 s)

AvrXDelay 是 AVRX 提供的 API 函数,用来实现延时,其延时的原理是在 AVRX 中启动定时器 0,那么定时器 0 就会周期性地产生定时中断,这个周期性的定时中断也叫做"时钟节拍"。这里的延时就是通过记录这个时钟节拍的次数来实现延时的。在"AvrXDelay(&LedDelay_1, 1000);"中定义了名为 LedDelay_1 的定时器,那么,这个函数延时多长时间呢? 它所实现的延时就是 1 000 次的"时钟节拍"。那么,系统是怎么知道 1 000 次时钟节拍的呢? 这是在定时器 0 的中断函数中实现的。定时器中断函数如下:

```
AVRX_SIGINT(SIG_OVERFLOW0)          //定时器 0 中断,提供系统节拍
{
    IntProlog();                    // 切换到内核环境
    TCNT0 = TCNT0_INIT;             //定时器赋初始值
    AvrXTimerHandler();             // 定时器管理器
    Epilog();                       //切换到任务环境
}
```

在上面的程序中有一条"AvrXTimerHandler();",是用来处理每个定时器时钟节拍次数的函数。上面函数中还有两个函数:"IntProlog();"和"AvrXTimerHandler();",这两个函数是实现内核环境和任务环境切换用的,在中断函数中要成对儿使用,这里不细分析了。

因为有了"AvrXTimerHandler();"定时器管理器,我们可以定义很多个定时器变量实现定时,这些定时器变量都共用一个定时器 0 就可以实现各自的定时功能。当然,这个定时也并不是绝对准确的。例如,用"AvrXDelay(&LedDelay_1,1000);"启动定时器开始定时,理论上可以定时 1 000 次的时钟节拍,但是,当启动这个定时函数时,定时器即将产生中断,这样 1 000 次定时中断的时间,实际上是接近 999 次时钟节拍的时间。当然,在要求不是十分严格的普通延时应用场合,采用这种延时方式是比较合适的。

那么,在 AVRX 中有关延时函数的其他 API 还有哪些呢? 具体如下:

```
void AvrXStartTimer(pTimerControlBlock, unsigned);
```

启动一次定时,当时间到的时候会通过信号量给出一个信号,完成定时任务。

```
pTimerControlBlock AvrXCancelTimer(pTimerControlBlock);
```

取消由 AvrXStartTimer()启动的定时。

```
void AvrXWaitTimer(pTimerControlBlock);
```

等待由 AvrXStartTimer()启动的定时。

```
void AvrXDelay(pTimerControlBlock, unsigned);
```

AvrXDelay 的作用相当于同时应用 AvrXStartTimer 和 AvrXWaitTimer,即启动定时功能,然后等待定时时间结束。

```
Mutex AvrXTestTimer(pTimerControlBlock);
```

用于测试定时器 pTimerControlBlock 中信号量的状态。

```
void AvrXTimerHandler(void);
```

定时器队列管理函数,用于管理各个定时器,在上面例子中的定时器 0 的中断程序中用过。

注意：在任务中一定要用 AVRX 系统提供的延时，不能使用在前面章节中常用的用户自行编写的延时函数，尤其是任务优先级高的就更要注意，否则，高优先级的任务一直占用 CPU 的使用权，低优先级的任务根本就没有机会执行。

12.4.5 信号量的应用

在第 12.4.4 小节中多次提到信号量。那么，什么是信号量呢？它的主要作用是什么呢？先举个小例子吧。看过一些抗战片吧，会有这样一个镜头，两路红军攻击敌方堡垒，这两路红军事先约定，当第一路红军如果放出信号弹时，第二路红军就发动攻势，如果第一路红军不发信号弹，则第二路红军按兵不动。在这个例子中，我们可以看到信号弹在两路红军进攻上起到了协调作用。

在 AVRX 中常用信号量来协调任务，如一个任务要等待另一个任务执行到指定位置时这个任务再继续执行。比较典型的例子是，当按键被按下时 LED 小灯闪烁一下，如果没按下按键，LED 小灯就保持原来的状态。这里按键被按下和 LED 小灯闪烁分别用两个任务控制，那么，它们之间的协调就可以通过信号量来完成。LED 小灯闪烁的任务需要等待信号量的到来才可以继续执行，称 LED 闪烁任务被信号量阻塞。当然，信号量的应用不仅仅是这些，这里就不一一举例了，等应用的时候慢慢体会吧。

书归正传，信号量实际上是一个指向任务控制块的指针。信号量有 3 种状态：挂起（PEND）、等待（WAITING）和设置（DONE），具体关系转换如图 12-19 所示。例如定义一个名字为 KeyPushed 的信号量，可以这样定义"AVRX_MUTEX(KeyPushed);"，刚定义的信号量处于挂起（PEND）状态，当然，在任务中执行"AvrXWaitSemaphore(&Key-Pushed);"或"AvrXResetSemaphore(&KeyPushed);"或"AvrXTestSemaphore(&KeyPushed);"也可以使信号量 KeyPushed 进入挂起（PEND）状态。此时，该任务就停止执行。如果之后在某个任务中运行"AvrXSetSemaphore(&KeyPushed);"，则刚才的任务就获得了信号量，然后继续执行。

如果在多个任务中都执行"AvrXWaitSemaphore(&KeyPushed);"等待同一个信号量，则多个任务都将被从内核运行队列中移除，并排队等待此信号量。此时，一次调用"AvrXSetSemaphore(&KeyPushed);"将使得优先级最高的任务从等待的队列中取出并放入到内核运行队列中，该任务将首先得到执行。

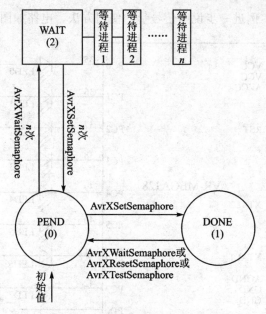

图 12 - 19 信号量 3 种状态关系图

与信号量有关的各个 API 函数简介如下：

void AvrXSetSemaphore(pMutex);

使信号量 pMutex 处于"有信号"状态。

void AvrXIntSetSemaphore(pMutex);

此函数在中断中使用，使信号量 pMutex 处于"有信号"状态。

void AvrXWaitSemaphore(pMutex);

使信号量 pMutex 处于"无信号"状态。

Mutex AvrXTestSemaphore(pMutex);

检测信号量的状态并返回被测信号量状态。如果信号量处于 DONE 状态时调用 AvrXTestSemaphore，则返回 SEM_DONE（在 avrx.h 中有定义）并将信号量的状态改变为 PEND，其他状态下调用 AvrXTestSemaphore，则不会改变信号量状态，仅返回当前的状态。

Mutex AvrXIntTestSemaphore(pMutex);

用于检测信号量状态，该函数用于中断函数中。

void AvrXResetSemaphore(pMutex);

复位信号量，使其处于 PEND 状态。

void AvrXResetObjectSemaphore(pMutex);

下面设计应用实例进一步说明信号量的使用方法。电路如图 12 - 20 所示。

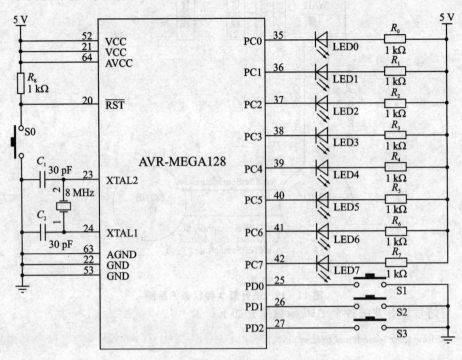

图 12 - 20 按键控制 LED 小灯

基于 AVRX 操作系统的程序设计思想是,声明两个任务,一个用于检测按键是否被按下,另一个用于执行一次一个 LED 小灯闪烁。当没有按键被按下时,LED 闪烁的任务就被一个信号量阻塞而暂停执行。当检测到按键被按下时,在按键任务中会立刻发信号,这样,LED 闪烁任务就可以继续执行,执行一次 LED 闪烁,然后再等下一次信号量的到来。如此循环,实现按键控制 LED 闪烁。具体程序代码如下:

```
# include <avrx - io.h>
# include <avrx - signal.h>
# include "avrx.h"
# include "hardware.h"

AVRX_GCC_TASK(LedTask, 20, 6);              //任务声明,占用 20 B 堆栈,任务优先级 6
AVRX_GCC_TASK(KeyScanTask, 20, 2);          //任务声明,占用 20 B 堆栈,任务优先级 2

TimerControlBlock    LedDelay,KeyScanTimer; //声明两个定时器

AVRX_MUTEX(KeyPushed);                       //申请一个名为 KeyPushed 信号量

int main(void)                               //主程序
{
    AvrXSetKernelStack(0);                   //新建任务堆栈,如果参数为空切换到
                                             //当前任务堆栈
```

```
    MCUCR = 1<<SE;                          //允许低功耗
    TCNT0 = TCNT0_INIT;                     //初始化定时器 0
    TCCR0 = TMC8_CK256;                     //设置定时器时钟分频
    TIMSK = 1<<TOIE0;                       //允许定时器 0 中断
    AvrXRunTask(TCB(LedTask));              //运行任务 LedTask
    AvrXRunTask(TCB(KeyScanTask));          //运行任务 KeyScanTask
    Epilog();                               // 切换到 AVRX 系统堆栈中的第一个
                                            //进程任务
    while(1);                               //死循环,实际上不会运行到这里
}
AVRX_SIGINT(SIG_OVERFLOW0)                  //定时器 0 中断,提供系统节拍
{
    IntProlog();                            // 保存上下文,切换上下文堆栈
    TCNT0 = TCNT0_INIT;
    AvrXTimerHandler();                     // 定时器队列管理
    Epilog();                               //切换到第一个任务
}
NAKEDFUNC(LedTask)                          //LedTask 任务程序
{
DDRC | = 0x01;                              //初始化端口 C 的第 0 个引脚为输出
PORTC | = 0x01;                             //初始化端口 C 的第 0 个引脚为高电平
    while(1)                                //死循环一直执行
    {
    AvrXWaitSemaphore(&KeyPushed);          //等待按键被按下传递过来的信号
     PORTC & = 0xfe;                        //将端口 C 的第 1 根引脚设置为低电平,LED 点亮
     AvrXDelay(&LedDelay, 1000);            //延时 1 000 ms(1 s)
     PORTC | = 0x01;                        //将端口 C 的第 1 根引脚设置为高电平,LED 熄灭
     }
}
NAKEDFUNC(KeyScanTask)                      //KeyScanTask 任务程序 ,按键扫描程序
{
DDRD & = 0xfe;                              //初始化端口 D 的第 0 个引脚为输入
PORTD | = 0x01;                             //初始化端口 D 的第 0 个引脚为上拉
    while(1)
    {
    if (( PIND&0x01 ) == 0)                 //如果第一个引脚为 0,那么按下按键
    {
     AvrXSetSemaphore(&KeyPushed);          //设置信号量 KeyPushed
    }
    AvrXDelay(&KeyScanTimer, 10);           //延时 10 ms
    }
}
```

12.4.6   消息的应用

在前一节中介绍了信号量的使用方法,并了解到信号量可以协调任务间的执行,常见的应用是一个任务等待另一个任务信号量的到来才能继续执行。而在本节中即将介绍的消息比信号量的功能更多一些,不但可以实现任务间的协调同步,而且还可以在任务间以及中断与任务间传递消息(数据)。

在 avrx.h 文件中定义了有关消息的消息控制块结构和消息队列结构数据类型如下:

消息控制块结构如下:

```
typedef struct MessageControlBlock
{
    struct MessageControlBlock * next;
    Mutex semaphore;
}
* pMessageControlBlock, MessageControlBlock;
```

消息队列结构如下:

```
typedef struct MessageQueue
{
    pMessageControlBlock message;      /* List of messages */
    pProcessID pid;                    /* List of processes */
}
* pMessageQueue, MessageQueue;
```

上面的两个结构分别用于定义消息和消息队列。当通过消息发送函数发送消息时,接到的消息就会按照顺序排列到消息队列中,而此时如果有进程等待该队列消息,那么,最高优先级的进程将读取该消息。下面介绍一下 AVRX 中提供的 API 函数,然后举例说明消息的使用方法。

```
pMessageControlBlock AvrXRecvMessage(pMessageQueue);
```

从消息队列中读消息,如果消息队列中没有消息,则返回 NOMESSAGE,如果有消息,则返回收到的消息的控制块指针。

```
pMessageControlBlock AvrXWaitMessage(pMessageQueue);
```

等待接收消息队列里的消息,并将该任务阻塞。

```
void AvrXSendMessage(pMessageQueue, pMessageControlBlock);
```

向消息队列里发送一个消息。

```
void AvrXIntSendMessage(pMessageQueue, pMessageControlBlock);
```

在中断中向消息队列里发送一个消息。

```
void AvrXAckMessage(pMessageControlBlock);
```

给发送消息方一个"应答",实际上就是给消息控制块内的信号量置信号。

```
void AvrXWaitMessageAck(pMessageControlBlock);
```

等待接收消息方"回应",实际上就是等待消息控制块内的信号量。

```
Mutex AvrXTestMessageAck(pMessageControlBlock);
```

测试消息控制块内的信号量。

接下来完成一个实验,电路可以参考上一节中的图 12 - 20。在程序中定义两个消息(MessageControlBlock SwitchUp, SwitchDown;)和一个消息队列(Message-Queue MyQueue;),在一个任务中通过检测按键的状态(按下或者抬起),当按键被按下发送一个消息(AvrXSendMessage(&MyQueue, &SwitchDown);),当按键抬起时发送另外一个消息(AvrXSendMessage(&MyQueue, &SwitchUp);)。而在另一个任务中则一直在等待接收消息(p = AvrXWaitMessage(&MyQueue);),如果接收到消息,则会判断接收的消息是上面的哪一个,从而决定是让 PC 口接的 8 个 LED 全亮或者全灭。当然,接收到消息后会给发送方发送一个接收到消息的回应(AvrXAckMessage(p);)具体程序如下:

```
# include <avrx - io.h>
# include <avrx - signal.h>
# include "Avrx.h"
# include "hardware.h"


TimerControlBlock    MyTimer;              // Declare timers control blocks
MessageControlBlock SwitchUp,              // Simple messages (no internal data)
                    SwitchDown;
MessageQueue         MyQueue;              // The message queue

AVRX_SIGINT(SIG_OVERFLOW0)
{
    IntProlog();                          // Switch to kernel stack/context
    TCNT0 = TCNT0_INIT;
    AvrXTimerHandler();                   // Call Time queue manager
    Epilog();                             // Return to tasks
}
/* Task 1 Waits for a message, parses it and takes action. */
AVRX_GCC_TASKDEF(task1, 10, 3)
{
    DDRC = 0XFF;
    MessageControlBlock * p;

    while (1)
    {
```

```
          p = AvrXWaitMessage(&MyQueue);
        if (p == &SwitchUp)
          PORTC = 0xFF;
        else if (p == &SwitchDown)
          PORTC = 0x00;
        else
            AvrXHalt();
        AvrXAckMessage(p);
    }
}
/* Task 2 Checks PIND every 10 ms and sends a message   */
AVRX_GCC_TASKDEF(task2, 10, 3)
{
    unsigned char previous, current;
    DDRD = 0X00;
    previous = PIND;

    while (1)
    {
        AvrXDelay(&MyTimer, 10);                  // 10 ms delay
        if (previous ! = (current = (PIND & 0x01)))
        {
            if (current == 0x01)
            {
                AvrXSendMessage(&MyQueue, &SwitchUp);
                AvrXWaitMessageAck(&SwitchUp);
            }
            else
            {
                AvrXSendMessage(&MyQueue, &SwitchDown);
                AvrXWaitMessageAck(&SwitchDown);
            }
            previous = current;
        }
    }
}
//Main runs under the AvrX Stack
int main(void)
{
    AvrXSetKernelStack(0);

    MCUCR = _BV(SE);
    TCNT0 = TCNT0_INIT;
    TCCR0 = TMC8_CK256;
    TIMSK = _BV(TOIE0);
    LEDDDR = 0xFF;
    LED = 0xFF;

    AvrXRunTask(TCB(task1));
    AvrXRunTask(TCB(task2));
```

```
        Epilog();                      // Switch from AvrX Stack to first task
        while(1);
}
```

上面的程序成功地实现了发送消息和接收消息,并且能够根据接收到的消息的不同来做出后续处理。尽管如此,我们还是发现只是完成这样的任务似乎消息的功能也不过如此嘛。那么,能不能实现发送一个消息给消息队列时,可以在该消息中"携带"任何我们想发送的数据呢? 其实,可以自己"创造"一个结构体,把原来系统中的消息控制块和一个变量放到一个新的结构体中。这样就可以用这个变量来"携带"我们想发送的数据了。新的结构体定义如下:

```
typedef struct MyMessage
{       MessageControlBlock mcb;
        unsigned char data;
}
* pMyMessage, MyMessage;
```

下面举例说明应用消息传送任意数据的应用方法。采用图 12 - 21 所示电路图。实现的功能就是,用一个任务检测 PD 口按键被按下的状态,然后通过消息发送到消息队列,另一个任务接收到消息后将消息中"携带"的数据用 PC 口上接的 LED 显示出来。

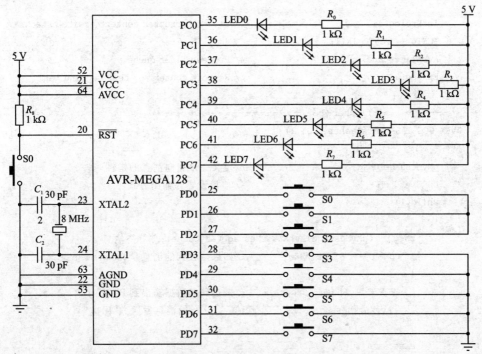

图 12 - 21 按键控制 LED 小灯

程序代码如下：

```
# include <avrx - io. h>
# include <avrx - signal. h>
# include "avrx. h"
# include "hardware. h"
TimerControlBlock SwTimer;
TimerMessageBlock Timer;
//This is how you build up a message element that transports data//
typedef struct MyMessage
{
    MessageControlBlock mcb;
    unsigned char data;
}
* pMyMessage, MyMessage;
MyMessage SwitchMsg;                      // Declare the actual message
MessageQueue MyQueue;

//-----------定时器 0 中断-----------------------//
AVRX_SIGINT(SIG_OVERFLOW0)
{
    IntProlog();                          // Save interrupted context, switch stacks
    TCNT0 = TCNT0_INIT;
    AvrXTimerHandler();                   // Process Timer queue
    Epilog();                             // Restore context of next running task
}
//-----------flasher 任务 -----------------------//
AVRX_GCC_TASKDEF(flasher, 20, 2)
{
    pMyMessage pMsg;                      //定义一个指向消息的指针
    DDRC = 0xFF;                          //PC 口设置为输出方式
    while(1)
    {
        pMsg = (pMyMessage)AvrXWaitMessage(&MyQueue);//等待消息
        if (pMsg == &SwitchMsg)          //如果接收到的消息是 SwitchMsg
        {
            PORTC = (pMsg->data);        //把接到的数据输出到 PC 口
            AvrXAckMessage(&pMsg->mcb);      //给消息发送方"回应"
        }
        else
        {
            AvrXHalt();
```

```
            }
        }
}
// ------------ switcher 任务 ----------------------//
AVRX_GCC_TASKDEF(switcher, 10, 3)
{
    DDRD = 0X00;
    while(1)
    {
        AvrXDelay(&SwTimer, 10);           // Delay 10 milliseconds
        if (SwitchMsg.data != PIND)        // 如果按键状态改变(PIND 口改变)
        {
            SwitchMsg.data = PIND;         //把 PIND 口状态赋值给消息变量
            AvrXSendMessage(&MyQueue, &SwitchMsg.mcb); //发送消息到消息队列
            AvrXWaitMessageAck(&SwitchMsg.mcb);        //等待接收方"回应"
        }
    }
}
// --------------- 主函数 main --------------------//
int main(void)
{
    AvrXSetKernelStack(0);
    MCUCR = 1<<SE;
    TCNT0 = TCNT0_INIT;
    TCCR0 = TMC8_CK256;
    TIMSK = 1<<TOIE0;
    AvrXRunTask(TCB(flasher));             //启动任务 flasher
    AvrXRunTask(TCB(switcher));            // 启动任务 switcher

    Epilog();                             // Switch from AvrX Stack to first task
    while(1);
}
```

此外，在 avrx.h 中还有一个定时消息控制块，其在 avrx.h 中的定义形式如下：

```
typedef struct TimerControlBlock
{
    struct TimerControlBlock * next;
    Mutex semaphore;
    unsigned short count;
}
 * pTimerControlBlock, TimerControlBlock;
```

如定义一个定时消息控制块变量,可以这样定义:

```
TimerMessageBlock TimerMessage;        //定义一个定时消息发送器
```

那么,如何实现定时然后发送消息呢? 可以采用 AvrXStartTimerMessage,具体如下:

```
AvrXStartTimerMessage(&TimerMessage,1000,&MyMessgaeQueue);//定时发送消息
```

上面语句表示定时 1 000 ms,等定时时间到时,再发送消息到消息队列,从而实现了定时和消息的结合。但是值得注意的是,调用 AvrXStartTimerMessage 并不阻塞任务的执行,因此,如果一个任务中只有这一条语句,那么该任务就对 CPU 具有独占性,那么,其他任务就很难有机会执行,因此,在下面的程序中,在调用该函数之后,调用了等待信号量函数。下面的程序实现的功能就是一个任务定时发送消息,另一个任务等待消息,然后取反 PC 口状态。通过这个例程进一步理解定时消息发送和信号量的使用。具体代码如下:

```
# include <avrx - io.h>
# include <avrx - signal.h>
# include "avrx.h"
# include "hardware.h"

TimerMessageBlock TimerMessage;        //定义一个定时消息发送器
MessageQueue MyMessgaeQueue;           //定义一个消息队列
Mutex WaitSamaphore;                   //定义一个信号量 WaitSamaphore
//------------------定时器中断函数------------------//
AVRX_SIGINT(SIG_OVERFLOW0)
{
    IntProlog();                       // Save interrupted context, switch stacks
    TCNT0 = TCNT0_INIT;
    AvrXTimerHandler();                // Process Timer queue
    Epilog();                          // Restore context of next running task
}
//------------------定时发送消息任务------------------//
AVRX_GCC_TASKDEF(timermessgae, 20, 4)
{
  while(1)
  {
  AvrXStartTimerMessage(&TimerMessage,1000,&MyMessgaeQueue);//定时发送消息
  AvrXWaitSemaphore(&WaitSamaphore);//等待信号量
  }
}
//------------------等待消息任务------------------//
```

```
AVRX_GCC_TASKDEF(led, 10, 3)
{
    DDRC = 0XFF;
    while(1)
    {
     AvrXWaitMessage(&MyMessgaeQueue);        //等待消息队列里的消息
     PORTC = ~PORTC;                          //PORTC 口状态取反
    AvrXSetSemaphore(&WaitSamaphore);         //发送信号量
     }
}
// ------------------- main 主函数 -----------------------//
int main(void)
{
    AvrXSetKernelStack(0);

    MCUCR = 1<<SE;
    TCNT0 = TCNT0_INIT;
    TCCR0 = TMC8_CK256;
    TIMSK = 1<<TOIE0;

    AvrXRunTask(TCB(timermessgae));
    AvrXRunTask(TCB(led));

    Epilog();                                 // Switch from AvrX Stack to first task
    while(1);
}
```

第 13 章

12864LCD 及其绘图函数库的应用

　　LCD 可以灵活显示字符、汉字和图像。因此,在计算器、万用表、电子表及家用电子产品中都有广泛应用。本章以 CO0511FPD - SWE 液晶为例分析讲解液晶的显示原理,并举例演示用 LCD 显示字符、汉字、图像,并介绍绘图函数库的使用方法及如何应用绘图函数库设计俄罗斯方块游戏。

13.1　12864LCD(CO0511FPD - SWE)液晶简介

　　本节中介绍一款 12864LCD,型号是 CO0511FPD - SWE。为什么称其为 12864液晶呢? 是这样的,通常液晶按照显示字符数量或点阵的行列数进行命名,如:1602的意思就是每行显示 16 个字符,可以显示 2 行,这种液晶只能显示 ASCII 码字符(数字、大小写字母和各种符号);12864 属于图形液晶,这种液晶由 128 列 64 行点组成,可以用来显示字符、汉字和图像,类似的方式命名的图形液晶还有 19264、192128及 320240 等。

13.1.1　12864LCD(CO0511FPD - SWE)液晶接口

　　12864LCD(CO0511FPD - SWE)液晶接口如表 13 - 1 所列。

表 13 - 1　CO0511FPD - SWE 接口

引脚序号	引脚名称	电平/电压	功　能
1	/CS	L	芯片选通端,低有效
2	/RES	L	复位输入端,低有效
3	A0	H/L	命令数据选择端,高电平:数据,低电平:命令
4	/WR(R/W)	L	80 时序时作为写信号;68 时序时是读或写信号选择端,低电平时写数据,高电平时读数据
5	/RD(E)	L	80 时序时作为读信号;68 时序时作为使能信号,下降沿锁存

引脚序号	引脚名称	电平/电压	功　能
6	DB0	H/L	并行模式时应用 DB0～DB7 这 8 个一脚
7	DB1	H/L	串行模式时,DB0～DB5 没有作用,
8	DB2	H/L	只使用 DB6 和 DB7。
9	DB3	H/L	此时:
10	DB4	H/L	DB6(SCL):串行模式时钟端;
11	DB5	H/L	DB7(S1):串行模式数据端
12	DB6(SCL)	H/L	
13	DB7(S1)	H/L	
14	VDD	3.0～5.0 V	模块逻辑电源输入端
15	VSS	0 V	逻辑电源地
16	C86	H/L	高电平:68 时序模式;低电平:80 时序模式
17	P/S	H/L	高电平:并行模式;低电平:串行模式
18	＊LED+	3.0～5.0 V	背光电源正端

13.1.2　12864LCD(CO0511FPD－SWE)液晶与 AVR 单片机的接口电路

这款液晶可以工作在并行模式,也可以工作在串行模式。当工作在并行模式时要用到 DB0～DB7。AVR 单片机和这款液晶的接口电路如图 13－1 所示。

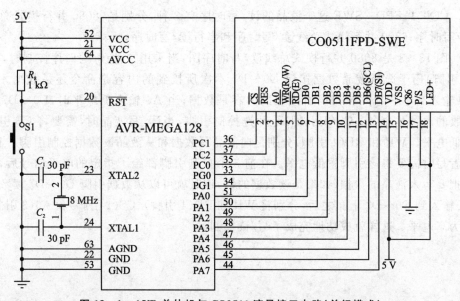

图 13－1　AVR 单片机与 CO0511 液晶接口电路(并行模式)

当 CO0511 液晶采用串行模式工作时，DB0～DB5 就不使用了。AVR 单片机和这款液晶的接口电路如图 13-2 所示。

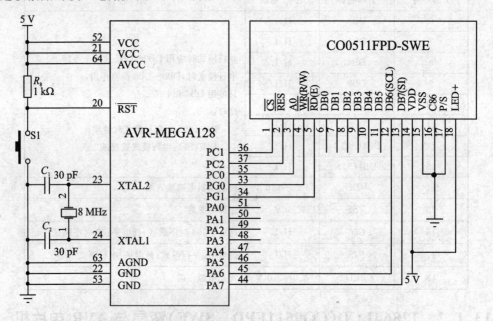

图 13-2　AVR 单片机与 CO0511 液晶接口电路(串行模式)

13.1.3　12864LCD(CO0511FPD-SWE)8080 并行模式总线读/写时序

CO0511FPD-SWE 这个液晶的读/写时序有 3 种，分别是：8080 并行模式总线读/写时序；6800 并行模式总线读/写时序和串行读/写时序。

图 13-3 是 8080 并行模式总线读/写时序图，当采用这种读/写时序控制时，A0(3 引脚)用于选择液晶数据接口 D0～D7 本次所接到的内容是命令还是数据。当 A0 输入高电平时，D0～D7 所接收的内容是数据；当 A0 输入低电平时，D0～D7 所接收的内容是命令。CS(1 引脚)是片选控制引脚，当读/写液晶时，需要将 CS 引脚置低电平。WR 和 RD(4 引脚)分别是向液晶写数据和从液晶读数据控制引脚，当读或者写时需要将该引脚置低电平。在前 3 个控制引脚都给了指定的电平信号后，这时把要写入液晶的数据(如果是读数据的话，这时就可以从数据引脚 D0～D7 读数据了)输入到 D0～D7 上。之后，分别将 WR 和 RD(4 引脚)、CS(1 引脚)和 A0(3 引脚)置为高电平。这样就成功地完成了写/读控制。

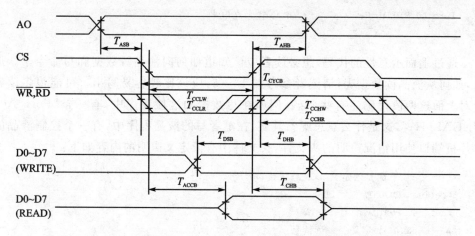

图 13 - 3   CO0511 液晶并行模式总线读/写时序 (8080 时序)

关于上面的时序图,可以参考下面的程序来理解上面的文字描述,向液晶写命令.
程序如下:

```
//------------ 写指令 ------------------------
void lcd_command_write(unsigned char data_8)
{
DDRDATA = OXFF;              //将单片机数据控制引脚设置为输出方式
Port_AO_SINGAL_L;           //将 AO 置为低电平,表示写入命令
Port_CS_SINGAL_L;           //将 CS 置为低电平,表示使能片选
Port_WR_SINGAL_L;           //将 WR 置为低电平,表示向液晶写
PORTDATA = data_8;          //将要写的命令控制字输出到单片机控制口 PORTA
Port_WR_SINGAL_H;           //将 WR 置为高电平
Port_CS_SINGAL_H;           //将 CS 置为高电平,表示不使能片选
Port_AO_SINGAL_H;           //将 AO 置为高电平
}
```

如果想向液晶写数据,需要将 A0 置为高电平,CS 和 WR 控制方式与写命令相
同,则参考程序如下:

```
//------------ 写数据 ------------------------
void lcd_data_write(unsigned char data_8)
{
DDRDATA = OXFF;  ˙           //将单片机数据控制引脚设置为输出方式
Port_AO_SINGAL_H;           //将 AO 置为高电平,表示写入数据
Port_CS_SINGAL_L;           //将 CS 置为低电平,表示使能片选
Port_WR_SINGAL_L;           //将 WR 置为低电平,表示向液晶写
PORTDATA = data_8;          //将要写的数据输出到单片机控制口 PORTA
Port_WR_SINGAL_H;           //将 WR 置为高电平
Port_CS_SINGAL_H;           //将 CS 置为高电平,表示不使能片选
```

```
    Port_A0_SINGAL_H;              //将 A0 置为高电平
    }
```

通过上面示意性的代码,想必读者应该知道如何向液晶写数据和写命令了。那么,如何从液晶读数据呢,请读者参考图 13-3,应该比较容易写出。可能很多读者会对上面这两段代码还有些疑惑,例如在写数据的这段程序中,有一条"Port_A0_SINGAL_H;",这是什么意思呢? 其实,在笔者写的液晶程序中,有一个控制液晶的单片机端口使用情况声明的头文件,头文件中有段定义声明的内容如下:

```
//-------下面是宏定义,LCD 总线接口 -----------
#define  DDRDATA        DDRA
#define  PORTDATA       PORTA
//----RD 信号 定义——读信号
#define   DDr_RD_SINGAL_Out   (DDRG | = (1<<1))
#define   Port_RD_SINGAL_L    (PORTG & = ~(1<<1) )
#define   Port_RD_SINGAL_H    (PORTG | = (1<<1) )
//-----WR 信号  定义——写信号
#define   DDr_WR_SINGAL_Out   (DDRG | = (1<<0))
#define   Port_WR_SINGAL_L    (PORTG & = ~(1<<0) )
#define   Port_WR_SINGAL_H    (PORTG | = (1<<0) )
//----A0 信号 定义——数据/指令信号
#define   DDr_A0_SINGAL_Out   (DDRC | = (1<<0))
#define   Port_A0_SINGAL_L    (PORTC & = ~(1<<0) )
#define   Port_A0_SINGAL_H    (PORTC | = (1<<0) )
//-----RES 信号  定义——复位信号
#define   DDr_RES_SINGAL_Out   (DDRC | = (1<<2))
#define   Port_RES_SINGAL_L    (PORTC & = ~(1<<2) )
#define   Port_RES_SINGAL_H    (PORTC | = (1<<2) )
//-----CS 信号  定义——选择信号  低电平有效
#define   DDr_CS_SINGAL_Out    (DDRC | = (1<<1))
#define   Port_CS_SINGAL_L     (PORTC & = ~(1<<1) )
#define   Port_CS_SINGAL_H     (PORTC | = (1<<1) )
```

Port_A0_SINGAL_H 在上面这段头文件中通过宏定义被定义为"PORTC | = (1<<0)",就是给单片机 PC 口的 PC0 位置高电平;同理,Port_A0_SINGAL_L 被定义为"PORTC & = ~(1<<0)",表示给 PC0 位置低电平。其他内容,请比较上面3 段代码自行分析。

13.1.4 12864LCD(CO0511FPD-SWE)6800 并行模式总线读/写时序

当采用并行模式 6800 总线读/写控制时序时,其时序控制如图 13-4 所示。

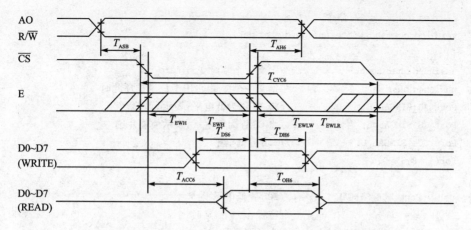

图 13-4　CO0511 液晶并行模式总线读/写时序 (6800 时序)

【练习 13.1.4.1】：结合图 13-1 和图 13-4 以及本小节中前面 3 段程序代码编写并行模式 6800 总线读/写控制程序。

13.1.5　12864LCD(CO0511FPD-SWE)串行模式总线读/写时序

当采用串行模式读/写控制时序时,其时序控制如图 13-5 所示。当采用串行模式时,电路可以参考图 13-2 所示的接口控制图,此时数据线只需要一根(SI),SCL 是时钟控制信号引脚。与并行控制方式比较,串行模式节省了 6 条数据线,但是写入液晶的速度也相应降低。

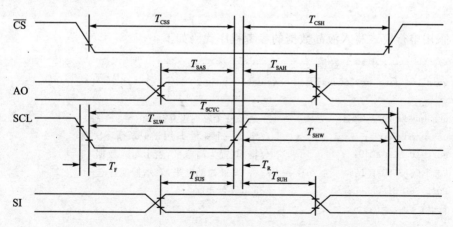

图 13-5　CO0511 液晶串行模式写命令和数据时序

如果电路按照图 13-2 所示的电路进行接线,则采用串行模式写入液晶命令的参考程序代码如下:

```
//------------ 写命令 ------------------------
void lcd_command_write(unsigned char dat)
{
unsigned char temp;              //定义一个临时变量 temp
unsigned char i;                 //定义一个变量 i,用于记录循环此时
Port_A0_SINGAL_L;                //将 A0 置为低电平,表示写入命令
Port_CS_SINGAL_L;                //将 CS 置为低电平,表示使能片选
Port_SCL_SINGAL_L;               //SCL 置低电平
for(i = 8;i>0;i--)
    {
    Port_SCL_SINGAL_L;           //SCL 置低电平
    i = i;                       //空操作一下,延时
    temp = dat & 0x80;           //为了取最高位数据
    if(temp)
        {
        Port_SI_SINGAL_H;        //SI 串行写入 1
        }
    else
        {
        Port_SI_SINGAL_L;        //SI 串行写入 0
        }
        Port_SCL_SINGAL_H;       //SCL 置高电平
        dat = dat <<1;           //将要写入的命令字左移一位
    }
}
```

采用串行模式写入液晶数据的参考程序代码如下:

```
//------------ 写数据 ------------------------
void lcd_data_write(unsigned char dat)
{
unsigned char temp;              //定义一个临时变量 temp
unsigned char i;                 //定义一个变量 i,用于记录循环次数
Port_A0_SINGAL_H;                //将 A0 置为高电平,表示写入数据
Port_CS_SINGAL_L;                //将 CS 置为低电平,表示使能片选
Port_SCL_SINGAL_L;               //SCL 置低电平
for(i = 8;i>0;i--)
    {
    Port_SCL_SINGAL_L;           //SCL 置低电平
    i = i;                       //空操作一下,延时
    temp = dat & 0x80;           //为了取最高位数据
    if(temp)
        {
```

```
        Port_SI_SINGAL_H;                //SI 串行写入 1
     }
   else
     {
        Port_SI_SINGAL_L;                //SI 串行写入 0
     }
     Port_SCL_SINGAL_H;                  //SCL 置高电平
     dat = dat <<1;                      //将要写入的命令字左移一位
   }
}
```

采用串行模式时,可以结合图 13-2 所示的电路图,单片机用到的端口的声明如下:

```
//--------下面是宏定义,LCD 总线接口 -----------
//-----A0 信号 定义——数据/指令信号
# define     DDr_A0_SINGAL_Out     (DDRC | = (1<<0))
# define     Port_A0_SINGAL_L      (PORTC & = ~(1<<0) )
# define     Port_A0_SINGAL_H      (PORTC | = (1<<0) )
//-----RES 信号  定义——复位信号
# define     DDr_RES_SINGAL_Out    (DDRC | = (1<<2))
# define     Port_RES_SINGAL_L     (PORTC & = ~(1<<2) )
# define     Port_RES_SINGAL_H     (PORTC | = (1<<2) )
//-----CS 信号  定义——选择信号  低电平有效
# define     DDr_CS_SINGAL_Out     (DDRC | = (1<<1))
# define     Port_CS_SINGAL_L      (PORTC & = ~(1<<1) )
# define     Port_CS_SINGAL_H      (PORTC | = (1<<1) )
//-----SCL 信号  定义——串行时钟信号
# define     DDr_SCL_SINGAL_Out    (DDRA | = (1<<6))
# define     Port_SCL_SINGAL_L     (PORTA & = ~(1<<6) )
# define     Port_SCL_SINGAL_H     (PORTA | = (1<<6) )
//-----SI 信号  定义——串行数据信号
# define     DDr_SI_SINGAL_Out     (DDRA | = (1<<7))
# define     Port_SI_SINGAL_L      (PORTA & = ~(1<<7) )
# define     Port_SI_SINGAL_H      (PORTA | = (1<<7) )
```

> 注意:当采用并行模式时,这款液晶的 17 脚要输入高电平(可以接到 5 V电源上);当采用串行模式时,这款液晶的17脚要输入低电平(可以接到"地"上)。

【练习 13.1.5.1】:采用串行模式控制液晶,当向液晶写入数据时,每个字节都需要一位一位地串行写入,程序编写比较麻烦,请试着使用在第 7 章学习过的 SPI 接口控制液晶(提示:硬件需要修改,将图 13 - 2 中的连接到 PA6 和 PA7 的两个线改连到 PB1 和 PB2 上。当然,需要对与 SPI 相关的寄存器进行设置。)

13.2　12864LCD 液晶(CO0511FPD - SWE)显示字符

通过第 13.1 节的学习,我们已经掌握了如何向 LCD 中写入数据,但是究竟该向液晶中写入什么数据才能显示出来需要的字符呢? 为了实现显示一个字符的目标,要弄清楚 3 个问题:

① 128×64 个"点"是如何排列的?

② 每向液晶写入一个字节要显示的数据,数据和 128×64 个"点"又是如何对应的呢?

③ 为了实现在液晶任意位置显示字符,需要给液晶发送什么样的"命令"它才能按照我们的意愿来显示呢? 所以,要清楚都有哪些控制"命令"。

13.2.1　12864LCD(CO0511FPD - SWE)液晶屏上显示的"点"的排列

首先,解决第 1 个问题。LCD 上 128×64 个"点"的排列情况如图 13 - 6 所示。由于点数太多,所以大部分区域用省略号了。图中横向有 128(0～127)个点,纵向有 64(0～63)个点,对于 CO0511FPD - SWE 这款液晶,实际上横向有 131 个点,只是最后 4(128～131)列不显示而已,还有,就是纵向排列的点,序号从 0 开始,然后是 63,然后依次递减到 1。以后我们都称横向的 128 个点的位置为"列地址";而称纵向 64 个点的位置为"行地址"。另外,每 8 行点组成 1 页,如图 13 - 6 所示将 LCD 分成了从 Page0 到 Page7 共 8 页,当然页的分配不是固定的,可以通过设置起始行位置,来改变 Page0 所在的位置,然后以此页为基准,向下每 8 行又形成一页,页的编号递增。

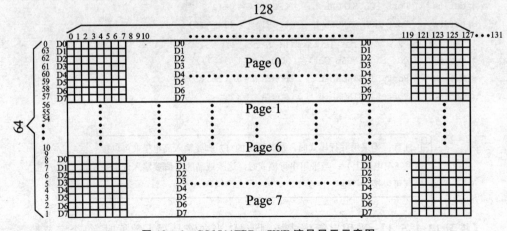

图 13 - 6　CO0511FPD - SWE 液晶显示示意图

13.2.2 写入液晶的数据与在液晶上显示的位置及效果的对应关系

其次,我们一起解决第 2 个问题。每当向液晶写入一个要在屏幕上显示的数据时,首先要确定要向哪个页写数据,还有就是这个页的起始行是从第几行开始的也要清楚;另外,就是打算把这个数据写到第几列也要设定好。假设 LCD 上的页分配情况如图 13-6 所示。如果向 Page0 页的第 3 列(实际上是第 4 列,因为列号是从 0 号开始的)写入数据 0X0F,那么,显示的情况就如图 13-7 所示。

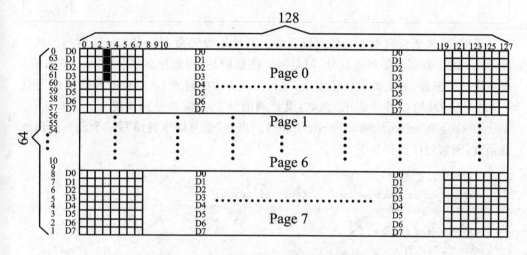

图 13-7 Page0 页第 3 列显示数据 0X0F

13.2.3 如何设置页地址和列地址

最后,我们一起研究第 3 个问题。我们需要了解这款液晶所接收的"命令",只有掌握了这些"口令",液晶才能听从我们的"吩咐"。也只有这样才能实现在液晶上的任何位置显示我们想要的内容。现在,接着第 2 个问题分析,在图 13-7 中显示出了我们传给液晶的数据 0X0F,为什么在 Page0 页的第 3 列显示出了这个数据呢? 这是因为给液晶发送了设置页地址和列地址的"命令"了。那么,如何下这些"命令"的呢? 这些"口令"又都是什么呢?

首先,看看页地址是如何设置的。页地址的设置命令如表 13-2 所列。A0 设置为 0,表示写入的是命令;RW(/WR)设置为 0,表示写入;数据 D7~D4 要求为固定的 1011,D3~D0 这 4 位数据的不同用来决定设置的是第几页。如要设置第 1 页,可以调用第 13.1.1 小节中的写入命令函数 lcd_command_write(0xb1);如果要设置Page3 页,则调用函数 lcd_command_write(0xb3)。

表 13 - 2 页地址设置命令

A0	E(/RD)	RW(/WR)	D7	D6	D5	D4	D3	D2	D1	D0	页　号
							0	0	0	0	Page0
							0	0	0	1	Page1
							0	0	1	0	Page2
							0	0	1	1	Page3
0	1	0	1	0	1	1	0	1	0	0	Page4
							0	1	0	1	Page5
							0	1	1	0	Page6
							0	1	1	1	Page7

下面,再来研究列地址是如何设置的。列地址设置命令如表 13 - 3 所列。其中 A7~A0 这个数据就是列地址号,但是需要注意的是,列地址必须分为高 4 位和低 4 位两次写入液晶,列地址设置才生效,并且写高 4 位的时候 D4 这位的数据是 1;写低 4 位的时候 D4 这位数据是 0。例如,设置列地址 7,则需要分别调用 lcd_command_write(0x10) 和 lcd_command_write(0x07)。当然,也可以单独编写一个设置列地址的函数,函数程序内容如下:

```
//列地址设置 范围 0~131
void lcd_column_address_set(unsigned char data_8)
{
unsigned char temp;
temp = data_8;
data_8 = data_8>>4;          //数据右移 4 位,为了截取数据的高 4 位
data_8 = data_8|0x10;        //移位后的数据与 0x10 按位或,目的是将 D4 位置 1
data_8 = data_8&0x1f;        //和 0x1f 按位与,目的是将高 3 位置 0,至此得到高 4 位
temp = temp&0x0f;            //将数据与 0X0f 按位与,目的是把高 4 位置 0,保留低 4 位
lcd_command_write(data_8);   //写入高 4 位数据
lcd_command_write(temp);     //写入低 4 位数据
}
```

表 13 - 3 列地址设置命令

A7 A6 A5 A4 A3 A2 A1 A0	D7	D6	D5	D4	D3	D2	D1	D0	列号
0000 0000	0	0	0	1	A7	A6	A5	A4	0
	0	0	0	0	A3	A2	A1	A0	
0000 0001									1
0000 0010									2
⋮									⋮
⋮									⋮
1000 0010									130
1000 0011									131

有了上面这段列地址设置函数,调用 lcd_column_address_set(7)就可以了,其中函数括号内的参数 7 直接就是要设置的列地址号。

现在,可以用下面的函数设置页地址 Page0,列地址为 3,然后将数据 0X0F 显示在液晶上。

```
lcd_command_write(0XB0);              //设置页地址 Page0
lcd_column_address_set(3);            //设置列地址 3
lcd_data_write(0X0F);                 //向液晶写入显示数据 0X0F
```

如果觉得页地址设置时在函数括号内给的参数 0XB0 不容易识别出究竟设置的是第几页,可以将页地址设置函数修改如下:

```
//页地址设置 范围 data_8 的取值范围 0～7
void lcd_page_address_set(unsigned char data_8)
{
data_8 = data_8|0xf0;
data_8 = data_8&0xbf;
lcd_command_write(data_8);
}
```

13.2.4　如何在液晶上显示一个数字"7"

通过上文分析,我们已经知道如何在这款液晶的任意页任意列位置显示写入液晶数据了。现在,回到本小节的主题,即如何显示一个字符。如图 13-8 所示,在液晶上显示一个数字 7,从图中可以看出,这个字符"7"的上半身位于 Page0 页,而下半身位于 Page1 页。可以设置页地址 Page0,列地址 0,连续写入液晶 8 个字节的数据;然后再设置页地址 Page1,列地址 0,再连续写入液晶 8 个字节数据。这样就可以在液晶上显示出来"7"了。

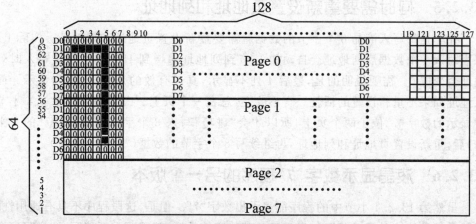

图 13-8　在液晶上显示数字"7"

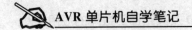
显示"7"的程序如下：

```
lcd_page_address_set(0);          //设置页地址 Page0
lcd_column_address_set(0);        //设置列地址 0
lcd_data_write(0X02);             //向液晶写入显示数据 0b00000010
lcd_data_write(0X02);             //向液晶写入显示数据 0b00000010
lcd_data_write(0X02);             //向液晶写入显示数据 0b00000010
lcd_data_write(0X02);             //向液晶写入显示数据 0b00000010
lcd_data_write(0XFE);             //向液晶写入显示数据 0b11111110
lcd_data_write(0X00);             //向液晶写入显示数据 0b00000000
lcd_data_write(0X00);             //向液晶写入显示数据 0b00000000
lcd_page_address_set(1);          //设置页地址 Page1
lcd_column_address_set(0);        //设置列地址 0
lcd_data_write(0X00);             //向液晶写入显示数据 0b00000000
lcd_data_write(0X00);             //向液晶写入显示数据 0b00000000
lcd_data_write(0X00);             //向液晶写入显示数据 0b00000000
lcd_data_write(0X00);             //向液晶写入显示数据 0b00000000
lcd_data_write(0X00);             //向液晶写入显示数据 0b00000000
lcd_data_write(0X3F);             //向液晶写入显示数据 0b00111111
lcd_data_write(0X00);             //向液晶写入显示数据 0b00000000
lcd_data_write(0X00);             //向液晶写入显示数据 0b00000000
```

关于上面的程序，笔者要提 3 个第一次接触液晶的初学者常会提出的问题：

① 为什么是每 8 个写入的数据中，写入第一个数据时设置了页地址和列地址，写入其他数据时为什么没有设置页地址和列地址？

② 写一个 7 就这么复杂，那写入汉字，画图，制作简单动画得多难啊？

③ 就上面一段程序能让液晶显示吗？好像不太完整吧？液晶不需要复位吗？

以上 3 个问题将在下面 3 个小节中分别阐述。

13.2.5　何时需要重新设置页地址和列地址

并非是每写入液晶 8 个字节的数据就需要重新设置页地址和列地址。实际上，每当写入一个数据后列地址会自动加 1，直到列地址递增到 131，然后继续写入时列地址会变成 0。需要说明的是，最后 4 列不显示，真正有效的是 0～127 列显示。而页地址如果不重新设置的话就一直不改变，总在一个页上。由于，在第 13.2.4 小节中显示的数字"7"位于两个页上，所以才会"碰巧"写入 8 个字节的数据（"7"的上半身）后，重新设置页地址和列地址，再继续写 8 个字节的数据（"7"的下本身）。

13.2.6　液晶显示数字"7"程序的另一个版本

虽然第 13.2.4 小节中的程序能显示出数字"7"。但是，这段程序不具有通用性，只能单纯地让液晶显示"7"，如果想显示其他字符的话，就需要重新编写，这样程序会很长。所以本节中将从第 13.2.4 小节中的程序中找出一般规律,完成一个通用的显示字符的程序。

其实,显示数字"7"就是把"7"对应的上半部分显示数据的 8 个字节依次写入液晶,然后调整页地址和列地址,再把"7"对应的下半部分显示数据的 8 个字节数据依次写入液晶即可。现在,把这 16 个字节数据存入到一个数组中,然后用循环语句将这 16 个数据依次写入到液晶中,程序代码如下:

```
unsigned char dat[16] = {0x00,0x02,0x02,0x02,0x02,0xfe,0x00,0x00,
0x00,0x00,0x00,0x00,0x00,0x3f,0x00,0x00};// "7"
void LCD_DisplayChar_WithAddress(unsigned char page,unsigned char column)
{
unsigned char   col; //定义无符号字符型变量,控制循环写入液晶数据的个数
unsigned char   k;   //定义无符号字符型变量,作为数组的下标变量
lcd_column_address_set(column);            //设置第 column 列
lcd_page_address_set(page);                //设置页地址
for(col = 0;col<8;col++)                    //写 8 列数据(字符的上半部分)
  {
  lcd_data_write(dat[k++]);                 //把数组中的数据写入到液晶
  }
lcd_column_address_set(column);            //设置第 column 列
lcd_page_address_set(page+1);              //设置下一页的页地址
for(col = 0;col<8;col++)                    //写 8 列(字符的下半部分)
  {
  lcd_data_write(dat[k++]);                 //把数组中的数据写入到液晶
  }
}
```

上面的程序可以显示出数字"7",较第 13.2.4 小节已经有了改进,因为这里采用了 for 循环语句,比起每次写入一个数据的方法科学多了。但是,还会有一个问题,上面的这段程序也只能显示字符"7",如果想显示"3"或者"8"该怎么办呢?即上面程序的通用性还是不够。

凡事都有利有弊,想让程序具有通用性,就得付出点儿代价,舍出点儿存储空间,把所有的数字对应的各自的 16 个字节的数据都存储在一个数组里,当需要显示什么字符时,通过判断找到这个字符在这个数组中的位置,然后依次写入 16 个数据即可。通用的参考程序如下:

```
// * 函数功能:在指定的页和列地址显示一个字符
// * 形式参数:unsigned char page,unsigned char column,unsigned char p
// * 形参说明:        指定的页           指定的列         p是要显示的字符
/ ***************************************************/
void LCD_DisplayChar_WithAddress(unsigned char page,unsigned char column,char p)
```

```
{
    unsigned char   col;                //定义无符号字符型变量,控制循环写入液晶数据的个数
    unsigned char  * lcddata;           //定义一个指向字符型变量的指针
    lcddata = (unsigned char * )(dat +(p-'0') * 16);   //计算待显示字符在数组 ASC_MSK
                                                        //中的地址
    lcd_column_address_set(column);//设置第 column 列
    lcd_page_address_set(page);     //设置页地址
    for(col = 0;col<8;col ++ )       //写 8 列数据(字符的上半部分)
      {
      lcd_data_write( * lcddata ++ );
      }
    lcd_column_address_set(column);//设置第 column 列
    lcd_page_address_set(page + 1); //设置下一页的页地址
    for(col = 0;col<8;col ++ )       //写 8 列 (字符的下半部分)
      {
      lcd_data_write( * lcddata ++ );
      }
}
```

上面的函数 LCD_DisplayChar_WithAddress(unsigned char page,unsigned char column,char p)中有 3 个参数,分别是页地址、列地址和待显示字符。例如,想在 0 页 8 列开始处显示字母"3",就可以这样调用:"LCD_DisplayChar_WithAddress (0,8,'3');"。

在上面的程序中定义了一个指针变量 lcddata,通过"dat +(p-'0') * 16"计算出要显示的字符 p 指向数组 dat 中的位置,然后将这个地址值赋值给指针变量 lcddata。然后依次将 16 个数据写入液晶中,就显示出字符了。

13.2.7 完整的显示数字"7"的程序

通过前 6 小节的学习,我们已经掌握向液晶写入数据和命令的方法,也知道如何设置页地址和列地址,还明白了显示一个字符的原理和写入方法。但是,如果想真正能在液晶上显示出字符来,还要对液晶进行相应的初始化操作,尤其是复位和设置液晶显示对比度等,下面给出一段程序完成初始化任务。

下面给出详细地显示一个字符的全部程序。

```
# include <avr/io.h>        //包含 AVR 单片机寄存器头文件
# include <util/delay.h>    //系统延时函数头文件
// ----定义一个数组,用于存放 0~9 对应的显示码 ----//
unsigned char const ASC_MSK[10 * 16] = {
/* 0   CHAR_30 */
0x00,0xE0,0xF0,0x18,0x08,0x08,0x18,0xF0,
0x00,0x0F,0x1F,0x30,0x20,0x20,0x30,0x1F,
```

```
/ * 1   CHAR_31 * /
0x00,0x20,0x30,0xF8,0xF8,0x00,0x00,0x00,
0x00,0x00,0x00,0x3F,0x3F,0x00,0x00,0x00,
/ * 2   CHAR_32 * /
0x00,0x60,0x70,0x18,0x08,0x18,0xF0,0xE0,
0x00,0x30,0x38,0x2C,0x26,0x23,0x21,0x20,
/ * 3   CHAR_33 * /
0x00,0x30,0x38,0x08,0x08,0x08,0xF8,0xF0,
0x00,0x18,0x38,0x20,0x21,0x21,0x3F,0x1E,
/ * 4   CHAR_34 * /
0x00,0x00,0x00,0xC0,0xE0,0x30,0xF8,0xF8,
0x00,0x06,0x07,0x05,0x04,0x04,0x3F,0x3F,
/ * 5   CHAR_35 * /
0x00,0xF8,0xF8,0x48,0x48,0x48,0xC8,0x88,
0x00,0x18,0x38,0x20,0x20,0x20,0x3F,0x1F,
/ * 6   CHAR_36 * /
0x00,0xE0,0xF0,0x98,0x88,0x88,0xB8,0x30,
0x00,0x0F,0x1F,0x31,0x20,0x20,0x3F,0x1F,
/ * 7   CHAR_37 * /
0x00,0x08,0x08,0x08,0x08,0xC8,0xF8,0x38,
0x00,0x00,0x00,0x30,0x3E,0x0F,0x01,0x00,
/ * 8   CHAR_38 * /
0x00,0x60,0xF0,0x98,0x08,0x08,0x98,0xF0,
0x00,0x0C,0x1E,0x33,0x21,0x21,0x33,0x1E,
/ * 9   CHAR_39 * /
0x00,0xF0,0xF8,0x08,0x08,0x18,0xF0,0xE0,
0x00,0x19,0x3B,0x22,0x22,0x33,0x1F,0x0F,
};
// ========== 液晶屏相关定义 ====================
//如果需要更改相关液晶屏连接引脚,只需在此处修改即可
// ------- 下面是宏定义,LCD 总线接口 -----------
#define  DDRDATA      DDRA              //数据接口方向寄存器
#define  PORTDATA     PORTA             //数据接口
// ----RD 信号 定义——读信号  低电平有效
#define   DDr_RD_SINGAL_Out  (DDRG | = (1<<1))
#define   Port_RD_SINGAL_L   (PORTG & = ~(1<<1))
#define   Port_RD_SINGAL_H   (PORTG | = (1<<1))
// ----WR 信号  定义——写信号 低电平有效
#define   DDr_WR_SINGAL_Out  (DDRG | = (1<<0))
#define   Port_WR_SINGAL_L   (PORTG & = ~(1<<0))
#define   Port_WR_SINGAL_H   (PORTG | = (1<<0))
//A0 信号 定义——数据/指令信号 低电平命令,高电平数据
```

```
#define        DDr_A0_SINGAL_Out      (DDRC | = (1<<0))
#define        Port_A0_SINGAL_L       (PORTC & = ~(1<<0) )
#define        Port_A0_SINGAL_H       (PORTC | = (1<<0) )
//----RES 信号  定义——复位信号   低电平有效
#define        DDr_RES_SINGAL_Out     (DDRC | = (1<<2))
#define        Port_RES_SINGAL_L      (PORTC & = ~(1<<2) )
#define        Port_RES_SINGAL_H      (PORTC | = (1<<2) )
//----CS 信号   定义——选择信号   低电平有效
#define        DDr_CS_SINGAL_Out      (DDRC | = (1<<1))
#define        Port_CS_SINGAL_L       (PORTC & = ~(1<<1) )
#define        Port_CS_SINGAL_H       (PORTC | = (1<<1) )
//------------ 液晶函数声明 --------------------//
//------------ 初始化函数 ----------------------//
void lcd_inital(void);
//------------ 写命令 --------------------------//
void lcd_command_write(unsigned char data_8);
//------------ 写数据 --------------------------//
void lcd_data_write(unsigned char data_8);
//------------LCD 复位 -------------------------//
void lcd_rst(void);
//-----------------LCD 清屏 --------------------//
void lcd_clr(void);
//-------显示开关函数:data-8 等于 0 时开显示,大于 0 时关显示 -----------//
void lcd_on_off(unsigned char data_8);
//-------显示起始行设置范围 0~64 -------------//
void lcd_display_start_line(unsigned char data_8);
//-------页地址设置 范围 0~7 -----------------//
void lcd_page_address_set(unsigned char data_8);
//-------列地址设置 范围 0~131 ---------------//
void lcd_column_address_set(unsigned char data_8);
//-------屏幕亮度设置 -----------------------//
void lcd_volume(unsigned char volume);
//------- 在指定的页和列地址显示一个字符 ------//
void lcd_displaychar_withAddress(unsigned char page,unsigned char column,char p);
// ===========液晶屏操作相关函数 =====================
//------------ 写指令 ------------------------
void lcd_command_write(unsigned char data_8)
{
DDRDATA = 0XFF;               //将单片机数据控制引脚设置为输出方式
Port_A0_SINGAL_L;            //将 A0 置为低电平,表示写入命令
Port_CS_SINGAL_L;            //将 CS 置为低电平,表示使能片选
Port_WR_SINGAL_L;            //将 WR 置为低电平,表示向液晶写数据
```

```
PORTDATA = data_8;                      //将要写的命令控制字输出到单片机控制口 PORTA
Port_WR_SINGAL_H;                       //将 WR 置为高电平
Port_CS_SINGAL_H;                       //将 CS 置为高电平,表示不使能片选
Port_AO_SINGAL_H;                       //将 AO 置为高电平
}
// ------------ 写数据 -------------------------
void lcd_data_write(unsigned char data_8)
{
DDRDATA = OXFF;                         //将单片机数据控制引脚设置为输出方式
Port_AO_SINGAL_H;                       //将 AO 置为高电平,表示写入数据
Port_CS_SINGAL_L;                       //将 CS 置为低电平,表示使能片选
Port_WR_SINGAL_L;                       //将 WR 置为低电平,表示向液晶写数据
PORTDATA = data_8;                      //将要写的数据输出到单片机控制口 PORTA
Port_WR_SINGAL_H;                       //将 WR 置为高电平
Port_CS_SINGAL_H;                       //将 CS 置为高电平,表示不使能片选
Port_AO_SINGAL_H;                       //将 AO 置为高电平
}
// ----------------------LCD 复位 -------------------//
void lcd_rst(void)
{
Port_RES_SINGAL_L;                      //RST = 0;
_delay_ms(1);                           //调用系统延时函数
Port_RES_SINGAL_H;                      //RST = 1;
}
// ---------- 显示开关函数:data-8 等于 0 时开显示,大于 0 时关显示 ----------//
void lcd_on_off(unsigned char data_8)
{
if (0 = = data_8)data_8 = 0xaf;         //0xaf 是开显示命令
else data_8 = 0xae;
lcd_command_write(data_8);
}
// ----------------LCD 清屏 -------------------//
void lcd_clr(void)
{
  unsigned char  seg;
  unsigned char  page;
  for(page = 0;page< = 7;page + + )    //写页地址共 8 页
    {
      lcd_page_address_set(page);      //设置页地址
      lcd_column_address_set(0);       //设置第 0 列
      for(seg = 0;seg<128;seg + + )    //写 128 列 0,即清屏
        {
```

```
          lcd_data_write(0);
        }
     }
}
//--------------在指定的页和列地址显示一个字符-----------------//
// * 形式参数:unsigned char page,unsigned char column,unsigned char p
// * 形参说明:        指定的页        指定的列      要显示的字符
void lcd_displaychar_withAddress(unsigned char page,unsigned char column,char p)
{
unsigned char   col;          //定义无符号字符型变量,控制循环写入液晶数据个数
unsigned char  * dat;         //定义一个指向字符型变量的指针
dat = (unsigned char * )(ASC_MSK + (p - '0') * 16);//计算待显示数字在数组 ASC_MSK
                                                   //中的地址
lcd_column_address_set(column);              //设置第 column 列
lcd_page_address_set(page);                  //设置页地址
for(col = 0;col<8;col ++ )                    //写 8 列数据(字符的上半部分)
  {
  lcd_data_write( * dat ++ );
  }
lcd_column_address_set(column);              //设置第 column 列
lcd_page_address_set(page + 1);              //设置下一页的页地址
for(col = 0;col<8;col ++ )                    //写 8 列(字符的下半部分)
  {
  lcd_data_write( * dat ++ );
  }
}
//-------- 显示起始行设置范围 0~64 -----------------//
void lcd_display_start_line(unsigned char data_8)
{
data_8 = data_8|0x40;
data_8 = data_8&0x7f;  //行设置格式:"01 * * * * * *","*"位表示行号
lcd_command_write(data_8);
}
//------页地址设置 范围 data_8 的取值范围 0~7 ----//
void lcd_page_address_set(unsigned char data_8)
{
data_8 = data_8|0xf0;
data_8 = data_8&0xbf;  //页设置格式:"1011 * * * *","*"位表示页号
lcd_command_write(data_8);
}
//------列地址设置 范围 0~131 --------------------//
void lcd_column_address_set(unsigned char data_8)
```

```
{ //﹡﹡﹡﹡﹡列地址分高4位和低4位两次写入﹡﹡﹡﹡﹡//
unsigned char temp;
temp = data_8;
data_8 = data_8>>4;            //数据右移4位,为了截取数据的高4位
data_8 = data_8|0x10;          //移位后的数据与0x10按位或,目的是将D4位置1
data_8 = data_8&0x1f;          //和0x1f按位与,目的是将高3位置0,至此得到高4位
temp = temp&0x0f;              //将数据与0x0f按位与,目的是把高4位置0,保留低4位
lcd_command_write(data_8);     //写入高4位数据
lcd_command_write(temp);       //写入低4位数据
}
// ---------- 屏幕亮度设置 ---------------------------//
void lcd_volume(unsigned char volume)
{
volume = volume&0x3f;
lcd_command_write(0x81);       //屏幕亮度设置时双字节命令,必须先写入0x81
lcd_command_write(volume);     //然后写入要调节亮的值
}
//液晶屏显示方向设置:0正常;大于0垂直反向 //
void lcd_out_modol_seclet(unsigned char data_8)
{
if (0 = = data_8)data_8 = 0xc0;
else data_8 = 0xc8;            //0xc8和0xc0两个数据分别设置行号的排列顺序
lcd_command_write(data_8);
}
// ---------- 液晶屏初始化 -----------//
void lcd_inital(void)
{
DDr_RES_SINGAL_Out;            //复位引脚设置为输出
DDr_RD_SINGAL_Out;            //读引脚设置为输出
DDr_WR_SINGAL_Out;            //写引脚设置为输出
DDr_A0_SINGAL_Out;            //指令数据选择引脚设置为输出
DDr_CS_SINGAL_Out;            //片选引脚设置为输出
lcd_rst();                     //复位液晶屏
Port_RD_SINGAL_H;             //使读液晶暂时无效,注意此条别设置为有效(除非读液晶)
lcd_on_off(0);                 //开显示
lcd_display_start_line(0);     //设置显示起始行
lcd_command_write(0x2f);       //设置内部电路的电源,这款液晶设置成0x2f
lcd_command_write(0x25);       //偏压设置,如果液晶显示过深或者过浅需要设置
lcd_out_modol_seclet(1);       //液晶屏显示方向设置:0正常;大于0垂直反向
lcd_volume(24);                //调节灰度,如果液晶显示过深或者过浅需要设置
lcd_clr();                     //清屏
}
```

```
//------------------- 主程序 --------------------//
int main(void)
{
lcd_inital();                              //调液晶屏初始化函数
while(1)
  {
      lcd_displaychar_withAddress(0,0,'7');//在 0 页 0 列显示数字 7
  }
}
```

上面的程序中真正显示"7"的函数 lcd_displaychar_withAddress 占用的页面并不长,但是为了让程序能够运行,需要对 AVR 单片机连接 LCD 的引脚进行分配定义,还有用于存放 0~9 十个数字的显示码也比较占篇幅,最后就是 LCD 初始化需要的相关函数。关于上面的程序就不逐条介绍了,只介绍一下液晶屏初始化函数,笔者把液晶初始化函数加上了标号如下:

```
202    //---------液晶屏初始化-----------//
203    void lcd_inital(void)
204 ⊟{
205    DDr_RES_SINGAL_Out;        //复位引脚设置为输出
206    DDr_RD_SINGAL_Out;         //读引脚设置为输出
207    DDr_WR_SINGAL_Out;         //写引脚设置为输出
208    DDr_A0_SINGAL_Out;         //指令数据选择引脚设置为输出
209    DDr_CS_SINGAL_Out;         //片选引脚设置为输出
210    lcd_rst();                 //复位液晶屏
211    Port_RD_SINGAL_H;  //使读液晶暂时无效,注意此条别设置为有效(除非读液晶)
212    lcd_on_off(0);             //开显示
213    lcd_display_start_line(0); //设置显示起始行
214    lcd_command_write(0x25);   //设置内部电路的电源,这款液晶设置成0x2f;
215    lcd_command_write(0x25);   //偏压设置,如果液晶显示过深或者过浅需要设置
216    lcd_out_modol_seclet(1);   //液晶屏显示方向设置: 0正常;大于0垂直反向
217    lcd_volume(24);            //调节灰度,如果液晶显示过深或者过浅需要设置
218    lcd_clr();                 //清屏
219  ⌐}
```

① 205 行至 209 行:设置相关控制引脚为输出方式。

② 210 行:液晶屏复位函数,就是将液晶屏复位引脚置低电平一段时间再置为高电平。

③ 211 行:将读控制引脚置为高电平,即不使能读操作,切记,这条一定要加,否则,单片机就不能够写入液晶了,因为读液晶控制一直有效,液晶就会"神经错乱",不知所措。

④ 212 行:开液晶显示。关于开液晶显示和关液晶显示的命令可以参考表 13 - 4,当给液晶写入 0xaf 时表示开显示;当给液晶写入 0xae 时表示关闭液晶显示。

⑤ 213 行:设置液晶显示的起始行,如设置 0 行就从液晶的最上面开始显示,如果设置 32 行就从液晶屏的中间开始显示。

⑥ 214 行:启动内部模块电源,本液晶(CO0511FPD - SWE)要求设置为 0x2f。

⑦ 215 行:设置偏压,用于调节液晶显示的深浅的。具体参考手册。

⑧ 216 行:用于设置液晶上显示的内容是否垂直翻转,即是否设置行号倒序。

⑨ 217 行:调节液晶亮度,也是调节液晶显示深浅效果的。

⑩ 218 行:将液晶上显示的内容清除,即清屏。

表 13 - 4   液晶开显示和关显示控制指令

A0	E(/RD)	RW(/WR)	D7	D6	D5	D4	D3	D2	D1	D0	意　义
0	1	0	1	0	1	0	1	1	1	1	开显示
										0	关显示

【练习 13.2.8.1】:试编写一个通用程序,可以显示数字、大小写字母、标点符号和其他常用符号。

【练习 13.2.8.2】:试编写一个程序,可以显示一个字符串。如显示"sitong-weilai. com"。

【练习 13.2.8.3】:试编写一个程序,可以显示一个浮点数。例如一个变量 pi = 3.141 592 6。可以在液晶屏上显示这个浮点数,并且可以设置,选择小数点后面保留显示几位。

13.2.8   CO0511FPD - SWE 液晶命令汇总

在第 13.2.7 小节中编写的液晶屏初始化程序中用到了液晶的部分命令。还有其他控制液晶的命令,可以参考表 13-5,表 13-5 给出了命令的基本解释信息,有关命令的更详细的信息请参考 C00511FPD - SWE(驱动是 7565 芯片)液晶数据手册。

表 13 - 5   CO0511FPD - SWE 液晶命令汇总

A7	A6	A5	A4	A3	A2	A1	A0	D7	D6	D5	D4	D3	D2	D1	D0	列　号
0	0	0	0	0	0	0	0	0	0	0	1	A7	A6	A5	A4	0
								0	0	0	0	A3	A2	A1	A0	
0	0	0	0	0	0	0	1	0	0	0	1	A7	A6	A5	A4	1
								0	0	0	0	A3	A2	A1	A0	
							从 2 行 ⋮									
							(由于中间内容太多省略了)									
							⋮ 到 129 行									
1	0	0	0	0	0	1	0	0	0	0	1	A7	A6	A5	A4	130
								0	0	0	0	A3	A2	A1	A0	
1	0	0	0	0	0	1	1	0	0	0	1	A7	A6	A5	A4	131
								0	0	0	0	A3	A2	A1	A0	

13.3 12864LCD 液晶(CO0511FPD－SWE)显示汉字

在液晶上显示汉字与显示数字的原理是一样的,只是汉字的"身体"比数字"胖"些,一个汉字的"宽度"是数字"宽度"的两倍。因此,显示一个汉字需要 32 个字节的数据。如图 13-9 所示。

图13-9 汉字显示原理示意图

一般为了得到汉字字模,通常应用汉字取模软件获得每个汉字的 32 个显示数据。如图 13-10 所示,这是一款很好用的取模软件界面,在文字输入区内输入汉字,然后单击参数设置,进行简单地设置后按下 Ctrl＋Enter 组合键,表示文字输入结束,然后单击取模方式下的"C51 格式"。就在右下方点阵生成区内获得了对应汉字的字模。

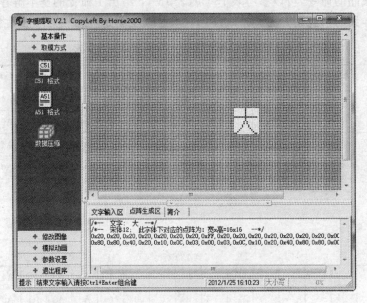

13-10 汉字取模软件界面

将使用字模软件获得的数据存入数组中,通过程序依次写入液晶就可以显示出汉字了。显示一个汉字的程序也比较简单,和显示一个字符基本一样,只是汉字比字符"宽"。所以,在每一页上需要写入液晶 16 个字节数据,然后,重新设置页地址和列地址,再写入 16 个字节的数据。显示一个汉字的程序代码如下:

```
/****************************************************/
// * 函数名称:void lcd_display_chinese(unsigned char page,unsigned char column,
//const char * p)
// * 函数功能:在指定的页和列地址显示一个汉字
// * 形式参数:unsigned char page,unsigned char column,const char * p
// * 形参说明:        指定的页            指定的列        要显示的汉字
// * 返回参数:无
/****************************************************/
void lcd_display_chinese(unsigned char page,unsigned char column,const char * p)
{
unsigned char vol_16;                    //循环 16 次
lcd_column_address_set(column);          //设置第 column 列
lcd_page_address_set(page);              //设置页地址
for(vol_16 = 0 ; vol_16 < 16 ; vol_16++)
  {
  lcd_data_write(*p++);
  }
lcd_column_address_set(column);          //设置第 column 列
lcd_page_address_set(page+1);            //设置页地址
for(vol_16 = 0 ; vol_16 < 16 ; vol_16++)
  {
  lcd_data_write(*p++);
  }
}
```

上面的函数有 3 个参数,分别是页地址、列地址和存储汉字字模的数组名。下面编写一个程序,显示"欢迎加入单片机同盟会",分两行显示。在第 13.2.7 小节的程序中加入上面这段显示汉字的程序,再加入汉字字模如下:

```
const char huan[32] = {
/ * -- 文字: 欢 -- */
/ * -- 宋体 12; 此字体下对应的点阵为:宽×高 = 16×16 -- */
0x04,0x24,0x44,0x84,0x64,0x9C,0x40,0x30,
0x0F,0xC8,0x08,0x08,0x28,0x18,0x00,0x00,
0x10,0x08,0x06,0x01,0x82,0x4C,0x20,0x18,
0x06,0x01,0x06,0x18,0x20,0x40,0x80,0x00
};
const char ying[32] = {
/ * -- 文字: 迎 -- */
```

```
/* -- 宋体 12；此字体下对应的点阵为:宽×高 = 16×16    -- */
0x40,0x40,0x42,0xCC,0x00,0x00,0xFC,0x04,
0x02,0x00,0xFC,0x04,0x04,0xFC,0x00,0x00,
0x00,0x40,0x20,0x1F,0x20,0x40,0x4F,0x44,
0x42,0x40,0x7F,0x42,0x44,0x43,0x40,0x00
};
const char jia[32] = {
/* -- 文字: 加  -- */
/* -- 宋体 12；此字体下对应的点阵为:宽×高 = 16×16    -- */
0x10,0x10,0x10,0xFF,0x10,0x10,0xF0,0x00,
0x00,0xF8,0x08,0x08,0x08,0xF8,0x00,0x00,
0x80,0x40,0x30,0x0F,0x40,0x80,0x7F,0x00,
0x00,0x7F,0x20,0x20,0x20,0x7F,0x00,0x00
};
const char ru[32] = {
/* -- 文字: 人  -- */
/* -- 宋体 12；此字体下对应的点阵为:宽×高 = 16×16    -- */
0x00,0x00,0x00,0x00,0x00,0x01,0xE2,0x1C,
0xE0,0x00,0x00,0x00,0x00,0x00,0x00,0x00,
0x80,0x40,0x20,0x10,0x0C,0x03,0x00,0x00,
0x00,0x03,0x0C,0x30,0x40,0x80,0x80,0x00
};
const char dan[32] = {
/* -- 文字: 单  -- */
/* -- 宋体 12；此字体下对应的点阵为:宽×高 = 16×16    -- */
0x00,0x00,0xF8,0x49,0x4A,0x4C,0x48,0xF8,
0x48,0x4C,0x4A,0x49,0xF8,0x00,0x00,0x00,
0x10,0x10,0x13,0x12,0x12,0x12,0x12,0xFF,
0x12,0x12,0x12,0x12,0x13,0x10,0x10,0x00
};
const char  pian[32] = {
/* -- 文字: 片  -- */
/* -- 宋体 12；此字体下对应的点阵为:宽×高 = 16×16    -- */
0x00,0x00,0x00,0xFE,0x20,0x20,0x20,0x20,
0x20,0x3F,0x20,0x20,0x20,0x20,0x00,0x00,
0x00,0x80,0x60,0x1F,0x02,0x02,0x02,0x02,
0x02,0x02,0xFE,0x00,0x00,0x00,0x00,0x00
};
const char ji[32] = {
/* -- 文字: 机  -- */
/* -- 宋体 12；此字体下对应的点阵为:宽×高 = 16×16    -- */
0x10,0x10,0xD0,0xFF,0x90,0x10,0x00,0xFE,
```

```
0x02,0x02,0x02,0xFE,0x00,0x00,0x00,0x00,
0x04,0x03,0x00,0xFF,0x00,0x83,0x60,0x1F,
0x00,0x00,0x00,0x3F,0x40,0x40,0x78,0x00
};
const char tong[32] = {
/* -- 文字： 同  -- */
/* -- 宋体 12； 此字体下对应的点阵为:宽×高 = 16×16  -- */
0x00,0x00,0xFE,0x02,0x12,0x92,0x92,0x92,
0x92,0x92,0x92,0x12,0x02,0xFE,0x00,0x00,
0x00,0x00,0xFF,0x00,0x00,0x1F,0x08,0x08,
0x08,0x08,0x1F,0x40,0x80,0x7F,0x00,0x00
};
const char meng[32] = {
/* -- 文字： 盟  -- */
/* -- 宋体 12； 此字体下对应的点阵为:宽×高 = 16×16  -- */
0x00,0xFE,0x92,0x92,0x92,0xFE,0x00,0x00,
0xFE,0x2A,0x2A,0x2A,0x2A,0xFE,0x00,0x00,
0x40,0x40,0x7C,0x44,0x44,0x7C,0x46,0x45,
0x44,0x7C,0x44,0x45,0x7E,0x41,0x40,0x00
};
const char hui[32] = {
/* -- 文字： 会  -- */
/* -- 宋体 12； 此字体下对应的点阵为:宽×高 = 16×16  -- */
0x40,0x40,0x20,0x20,0x50,0x48,0x44,0x43,
0x44,0x48,0x50,0x20,0x20,0x40,0x40,0x00,
0x00,0x02,0x42,0xE2,0x52,0x4A,0x46,0x42,
0x42,0x42,0x52,0x62,0xC2,0x02,0x00,0x00
};
```

最后,将第 13.2.7 小节中的主程序修改成下面的程序即可:

```
//-------------------- 主程序 --------------------//
int main(void)
{
lcd_inital();    //调液晶屏初始化函数
while(1)
  {
  lcd_display_chinese(0,32,huan);     //显示"欢"
  lcd_display_chinese(0,48,ying);     //显示"迎"
  lcd_display_chinese(0,64,jia);      //显示"加"
  lcd_display_chinese(0,80,ru);       //显示"入"
  lcd_display_chinese(3,16,dan);      //显示"单"
  lcd_display_chinese(3,32,pian);     //显示"片"
```

```
    lcd_display_chinese(3,48,ji);        //显示"机"
    lcd_display_chinese(3,64,tong);      //显示"同"
    lcd_display_chinese(3,80,meng);      //显示"盟"
    lcd_display_chinese(3,96,hui);       //显示"会"
    }
}
```

显示效果图如图 13-11 所示。

图 13-11 显示汉字效果图

13.4 12864LCD 液晶(CO0511FPD-SWE)显示图片

当年第一次看到别人在液晶上显示图片时,第一感觉就是太帅了,第二感觉是实现显示图片一定很难。后来自己学习单片机并用单片机控制液晶时,才亲自印证了一句话"会了不难"。

其实,在液晶上显示图片与显示字符或汉字的原理都是一样的。就是将图片对应的数据依次写入液晶即可。那么如何获得图片对应的数据呢,这可绝对不能像前面显示数字"7"那样自己来计算对应的显示码了。因为,如果是在 12 864 液晶上显示整幅图片的话,图片对应数据的字节数是 $128 \times 64 \div 8$,结果是 1 024 个字节,这个数据量实在是太大了。所以,我们要借助软件,可以采用第 13.3 节中用的汉字取模软件,用软件打开已经绘制好的一个 128×64 个像素点的黑白图片,然后生成"C51格式"的数据,注意生成数据时要设置一下,保证每个数据是纵向排列的,并且高位数据在下,低位数据在上。最后。将 1 024 个数据存储在数组中。为了给读者节省银子,笔者就不把生成的数据贴到这了,因为贴到这儿也不会有人耐心地输入到自己的程序中去。假设定义的数据如下:

```
unsigned char const niu[1024] = {  … … … … … …};
```

上面定义的数组中成员数据有 1 024 个,大括号内的省略号就代表用软件生成的与图片对应的 1 024 个数据。

现在,我们一起设计一个程序将这 1 024 个数据写入到液晶中。我们选择的液晶屏上分成 8 页,每页由 128 个字节组成。所以,程序设计的思想就是,编写一个循环控制写入程序,每写入 128 个数据,就更新页地址和列地址,然后再依次写入 128 个字节数据。这样,总共 8 页分 8 次循环就将整个数组中的 1 024 个数据写入到液晶了。显示图片程序如下:

```
/****************************************************/
//显示整屏的图片
//p指向图片数据的首地址,volum 为显示的照片起始列地址
/****************************************************/
void display_map(const unsigned char  * p,unsigned char column)
{
  unsigned char    seg;
  unsigned char    page;
  for(page = 0;page<7;page++)          //写页地址,共 8 页
    {
      lcd_column_address_set(column);  //设置第 column 列
      lcd_page_address_set(page);      //设置页地址
      for(seg = 0;seg<128;seg++)       //写 128 列
        {
          lcd_data_write( * p++);
        }
    }
}
```

函数 display_map 中有两个形式参数,一个是指针变量 p,用于指向待显示图片的数组的首地址,为了防止在函数内部误操作修改存储图片的数组中的数据,在定义指针变量时加了 const 进行限制,表示指针变量 p 具有"只读"属性。第二个参数 column 表示要显示的图片是从液晶屏的第几列开始显示的。

有了图片数组中的数据,有了显示图片的函数,只要在主程序中调用这个函数就可以显示图片了。将主程序进行如下修改:

```
//------------------ 主程序 ------------------//
int main(void)
{
lcd_inital();           //调液晶屏初始化函数
while(1)
  {
    display_map(niu,0);  //从 0 列开始显示一幅图片
  }
}
```

显示效果如图 13 - 12 所示,如果将主循环中显示图片的函数修改如下:

```
display_map(niu,62);   //从 0 列开始显示一副图片
```

修改了函数 display_map 中的第二个参数,表示图片从 62 列开始显示,那么显示效果如图 13 - 13 所示。

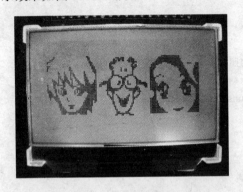

图 13 - 12　显示整幅图片效果图

图 13 - 13　显示半幅图片效果

【练习 13. 4. 1. 1】:试设计一个程序,让如图 13 - 12 所示的画面从右到左移动着进入显示屏。

【练习 13. 4. 1. 2】:查阅第 13. 2. 8 小节指令表中的相关指令,将图 13 - 12 中显示的画面左右翻转。

【练习 13. 4. 1. 3】:查阅第 13. 2. 8 小节指令表中的相关指令,将图 13 - 12 中显示的画面上下翻转。

【练习 13. 4. 1. 4】:查阅第 13. 2. 8 小节指令表中的相关指令,让图 13 - 12 所示的画面从下到上移动着进入显示屏。

【练习 13. 4. 1. 5】:试设计一个简短动画片用液晶"播放"(动画内容自行设计)。

13.5　12864LCD 液晶(CO0511FPD - SWE)画点

在液晶上画点需要解决的主要问题就是确定所要画的点位于液晶上的坐标,即需要计算出此点位于液晶的第几页和第几列的第几位上。例如在(3,2)点处画点,如图 13 - 14 所示。从坐标值可知要画的点的列地址是 3,页地址的计算是用 2 除 8 取商,结果为 0,即页地址是 0,再计算位于一个字节上的第几位,用 2 除 8 取余,结果是 2。就是 D2 位的位置上画点。如何实现将 D2 位置 1 呢? 可以通过将 1 左移 2 位的方法实现。

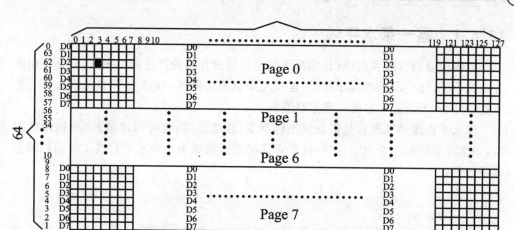

图 13 - 14　液晶屏上画点原理示意图

实现在指定坐标点处画点的程序如下：

```
// ***************************************************************
// * 函数名称:void lcd - point(unsigned char x,unsigned char y)
// * 函数功能:使用绘图的方法,在(x,y)处画一个点
// * 形式参数:unsigned char x,unsigned char y
// * x取值范围:0~127,y取值范围:0~63(针对 c00511fpd - swe 型液晶)
// * 形参说明:坐标水平位置,坐标垂直位置
void lcd_point(unsigned char x,unsigned char y)
{
unsigned char page,bitn;              //用于存页地址和点所在页的垂直方向位置
unsigned char dat = 0;
page = y/8;                           //计算所要画的点所在的页
bitn = y%8;                           //计算要画的点所在的页位于该列的列位置
dat = (0x01<<bitn);                   //点所在位置置1,用于将该点点亮显示
lcd_page_address_set(page);           //设置页地址
lcd_column_address_set(x);            //设置第 x 列
lcd_data_write(dat);                  //向 LCD 写数据,用于画指定的点
}
```

13.6　12864LCD 液晶(CO0511FPD - SWE)上画直线

通过第 13.5 节的学习,我们掌握了在液晶屏幕上画点的方法,本节中学习如何在液晶屏上画线。画直线的原理比较好理解,就是将两点之间的那些点都画出来就成线了。

13.6.1　画一条水平线

画线包括画直线和曲线,其实画曲线也是用画直线的方法画出来的,只是将曲线分成若干段,每小段画的也是直线,连接起来就成了曲线,在这一节中先从简单的水平直线开始,下面先一起画一条水平直线。

画水平直线的原理就是保证纵坐标不变,连续递增(也可以递减)改变横坐标的值,每次改变后画一个点。这样,这些点连接起来就成为一条水平直线了。编写的主程序如下:

```
//------------------- 主程序 -------------------//
    int main(void)
    {
    unsigned char i = 0;
    lcd_inital();    //调液晶屏初始化函数
    while(1)
        {
            for(i = 0;i<127;i++)
                lcd_point(i,32);   //在坐标(i,32)画点
        }
    }
```

在上面程序中应用 for 循环语句实现连续改变横坐标,调用函数"lcd_point(i,32);"完成画点任务,多个点连接起来实现画水平直线。其中,函数"lcd_point(i,32);"就是上一节中的画点函数。上面程序画出的水平直线显示效果如图 13-15 所示。

图 13-15　画水平直线

13.6.2　画一条 45°直线

画 45°直线的方法就是将横坐标和纵坐标同时递增,这样在液晶上画的点就分别是:(0,0)、(1,1)、(2,2),……,程序如下:

```
//------------------- 主程序 -------------------//
    int main(void)
    {
    unsigned char i = 0;
    lcd_inital();    //调液晶屏初始化函数
    while(1)
      {
        for(i = 0;i<63;i++)
            lcd_point(i, i);   //在坐标(i, i)画点
      }
    }
```

显示效果图如图 13 – 16 所示。

图 13 – 16 画 45°斜线

13.6.3 画一条垂直直线

已经学会了画水平直线,也掌握了画 45°斜线。那么,画一条垂直直线还不容易吗? 按照前两小节的思路,画垂直直线的方法就是保持横坐标不变,递增纵坐标即可,下面在屏幕正中央画一条垂直直线。程序如下:

```
//------------------- 主程序 -------------------//
    int main(void)
    {
    unsigned char i = 0;
    lcd_inital();    //调液晶屏初始化函数
    while(1)
        {
            for(i = 0;i<63;i++)
                lcd_point(64, i);   //在坐标(64, i)画点
        }
    }
```

显示效果如图 13 – 17 所示。

图 13 - 17   画垂直直线

从图 13 - 17 的显示效果图上可以看出,画垂直直线出了问题,图中显示效果不是一条直线,而是在垂直方向上离散的画了几个点。这是为什么呢?

画垂直直线也是一个点一个点地画点连成的线,当画第一个点时,如图 13 - 18所示(假设在列地址 3 处画垂直直线)。

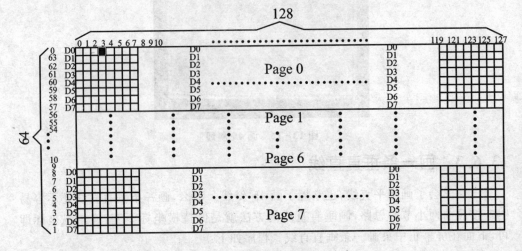

图 13 - 18   画垂直直线的第一个点

当画第二个点时就将第一次画的点给覆盖了,所以,就剩下一个点了,这样画下去,在液晶的每一页只有一个点能剩下,所以就会出现如图 13 - 19 所示的显示效果。

画垂直直线出现的这个问题该如何解决呢? 有句话叫"花钱免灾",我们可以舍出来点儿单片机数据存储器空间,建立一个数组,用来存储液晶屏幕上的所有点的信息(对应点亮存储的是 1,如果不亮存储的是 0)。当画线时,每当画下一个点时就把对应页地址、对应列地址所确定下来的这个字节数据从数组中读出来,再把本次要画的点这个数据和数组中原来的数据进行按位或操作,这样原来的点就不会被覆盖了,画完点后把更新后的最新的数据再存到数组指定的位置。这样就可以画垂直直线了。

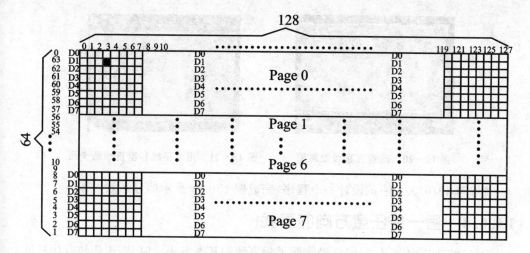

图 13 - 19   画垂直直线的第二个点

```
//———— 定义一个数组,用于存液晶屏整屏显示数据 8 页,每页 128 个字节 ————//
unsigned char   line[8][128];


// * 函数名称:void lcd - point(unsigned char x,unsigned char y)
// * 函数功能:使用绘图的方法,在(x,y)处画一个点
// * 形式参数:unsigned char x,unsigned char y
// * x 取值范围:0~127
// * y 取值范围:0~63 (针对 c00511fpd - swe 型液晶)
// * 形参说明:坐标水平位置,坐标垂直位置
    void lcd_point(unsigned char x,unsigned char y)
    {
    unsigned char temp = 0;
    unsigned char page,bitn;         //用于存页地址和点所在页的位置
    unsigned char dat = 0;
    page = y/8;                      //计算所要画的点所在的页
    bitn = y%8;                      //计算要画的点所在的页位于该列的列位置
    dat = (1<<bitn);                 //点所在位置置为 1,用于将该点显示出来
    temp = line[page][x];
    dat = dat|temp;
    line[page][x] = dat;
    lcd_page_address_set(page);      //设置页地址
    lcd_column_address_set(x);       //设置第 x 列
    lcd_data_write(dat);             //向 LCD 写数据,用于画指定的点
    }
```

调用上面修改后的画点函数,在屏幕中央画垂直直线,显示效果如图 13 - 20
所示。

图 13-20　画垂直直线效果图　　　图 13-21　用水平线和垂直线画卡通

【练习 13.6.3.1】：试设计一个程序，完成图 13-21 所示的显示效果。

13.6.4　画一条任意方向的直线

通过前 3 节的学习，我们已经掌握了画直线的基本方法。但是，这几种方法只适合在特殊方向画直线，不具有一般性。本节我们一起学习在任意方向画直线的方法，即直线插补算法。

基于插补算法的画直线程序如下：

```
//----- 函数功能:使用绘图的方法,在(x0,y0)与(x1,y1)间画一条直线 ------//
//---- x 取值范围:0～127,y 取值范围:0～63 (针对 C00511FPD-SWE 型液晶)----//
//--------------- 形参说明:(x0,y0)起点,(x1,y1)终点 ---------------//
void lcd_line(unsigned int x0,unsigned int y0,unsigned int x1,unsigned int y1)
{
unsigned int t;
int xerr = 0,yerr = 0,delta_x,delta_y,distance;
int incx,incy;
unsigned int row,col;
if( x0>127||x1>127||y0>63||y1>63)          //如果超出 12 864 屏幕范围就返回不画了
return;

delta_x = x1-x0;                           //计算 X 轴坐标增量
delta_y = y1-y0;                           //计算 Y 轴坐标增量
col = x0;                                  //起始点横轴坐标
row = y0;                                  //起始点纵轴坐标
if(delta_x>0)                              //设置 X 轴单步方向
incx = 1;
else
    {
        if( delta_x == 0)
          incx = 0;                        //垂直线
        else
```

```
                    {
                    incx = -1;
                    delta_x = -delta_x;
                }
        }
    if(delta_y>0)                           //设置 Y 轴单步方向
    incy = 1;
    else
    {
    if( delta_y == 0)
    incy = 0;                               //水平线
    else
        {
        incy = -1;
        delta_y = -delta_y;
        }
    }
    if(delta_x > delta_y )
    distance = delta_x;                     //选取基本增量坐标轴
    else
    distance = delta_y;
    for( t = 0; t<= distance+1; t++ )       //画线输出
    {
        lcd_point(col, row);
        xerr += delta_x;
        yerr += delta_y;
        if(xerr > distance)
        {
            xerr -= distance;
            col += incx;
        }
        if(yerr > distance)
        {
            yerr -= distance;
            row += incy;
        }
    }
    }
```

下面编写一段程序,调用上面的画线函数,画出 3 条直线。程序代码如下:

```
//------------------ 主程序 ------------------//
    int main(void)
    {
      unsigned char i ;
      lcd_inital();                    //调液晶屏初始化函数
      while(1)
      {
          lcd_line(64,10,105,25);  //在(64,10)和(105,25)之间画直线
          lcd_line(64,10,23,25);   //在(64,10)和(23,25)之间画直线
          lcd_line(64,10,64,55);   //在(64,10)和(64,55)之间画直线

      }
    }
```

显示效果如图 13-22 所示。

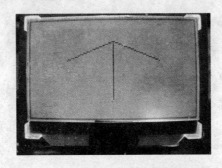

图 13-22　画 3 条直线效果图

【练习 13.6.4.1】：试设计一个程序,完成在液晶上画矩形。

【练习 13.6.4.2】：试设计一个程序,完成在液晶上画三角形。

【练习 13.6.4.3】：试设计一个程序,完成在液晶上画圆。

【练习 13.6.4.4】：试设计一个程序,完成在液晶上画椭圆。

【练习 13.6.4.5】：试设计一个程序,完成在液晶上画正弦波形。

【练习 13.6.4.6】：结合第 6 章 A/D 转换的相关知识,设计一个电路和程序,完成采集电脑音频输出信号,并在液晶上绘制此信号。(练习在液晶上画任意曲线)

13.7　绘图函数库

通过第 13.5 节和第 13.6 节的分析,我们学会了在液晶屏上如何画点画线。但是,画圆和椭圆等画法由于篇幅限制这里就不一一介绍了。下面给大家介绍一下 Syany 绘图库。此绘图函数库时针对 AVR 单片机的,并且只适用于单色图形液晶屏,绘图库的网上下载链接:http://xiaozu.renren.com/xiaozu/255487/att。

13.7.1 绘图库简介

Syany 绘图库是本书的第 2 作者宋彦佑在大学时的业余之作，其目的是用于 AVR Atmega64 以上的单片机，建立一个快速、稳定轻量级的绘图支持。特点是针对单色液晶屏使用的绘图库，提供了常用的绘图函数，绘图库具有代码量小，执行速度快等优点。经过了几次错误更正，目前的版本为 2.04，这也是最后的版本。

Syany 绘图库的主要特征如下：

① 提供了常用的基本绘图函数。

② 提供存储在程序区域的单色图片的多种方式载入操作。

③ 不涉及或依赖任何液晶屏的硬件。

④ 绘图函数算法运行效率高。

⑤ 全部代码仅 32 KB 大小。

⑥ 占用内存小（视液晶屏的大小而定）。

⑦ 堆栈需求空间小，全部函数小于 30 B。

在单片机系统中，由于硬件和资源的限制比较苛刻，因此基本没有可用于针对单片机系统的绘图库。应用在其他系统的绘图库虽然能提供复杂的图形图像的处理操作，但是由于生成的可执行代码巨大或者移植困难等，均给初学者学习带来了巨大的挑战。而 Syany 绘图库使用 C 语言开发，并针对 AVR 单片机的硬件和资源特性而编写，适用于任何单色图形点阵的液晶屏的绘图操作。

绘图库使用比较流行的图形缓冲技术，绘图操作全部在内存中执行，用户仅需要编写相应的液晶屏驱动程序，将绘图缓冲的内容写入到液晶屏，即可完成对液晶屏复杂的绘图操作。这样做的好处是绘图库不受液晶屏型号和指令的限制，只要液晶屏能和 AVR 单片机的接口相连接，就可以使用本绘图库进行复杂的图形显示。这样设计唯一的缺点是占用了宝贵的内存空间。但是现在的 AVR 单片机内存都比较大，完全可以胜任这一需求。绘图库为任何设计中使用单色液晶屏的绘图操作的实现提供了强大的后台支持，也大大地缩短了开发的时间和学习液晶屏绘图操作的难度。绘图库可单独使用也可以和实时嵌入式操作系统 AVRX 相结合使用。

绘图库缓冲大小的计算，本绘图库针对单色图形点阵液晶屏而设计，因此液晶屏上的每一点只有两种状态：点亮和熄灭。亮用二进制 1 表示，灭用 0 表示，这样液晶屏上的一个点（像素）对应图形缓冲中的一个位。每 8 个位组成一个字节。液晶屏显示区域的总像素为液晶屏横向的点数与液晶屏纵向的点数的乘积，需要缓冲的总字节数为总像素数除以 8。缓冲区定义为一个二维数组 screen_buffer[液晶屏的横向点数÷8][液晶屏纵向的行数]。缓冲区的示意图如图 13 - 23 所示。其中 N 等于液晶屏横向点数除以 8；M 等于液晶屏纵向的行数。

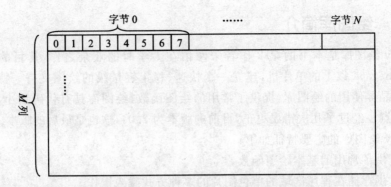

图 13 - 23   绘图显示缓冲区数据排列示意图

针对本书所使用的液晶 CO0511FPD - SWE,定义缓冲区大小如下:

```
#define lcd_column      128L
#define lcd_lines       64L
```

lcd_column 为液晶屏横向点数定义,lcd_lines 为液晶屏纵向的行数定义。如果需要修改缓冲区的大小,只需要修改这两个定义即可。缓冲二维数组的定义会根据此定义自动计算得出。

缓冲区的宽度必须是 8 的整数倍,不足 8 点的以 8 计算。屏幕的长度没有限制,根据实际的 LCD 大小定义,本绘图库测试环境的大小为 128×64,在此情况下缓冲占用内存为 $128 \times 64/8 = 1\ 024$ B。ATmega128 单片机内有 4 KB 内存,因此,在 ATmega128 单片机上操作本绘图库内存足够了。

13.7.2   绘图库函数简介

下面分别介绍一下绘图函数库中的函数的定义及使用情况。

(1) unsigned char SBuffer[BufferColumnZ][BufferLinesZ];

定义 LCD 缓冲所需要的二维数组,数组的大小由定义的 LCD 长宽大小确定。

(2) void ScreenrClr(unsigned char RevClr);

该函数的功能是清除缓冲区。参数 clr_fan 的意义如下:

➤ RevClr:参数传递 0 的时候表示将缓冲区全部置为 0。

➤ RevClr:参数传递 1 的时候表示将缓冲区全部置为 1。

➤ RevClr:参数传递 1 的时候表示将缓冲区全部取反。

(3) void pixel(int x_xx, int y_yy, unsigned char filled);

缓冲区绘点函数,以缓冲区域的实际坐标计算,不在定义缓冲区范围内的时候不执行任何操作,对行列坐标确定的点(位)进行如下操作:

x_xx :横坐标; y_yy :纵坐标

filled 画点模式:0 将该点置为 0　(相当于清点);1 将该点置为 1　(相当于画

点);2 将该点取反;其他参数无效,不要使用。

(4) void MoveLeft (int start_x,int start_y,int end_x,int end_y,unsigned char del_end);

限定区域向左移动 1 列,将起始坐标所确定的矩形区域的内容向左移动一列,移动后形成一列空缺,填充模式由 del_end 确定。当 del_end 为 0 时以 0 填充,当为 1 时以 1 填充,当为 2 时循环填充,该函数配合其他函数可以实现字幕的效果。起始坐标和结束坐标之差要大于等于 8(end_x-start_x >= 8)。

(5) void MoveRight (int start_x,int start_y,int end_x,int end_y,unsigned char del_end);

限定区域向右移动 1 列,使用方法同函数 move_one_column_left。

(6) void MoveUpp(int start_x,int start_y,int end_x,int end_y,unsigned char del_end);

限定区域向上移动 1 列,使用方法参考函数 move_one_column_left。

(7) MoveDown (int start_x,int start_y,int end_x,int end_y,unsigned char del_end);

限定区域向下移动 1 列,使用方法参考函数 move_one_column_left。

(注意:此版本的绘图库,向上和向下移动一列函数,规定区域内的两边不能有数据。)

(8) void MoveUpLines16(void);

整屏向上移动 16 点。

(9) void MoveUpLines8(void);

此函数将缓冲区内容整体向上移动 8 列。

(10) void BLoadP (int start_x,int start_y,int picture_x,int picture_y, const prog_void * program_pp,char draw_clr);

载入存储在程序区任意大小图片(图片要转换成数组)程序(数组必须为 8 的整数倍,并且宽度要大于等于 8),此函数是绘图库的核心函数。缓冲的原点(0,0)为左上角,start_x 和 start_y 取值范围-32 768~32 767,当超出定义缓冲定义的大小时不进行载入操作,只载入屏幕区域内的数据。(start_x,start_y)为载入图片的起始坐标;(picture_x, picture_y)为图片的大小尺寸,以点计算。 * program_pp 为存储图片数组的名称。draw_clr 载入模式选择,目前版本只能为 1,其他参数不要使用。

picturt_x 表示图片宽度的数值,允许非 8 的整数倍,但是图片转换的数据必须为 8 的整数倍,当 picturt_x 为非 8 的整数倍时,只载入区域内的数据;picturt_y 没有限制。

(11) void LimitReverse (int start_x,int start_y,int end_x,int end_y);

规定区域取反函数,将起始坐标和结束坐标所确定的矩形区域内的对应的位取反(相当于反色,一般用于菜单的高亮显示。

(12) void Line (int start_x, int start_y, int end_x, int end_y, char draw_clr);

画线函数。将起始坐标(start_x, start_y)和结束坐标(end_x, end_y)确定的两点坐标以直线连接。

起始坐标和结束坐标没有先后顺序，每个参数的取值范围可定义在缓冲范围之外，超出缓冲定义范围的不进行操作。例如：点(−50, −10)到点(5, 5)画线。

draw_clr 画线模式选择：0 清线，1 划线，2 取反。

(13) void Trigon (int x1, int y1, int x2, int y2, int x3, int y3, char draw_clr);

画三角形函数。将 3 点坐标确定的 3 条直线连成三角形，3 点顺序没有先后。

draw_clr 绘图模式选择同 line 函数。此函数相当于调用 3 次画线函数。

(14) void Box (int start_x, int start_y, int end_x, int end_y, char fill, char draw_clr);

画矩形函数。画出以起始坐标和结束坐标所确定的矩形。draw_clr 为绘图模式选择：0 清除所确定的矩形；1 绘制所确定的矩形；2 将所确定的矩形边上的点取反，其他参数无效，不要使用。fill 为填充模式选择：0 不填充；1 填充；2 网格填充(网格只有填充模式没有绘图模式)。

(15) void Circle (int start_x, int start_y, int circle_r, char draw_clr);

绘制圆形函数。(start_x, start_y)为圆心的坐标，范围任意。circle_r 绘制圆形的半径。draw_clr 画圆模式选择：0 清线，1 划线，2 取反。

(16) void Ellipe (int center_x, int center_y, int ellipe_a, int ellipe_b, char draw_clr);

绘制椭圆函数。(center_x, center_y)为椭圆中心的坐标，ellipe_a 为椭圆的长轴，ellipe_b 为椭圆的短轴。(此版本绘图库只允许 ellipe_a＞ellipe_b 的情况)。draw_clr 绘图模式选择：0 清线；1 划线；2 取反；其他参数无效，不要使用。

13.7.3 绘图库函数应用举例

通过前两小节的介绍，想必读者一定是迫不及待想试一试这个绘图函数库了吧。这一节就应用绘图函数库做一个演示程序。硬件电路仍然使用如图 13−1 所示的电路图。程序完成的功能主要是通过调用绘图库中的函数，演示图片的移动载入，规定区域反白，动画清屏，画直线，画三角形，画矩形，画圆，画椭圆等。

操作步骤如下：

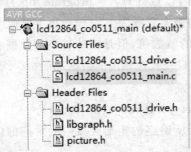

图 13−24 绘图库演示程序文件结构

① 打开 AVR Studio 4 软件，建立工程，选择 ATmega128 芯片。关于建工程在第 1 章就已经学习了，这里就不细说了。建立如图 13−24 所示的 5 个文件。

② 文件 lcd12864_co0511_dirve.c 里面主要编写的是有关液晶 CO0511FPD-SWE 的驱动相关函数，具体代码如下：

```c
# include <lcd12864_co0511_drive.h>
# include <libgraph.h>
// ============ 液晶屏操作相关函数 =====================
// ------------ 写指令 ------------------------
void lcd_command_write(unsigned char data_8)
{
  DDRDATA = OXFF;            //将单片机数据控制引脚设置为输出方式
  Port_A0_SINGAL_L;         //将 A0 置为低电平,表示写入命令
  Port_CS_SINGAL_L;         //将 CS 置为低电平,表示使能片选
  Port_WR_SINGAL_L;         //将 WR 置为低电平,表示向液晶写数据
  PORTDATA = data_8;        //将要写的命令控制字输出到单片机控制口 PORTA
  Port_WR_SINGAL_H;         //将 WR 置为高电平
  Port_CS_SINGAL_H;         //将 CS 置为高电平,表示不使能片选
  Port_A0_SINGAL_H;         //将 A0 置为高电平
}

// ------------ 写数据 ------------------------
void lcd_data_write(unsigned char data_8)
{
  DDRDATA = OXFF;            //将单片机数据控制引脚设置为输出方式
  Port_A0_SINGAL_H;         //将 A0 置为高电平,表示写入数据
  Port_CS_SINGAL_L;         //将 CS 置为低电平,表示使能片选
  Port_WR_SINGAL_L;         //将 WR 置为低电平,表示向液晶写数据
  PORTDATA = data_8;        //将要写的数据输出到单片机控制口 PORTA
  Port_WR_SINGAL_H;         //将 WR 置为高电平
  Port_CS_SINGAL_H;         //将 CS 置为高电平,表示不使能片选
  Port_A0_SINGAL_H;         //将 A0 置为高电平
}

// ------------------- LCD 复位 -------------------//
void lcd_rst(void)
{
  Port_RES_SINGAL_L;        //RST = 0;
  delay(1);                 //延时
  Port_RES_SINGAL_H;        //RST = 1;
}

// ---------- 显示开关函数:data-8 等于 0 时开显示,大于 0 时关显示 ----------//
void lcd_on_off(unsigned char data_8)
{
  if (0 == data_8)data_8 = 0xaf;//0xaf 是开显示命令
  else data_8 = 0xae;
  lcd_command_write(data_8);
}
// ----------------- LCD 清屏 --------------------//
```

```
void lcd_clr(void)
{
  unsigned char   seg;
  unsigned char   page;
  for(page = 0;page< = 7;page++)           //写页地址共 8 页
    {
      lcd_page_address_set(page); //设置页地址
      lcd_column_address_set(0); //设置第 0 列
      for(seg = 0;seg<128;seg++)   //写 128 列 0,即清屏
        {
          lcd_data_write(0);
        }
    }
}
//-------显示起始行设置,范围 0~64 ------------------//
void lcd_display_start_line(unsigned char data_8)
{
  data_8 = data_8|0x40;
  data_8 = data_8&0x7f;               //行设置格式:"01* *  * * * *","*"位表示行号
  lcd_command_write(data_8);
}
//------页地址设置,范围 data_8 的取值范围 0~7----//
void lcd_page_address_set(unsigned char data_8)
{
  data_8 = data_8|0xf0;
  data_8 = data_8&0xbf;               //页设置格式:"1011 * * * *","*"位表示页号
  lcd_command_write(data_8);
}
//------ 列地址设置,范围 0~131 --------------------//
void lcd_column_address_set(unsigned char data_8)
{ //* * * * *列地址分高 4 位和低 4 位两次写入 * * * * *//
  unsigned char temp;
  temp = data_8;
  data_8 = data_8>>4;          //数据右移 4 位,为了截取数据的高 4 位
  data_8 = data_8|0x10;          //移位后的数据与 0x10 按位或,目的是将 D4 位置 1
  data_8 = data_8&0x1f;          //和 0x1f 按位与,目的是将高 3 位置 0,至此得到高 4 位
  temp = temp&0x0f;          //将数据与 0x0f 按位与,目的是把高 4 位置 0,
                                //保留低 4 位
  lcd_command_write(data_8);     //写入高 4 位数据
  lcd_command_write(temp);     //写入低 4 位数据
}
//------ 驱动输出:data-8 等于 0 时正常显示,大于 0 时水平反向 ----------//
```

```
void lcd_adc_select(unsigned char data_8)
    {
        if (0 = = data_8)data_8 = 0xa0;
        else data_8 = 0xa1;
        lcd_command_write(data_8);
    }
// ------- 输出:data-8 等于 0 时正常显示,大于 0 时整体反向 ----------//
void lcd_display_normal(unsigned char data_8)
    {
        if (0 = = data_8)data_8 = 0xa6;
        else data_8 = 0xa7;
        lcd_command_write(data_8);
    }
//液晶屏显示方向设置:0 正常;大于 0 垂直反向 //
void lcd_out_modol_seclet(unsigned char data_8)
    {
        if (0 = = data_8)data_8 = 0xc0;
        else data_8 = 0xc8;     //0xc8 和 0xc0 两个数据分别设置行号的排列顺序
        lcd_command_write(data_8);
    }
// ------- 液晶屏写入 ------------------------------//
void lcd_screen_write(unsigned char x,unsigned char y,unsigned char data_8)
    {
    lcd_page_address_set(y);
    lcd_column_address_set(x);
    lcd_data_write(data_8);
    }
// ---------- 屏幕亮度设置 -------------------------//
void lcd_volume(unsigned char volume)
    {
        volume = volume&0x3f;
        lcd_command_write(0x81);        //屏幕亮度设置时双字节命令,必须先写入 0x81
        lcd_command_write(volume);      //然后写入要调节亮的值
    }
// ---------- 液晶屏初始化 ------------//
void lcd_inital(void)
    {
        DDr_RES_SINGAL_Out;             //复位引脚设置为输出
        DDr_RD_SINGAL_Out;              //读引脚设置为输出
        DDr_WR_SINGAL_Out;              //写引脚设置为输出
        DDr_AO_SINGAL_Out;              //指令数据选择引脚设置为输出
        DDr_CS_SINGAL_Out;              //片选引脚设置为输出
```

```
    lcd_rst();                          //复位液晶屏
    Port_RD_SINGAL_H;                   //使读液晶暂时无效,注意此条别设置为有效
                                        //(除非读液晶)
    lcd_on_off(0);                      //开显示
    lcd_display_start_line(0);          //设置显示起始行
    lcd_command_write(0x2f);            //设置内部电路的电源,这款液晶设置成 0x2f
    lcd_command_write(0x25);            //偏压设置,如果液晶显示过深或者过浅需要
                                        //设置
    lcd_out_modol_seclet(1);            //液晶屏显示方向设置:0 正常;大于 0 垂直反向
    lcd_volume(24);                     //调节灰度,如果液晶显示过深或者过浅需要设置
    lcd_clr();                          //清屏
}
//----------- 延时函数 ----------------//
void delay(unsigned int i)
{
    while(i--) ;
}
//更新液晶屏全屏幕数据
void UpDataToLcd(void)
{
unsigned char page_number,column_duan,column_lcd_8,duan_8;
unsigned char buffer_duan,buffer_temp;//,,lcd_in_data
unsigned char kuai_changed[8],buffer_kuai[8];
int bit_poi;
//8 横排列点到 8 纵排列点转换
for(page_number = 0;page_number<8;page_number++)
    {
  for(column_duan = 0;column_duan<16;column_duan++)
    {
      bit_poi = 16 * 8 * page_number + column_duan;
      for(buffer_duan = 0;buffer_duan <8; buffer_duan++)
        {
buffer_kuai[buffer_duan] = SBuffer[column_duan][page_number * 8 + buffer_duan];
        }
      for(buffer_duan = 0;buffer_duan<8;buffer_duan++)
          {
                kuai_changed[buffer_duan] = 0;
                buffer_temp = buffer_kuai[0];
                buffer_temp = buffer_temp>>buffer_duan;
                buffer_temp&= 0x01;
                kuai_changed[buffer_duan]| = buffer_temp;
                buffer_temp = buffer_kuai[1];
```

```
                    buffer_temp = buffer_temp>>buffer_duan;
                    buffer_temp & = 0x01; buffer_temp = buffer_temp<<1;
    kuai_changed[buffer_duan] | = buffer_temp;
                    buffer_temp = buffer_kuai[2];
                    buffer_temp = buffer_temp>>buffer_duan;
                    buffer_temp & = 0x01;
                    buffer_temp = buffer_temp<<2;
    kuai_changed[buffer_duan] = kuai_changed[buffer_duan]|buffer_temp;
                    buffer_temp = buffer_kuai[3];
                    buffer_temp = buffer_temp>>buffer_duan;
                    buffer_temp & = 0x01;
                    buffer_temp = buffer_temp<<3;
        kuai_changed[buffer_duan] = kuai_changed[buffer_duan]|buffer_temp;
                    buffer_temp = buffer_kuai[4];
                    buffer_temp = buffer_temp>>buffer_duan;
                    buffer_temp & = 0x01;
                    buffer_temp = buffer_temp<<4;
        kuai_changed[buffer_duan] = kuai_changed[buffer_duan]|buffer_temp;
                    buffer_temp = buffer_kuai[5];
                    buffer_temp = buffer_temp>>buffer_duan;
                    buffer_temp & = 0x01;
                    buffer_temp = buffer_temp<<5;
        kuai_changed[buffer_duan] = kuai_changed[buffer_duan]|buffer_temp;
                    buffer_temp = buffer_kuai[6];
                    buffer_temp = buffer_temp>>buffer_duan;
                    buffer_temp & = 0x01;
                    buffer_temp = buffer_temp<<6;
        kuai_changed[buffer_duan] = kuai_changed[buffer_duan]|buffer_temp;
                    buffer_temp = buffer_kuai[7];
                    buffer_temp = buffer_temp>>buffer_duan;
                    buffer_temp & = 0x01;
                    buffer_temp = buffer_temp<<7;
    kuai_changed[buffer_duan] = kuai_changed[buffer_duan]|buffer_temp;
                    }
                    //比较输出到液晶屏
        for(duan_8 = 0;duan_8<8;duan_8 ++ )
          {
            column_lcd_8 = column_duan * 8 + duan_8;
            lcd_screen_write(column_lcd_8,page_number,kuai_changed[7 - duan_8]);
          }
        }
      }
```

```
}
void timer_delay(unsigned int t_data)
{
unsigned char loop_t;
char rd;
unsigned int loop_d;
for(loop_d = 0;loop_d< = t_data;loop_d + + )
    for(loop_t = 0;loop_t< = 200;loop_t + + )
        {
          rd = PINA;
        }
}
void DelayLong(unsigned int t_data)
{
unsigned int loop_d;
for(loop_d = 0;loop_d< = t_data;loop_d + + )
        timer_delay(600);
}
```

③ 在文件 lcd12864_co0511_dirve.c 里面最前面的两行包含了两个头文件分别是:lcd12864_co0511_drive.h 和 libgraph.h。其中 libgraph.h 文件里面主要是绘图库中的函数,这些函数就是在第 13.7.2 小节中介绍的那些函数,除了这些函数以外,几行代码如下:

```
# include <math.h>
# include <avr/pgmspace.h>
//定义图形缓冲大小
# define BufferXSize    128       //此处为液晶屏的横向的点数,修改为实际的点数
# define BufferYSize    64        //此处为液晶屏的列数,修改为实际的列数
# define BufferColumnZ   BufferXSize/8
# define BufferLinesZ    BufferYSize
unsigned char SBuffer[BufferColumnZ][BufferLinesZ];    //内存定义的图形缓冲数组
```

文件 lcd12864_co0511_drive.h 中的内容主要是为文件 lcd12864_co0511_drive.c 中用到的变量和函数进行声明的。具体内容如下:

```
/ *
// =========程序名称:data_class.h =======================
// - -程序目的:绘图函数库 V3.0-------------------
//----- 设计 & 编写者:宋彦佑 - -电子邮件:syylmbhbB@sina.com -------
//------------ 程序 & 函数有存在 BUG 的可能 ----------------
//--- 可运行在 AVR8 位单片机上并且具有极高的运算效率 -----------
//---- 严禁用于商业目的,否则后果自负 ------
//------------ 作者保留此代码的所有权力 ----------------
```

```
// -- Copyright Yanyou Song,All rights reserved. ----------------
// ---- 设计日期:2006 --------------------
// ===================================================
//本图形库提供最基本的绘图功能,不提供图形的变幻,有兴趣的读者可以自己研究
//最后更新日期:2011.11.30
*/
# include <avr/io.h>
# ifndef lcd12864_co0511_drive_H
# define lcd12864_co0511_drive_H      1
// =========液晶屏相关定义 ===================
//如果需要更改相关液晶屏连接引脚,只需在此处修改即可
// --------下面是宏定义,LCD 总线接口 --------
# define  DDRDATA      DDRA                    //数据接口方向寄存器
# define  PORTDATA     PORTA                   //数据接口
// ----RD 信号 定义——读信号,低电平有效
# define    DDr_RD_SINGAL_Out  (DDRG | = (1<<1))
# define    Port_RD_SINGAL_L   (PORTG & = ～(1<<1) )
# define    Port_RD_SINGAL_H   (PORTG | = (1<<1) )
// ----WR 信号  定义——写信号,低电平有效
# define    DDr_WR_SINGAL_Out  (DDRG | = (1<<0))
# define    Port_WR_SINGAL_L   (PORTG & = ～(1<<0) )
# define    Port_WR_SINGAL_H   (PORTG | = (1<<0) )
//AO 信号 定义——数据/指令信号,低电平命令,高电平数据
# define    DDr_AO_SINGAL_Out  (DDRC | = (1<<0))
# define    Port_AO_SINGAL_L   (PORTC & = ～(1<<0) )
# define    Port_AO_SINGAL_H   (PORTC | = (1<<0) )
// ----RES 信号  定义——复位信号,低电平有效
# define    DDr_RES_SINGAL_Out  (DDRC | = (1<<2))
# define    Port_RES_SINGAL_L   (PORTC & = ～(1<<2) )
# define    Port_RES_SINGAL_H   (PORTC | = (1<<2) )
// ----CS 信号  定义——选择信号,低电平有效
# define    DDr_CS_SINGAL_Out   (DDRC | = (1<<1))
# define    Port_CS_SINGAL_L    (PORTC & = ～(1<<1) )
# define    Port_CS_SINGAL_H    (PORTC | = (1<<1) )
// ------------写命令 -------------------------//
void lcd_command_write(unsigned char data_8);
// ------------写数据 -------------------------//
void lcd_data_write(unsigned char data_8);
// ------------LCD 复位 -------------------------//
void lcd_rst(void);
// -------显示开关函数:data-8 等于 0 时开显示,大于 0 时关显示 -----------//
void lcd_on_off(unsigned char data_8);
```

```
//----------------LCD 清屏----------------//
void lcd_clr(void);
//------- 显示起始行设置范围 0~64 ------------//
void lcd_display_start_line(unsigned char data_8);
//------- 页地址设置,范围 0~7 ----------------//
void lcd_page_address_set(unsigned char data_8);
//-------- 列地址设置,范围 0~131 ------------//
void lcd_column_address_set(unsigned char data_8);
//------ 驱动输出:data-8 等于 0 时正常显示,大于 0 时水平反向 ----------//
void lcd_adc_select(unsigned char data_8);
//------ 输出反向:data-8 等于 0 时正常显示,大于 0 时整体反向 ----------//
void lcd_display_normal(unsigned char data_8);
//液晶屏显示方向设置: 0 正常;大于 0 垂直反向 //
void lcd_out_modol_seclet(unsigned char data_8);
//------ 液晶屏写入----------------------------//
void lcd_screen_write(unsigned char x,unsigned char y,unsigned char data_8);
//------- 屏幕亮度设置 --------------------------//
void lcd_volume(unsigned char volume);
//------------ 初始化函数 ----------------------//
void lcd_inital(void);
//----------- 延时函数 ----------------//
void delay(unsigned int i);
//更新液晶屏全屏幕数据
void UpDataToLcd(void);        //本函数内部包括液晶屏横纵数据转换处理
void timer_delay(unsigned int t_data);
void DelayLong(unsigned int t_data);
#endif
```

④ 文件 picture.h 中有用来存储两幅图片的两个数组,具体内容如下:

```
#include <avr/pgmspace.h>
static char Graph_pic[] PROGMEM =
{
0x00, 0x00, 0x00, 0x00, 0x00, 0x00, 0x00, 0x00, 0x00, 0x00, 0x00, 0x00, 0x00, 0x00, 0x00,
0x07, 0x80, 0x00, 0x00, 0x00, 0x3E, 0x00, 0x00, 0x00, 0x00, 0x00, 0x00, 0x00,0x00, 0x78,
0x78, 0x00, 0x00, 0x01, 0xE3, 0x80, 0x00, 0x0F, 0x80, 0x00, 0x00, 0x00, 0x01, 0xC0, 0x0E,
0x00, 0x00, 0x03, 0x00, 0x06, 0x06, 0x0C, 0xE0, 0x00, 0x0C, 0x0C, 0x03, 0x00, 0x03, 0x00,
0x00, 0x03, 0x00, 0x06, 0x06, 0x18, 0xC3, 0x18, 0x0C, 0x0C, 0x06, 0x00, 0x01, 0x80, 0x00,
0x01, 0xC0, 0x06, 0x06, 0x18, 0xC3, 0x3C, 0x0C, 0x0C, 0x08, 0x00, 0x08, 0x40, 0x00, 0x00,
0x78, 0x06, 0x06, 0x18, 0xC3, 0x6C, 0x0C, 0x0C, 0x18, 0x00, 0x38, 0x00, 0x00, 0x00, 0x0F,
0x06, 0x0E, 0x31, 0xC3, 0x6C, 0x0C, 0x1C, 0x30, 0x01, 0xEC, 0x00, 0x00, 0x00, 0x01, 0xC6,
0x1E, 0x33, 0xC3, 0xCC, 0x0C, 0x3C, 0x20, 0x07, 0x84, 0x00, 0x00, 0x18, 0x00, 0xC6, 0x76,
0x36, 0xC3, 0x8C, 0xCC, 0xEC, 0x60, 0x08, 0x06, 0x00, 0x00, 0x18, 0x01, 0x86, 0xE6, 0x3C,
```

```
0xC3, 0x87, 0x8D, 0xCC, 0x60, 0x00, 0x06, 0x00, 0x00, 0x0F, 0xFF, 0x07, 0x86, 0x38, 0xE3,
0x03, 0x0F, 0x0C, 0x40, 0x00, 0x02, 0x00, 0x07, 0x80, 0x00, 0x03, 0x06, 0x00, 0x00, 0x00,
0x06, 0x0C, 0x40, 0x01, 0xC3, 0x00, 0x1E, 0x00, 0x00, 0x00, 0x06, 0x00, 0x00, 0x00, 0x00,
0x0C, 0x40, 0x0F, 0x41, 0x00, 0xE0, 0x00, 0x00, 0x07, 0x06, 0x00, 0x00, 0x00, 0x0E, 0x0C,
0x40, 0x3C, 0x61, 0x83, 0x80, 0x00, 0x00, 0x0C, 0x06, 0x00, 0x00, 0x00, 0x18, 0x0C, 0x40,
0xE0, 0x21, 0x9C, 0x00, 0x00, 0x00, 0x0C, 0x06, 0x00, 0x00, 0x00, 0x18, 0x0C, 0x40, 0x00,
0x20, 0xF0, 0x00, 0x00, 0x00, 0x0C, 0x06, 0x00, 0x00, 0x00, 0x18, 0x0C, 0x40, 0x00, 0x17,
0x80, 0x00, 0x00, 0x00, 0x06, 0x0C, 0x00, 0x00, 0x00, 0x0C, 0x18, 0x40, 0x00, 0x1E, 0x00,
0x00, 0x00, 0x00, 0x03, 0xF8, 0x00, 0x00, 0x00, 0x07, 0xF0, 0x60, 0x00, 0xF0, 0x18, 0x00,
0x00, 0x00, 0x00, 0x00, 0x00, 0x00, 0x00, 0x20, 0x03, 0xC0, 0x10, 0x00, 0x00,
0x00, 0x00, 0x00, 0x00, 0x00, 0x00, 0x00, 0x00, 0x30, 0x1E, 0x00, 0x30, 0x08, 0x40, 0xFF,
0xC0, 0x20, 0x00, 0x00, 0x00, 0x00, 0x00, 0x10, 0x78, 0x00, 0x20, 0x08, 0x40, 0x90, 0x47,
0xFF, 0x00, 0x00, 0x00, 0x00, 0x00, 0x08, 0x80, 0x00, 0x40, 0x10, 0xA0, 0x9F, 0x44, 0x40,
0x77, 0x38, 0x00, 0xE0, 0x00, 0x04, 0x00, 0x00, 0x80, 0x14, 0x90, 0xB2, 0x45, 0xFE, 0x22,
0x44, 0x01, 0x10, 0x00, 0x03, 0x00, 0x03, 0x00, 0x3D, 0x0C, 0xCC, 0x44, 0x40, 0x22, 0x44,
0x01, 0x10, 0x00, 0x01, 0x80, 0x06, 0x00, 0x0A, 0xF0, 0x92, 0x44, 0x90, 0x14, 0x04, 0x01,
0x10, 0x00, 0x00, 0x78, 0x78, 0x00, 0x10, 0x00, 0xA9, 0xC5, 0xFE, 0x14, 0x38, 0x01, 0x10,
0x00, 0x00, 0x1F, 0xE0, 0x00, 0x3D, 0xFC, 0xC4, 0x44, 0x10, 0x14, 0x04, 0x01, 0x10, 0x00,
0x00, 0x00, 0x00, 0x00, 0x00, 0x40, 0x98, 0x44, 0x10, 0x14, 0x44, 0x01, 0x10, 0x00, 0x00,
0x00, 0x00, 0x00, 0x0C, 0x90, 0x84, 0x45, 0xFF, 0x08, 0x44, 0xC1, 0x10, 0x00, 0x00, 0x00,
0x00, 0x00, 0x31, 0x08, 0xFF, 0xC8, 0x10, 0x08, 0x38, 0xC0, 0xE0, 0x00, 0x00, 0x00, 0x00,
0x00, 0x01, 0xF8, 0x80, 0x48, 0x10, 0x00, 0x00, 0x00, 0x00, 0x00, 0x00, 0x00, 0x00, 0x00,
0x00, 0x00, 0x00, 0x00, 0x00, 0x00, 0x00, 0x00, 0x00, 0x00, 0x00, 0x00, 0x00, 0x00, 0x00,
0x00, 0x00, 0x00, 0x00, 0x00, 0x00, 0x00, 0x00, 0x00, 0x06, 0xF8, 0x04, 0x04, 0x3C, 0x20,
0x80, 0x00, 0x04, 0x00, 0x20, 0x04, 0x40, 0x00, 0x38, 0x88, 0xFF, 0xE2, 0x24, 0x10, 0x80,
0x00, 0x02, 0x03, 0xFF, 0x04, 0x40, 0x00, 0x08, 0x88, 0x80, 0x02, 0x24, 0x00, 0x80, 0x00,
0x7F, 0xF0, 0x84, 0x08, 0x40, 0x00, 0x3E, 0xF8, 0xBF, 0xC0, 0x47, 0x00, 0x81, 0x80, 0x40,
0x10, 0x48, 0x0B, 0xFC, 0x00, 0x08, 0x00, 0x85, 0x0E, 0x80, 0x07, 0xF9, 0x80, 0x02, 0x03,
0xFF, 0x98, 0x80, 0x00, 0x1D, 0xFC, 0x82, 0x02, 0x7E, 0x70, 0x80, 0x00, 0x7F, 0xF2, 0x08,
0x29, 0x00, 0x00, 0x1A, 0x20, 0xBF, 0xE2, 0x44, 0x10, 0x80, 0x00, 0x06, 0x02, 0x30, 0x0B,
0xF8, 0x00, 0x28, 0x20, 0x82, 0x42, 0x28, 0x10, 0x80, 0x00, 0x0B, 0x02, 0xC6, 0x0D, 0x08,
0x00, 0x28, 0xF8, 0x82, 0x02, 0x90, 0x10, 0x81, 0x80, 0x12, 0x82, 0x18, 0x09, 0x08, 0x00,
0x08, 0x20, 0x82, 0x03, 0x28, 0x14, 0x81, 0x80, 0x22, 0x42, 0xE3, 0x09, 0x08, 0x00, 0x08,
0x21, 0x02, 0x02, 0x44, 0x18, 0x80, 0x00, 0x42, 0x34, 0x0C, 0x09, 0xF8, 0x00, 0x09, 0xFD,
0x06, 0x00, 0x83, 0x10, 0x80, 0x00, 0x02, 0x04, 0xF0, 0x09, 0x08, 0x00, 0x00, 0x00, 0x00,
0x00, 0x00, 0x00, 0x00, 0x00, 0x00, 0x00, 0x00, 0x00, 0x00, 0x00, 0x00, 0x00, 0x00, 0x00,
0x00, 0x00, 0x00, 0x00, 0x00, 0x00, 0x00, 0x00, 0x00, 0x00, 0x00, 0x00, 0x03, 0x80, 0x30,
0xC3, 0x07, 0x00, 0x60, 0x00, 0x00, 0x00, 0x00, 0x00, 0x00, 0x00, 0x80, 0x10, 0x41,
0x08, 0x80, 0x00, 0x00, 0x00, 0x00, 0x00, 0x00, 0x07, 0xBB, 0xEC, 0x80, 0x10, 0x41, 0x09,
0x80, 0x00, 0x00, 0x00, 0x00, 0x00, 0x00, 0x04, 0x12, 0x48, 0x8F, 0x1C, 0x71, 0xCA, 0x9E,
0x63, 0xC3, 0x00, 0x38, 0xCF, 0x00, 0x03, 0x14, 0x50, 0x8A, 0x92, 0x49, 0x2A, 0x90, 0x21,
0x24, 0x80, 0x49, 0x2A, 0x80, 0x00, 0x8C, 0x30, 0x8A, 0x92, 0x49, 0x2B, 0x8C, 0x21, 0x23,
```

```
0x80, 0x41, 0x2A, 0x80, 0x07, 0x88, 0x20, 0x8A, 0x92, 0x49, 0x28, 0x02, 0x21, 0x24, 0x80,
0x41, 0x2A, 0x80, 0x00, 0x08, 0x23, 0xEA, 0x9C, 0xED, 0xC7, 0x9E, 0x73, 0xB3, 0xD0, 0x38,
0xCA, 0x80, 0x00, 0x30, 0xC0, 0x00, 0x00, 0x00, 0x00, 0x00, 0x00, 0x00, 0x00, 0x00, 0x00,
0x00, 0x00, 0x00, 0x00, 0x00, 0x00, 0x00, 0x00, 0x00, 0x00, 0x00, 0x00, 0x00, 0x00, 0x00,
};
    static char test_pic[] PROGMEM =
    {
    0x00, 0x00, 0x00, 0x00, 0x00, 0x00, 0x00, 0x00, 0x7F, 0x80, 0x0F, 0xF0, 0x00, 0x00,
0x00, 0x00, 0x00, 0x00, 0x00, 0x00, 0x00, 0x03, 0x80, 0x70, 0xF0, 0x0E, 0x00, 0x00, 0x00,
0x00, 0x00, 0x00, 0x00, 0x07, 0xFE, 0x0C, 0x00, 0x0F, 0x00, 0x01, 0x80, 0x00, 0x00, 0x00,
0x00, 0x00, 0x00, 0x38, 0x01, 0x90, 0x00, 0x06, 0x00, 0x00, 0x40, 0x00, 0x00, 0x00, 0x00,
0x00, 0x00, 0xC0, 0x00, 0x60, 0x00, 0x0F, 0x00, 0x00, 0x20, 0x00, 0x00, 0x00, 0x01, 0xFF,
0xE1, 0x00, 0x00, 0x70, 0x00, 0x00, 0x00, 0x00, 0x10, 0x00, 0x00, 0x0E, 0x00, 0x1E,
0x00, 0x00, 0x00, 0x00, 0x00, 0x00, 0x00, 0x08, 0x00, 0x00, 0x00, 0x30, 0x00, 0x07, 0x00,
0x00, 0x00, 0x00, 0x00, 0x00, 0x00, 0x0E, 0x00, 0x00, 0x00, 0xC0, 0x00, 0x00, 0x00, 0x00,
0x00, 0x00, 0x00, 0x00, 0x00, 0x01, 0x80, 0x00, 0x01, 0x00, 0x00, 0x00, 0x00, 0x00, 0x00,
0x00, 0x00, 0x00, 0x00, 0x00, 0x60, 0x00, 0x02, 0x00, 0x00, 0x00, 0x00, 0x00, 0x00, 0x00,
0x00, 0x00, 0x00, 0x00, 0x10, 0x00, 0x04, 0x00, 0x00, 0x00, 0x00, 0x00, 0x00, 0x00, 0x00,
0x00, 0x00, 0x00, 0x08, 0x00, 0x08, 0x00, 0x00, 0x00, 0x00, 0x00, 0x00, 0x00, 0x00, 0x00,
0x00, 0x00, 0x04, 0x00, 0x08, 0x00, 0x00, 0x00, 0x00, 0x00, 0x00, 0x00, 0x00, 0x00, 0x00,
0x00, 0x04, 0x00, 0x08, 0x00, 0x00, 0x00, 0x00, 0x00, 0x00, 0x00, 0x00, 0x00, 0x00, 0x00,
0x04, 0x00, 0x10, 0x00, 0x00, 0x00, 0x00, 0x00, 0x00, 0x00, 0x00, 0x00, 0x00, 0x00, 0x02,
0x00, 0x10, 0x00, 0x00, 0x00, 0x00, 0x00, 0x00, 0x00, 0x00, 0x00, 0x00, 0x00, 0x04, 0x00,
0x70, 0x00, 0x20, 0x21, 0x80, 0x60, 0x44, 0x10, 0x81, 0x60, 0x00, 0x00, 0x04, 0x07, 0x88,
0x00, 0x79, 0x2F, 0xF7, 0x80, 0x43, 0x20, 0xBF, 0xF8, 0x00, 0x00, 0x04, 0x18, 0x00, 0x00,
0xCD, 0x24, 0x24, 0x00, 0x42, 0x40, 0x81, 0x00, 0x00, 0x00, 0x0C, 0x20, 0x00, 0x01, 0x03,
0x22, 0x44, 0x01, 0xFF, 0xFB, 0xDF, 0xF0, 0x00, 0x00, 0x32, 0x40, 0x00, 0x02, 0x01, 0x2F,
0xF7, 0xE0, 0x42, 0x20, 0x91, 0x10, 0x00, 0x00, 0x41, 0x40, 0x00, 0x05, 0xF9, 0x20, 0x84,
0x80, 0x42, 0x20, 0x9F, 0xF0, 0x00, 0x00, 0x01, 0x80, 0x00, 0x01, 0x09, 0x20, 0x84, 0x80,
0x72, 0x20, 0xF1, 0x10, 0x00, 0x00, 0x00, 0x80, 0x00, 0x01, 0x09, 0x2F, 0xE4, 0x81, 0xCF,
0xFB, 0x9F, 0xF0, 0x00, 0x00, 0x00, 0x80, 0x00, 0x01, 0x09, 0x20, 0x84, 0x80, 0x42, 0x20,
0x91, 0x10, 0x00, 0x00, 0x00, 0x40, 0x00, 0x01, 0x71, 0x24, 0xC4, 0x80, 0x42, 0x20, 0x80,
0x20, 0x00, 0x00, 0x00, 0x40, 0x00, 0x01, 0x04, 0x28, 0xA8, 0x80, 0x44, 0x20, 0xBF, 0xF8,
0x20, 0x00, 0x01, 0x30, 0x00, 0x01, 0x04, 0x20, 0x88, 0x80, 0x4C, 0x20, 0x98, 0x20, 0x18,
0x00, 0x01, 0x0C, 0x00, 0x01, 0xF9, 0xE7, 0x90, 0x81, 0xD8, 0x23, 0x87, 0xE0, 0x06, 0x00,
0x02, 0x03, 0xC0, 0x00, 0x00, 0x00, 0x00, 0x00, 0x00, 0x00, 0x00, 0x00, 0x01, 0x00, 0x02,
0x06, 0x30, 0x00, 0x00, 0x00, 0x00, 0x00, 0x00, 0x00, 0x00, 0x00, 0x00, 0x80, 0x0C, 0x08,
0x00, 0x00, 0x00, 0x00, 0x00, 0x00, 0x00, 0x00, 0x00, 0x00, 0x80, 0x10, 0x08, 0x00,
0x00, 0x00, 0x00, 0x00, 0x00, 0x00, 0x00, 0x00, 0x00, 0x00, 0x40, 0x60, 0x08, 0x00, 0x00,
0x00, 0x00, 0x00, 0x00, 0x00, 0x00, 0x00, 0x00, 0x00, 0x67, 0x80, 0x10, 0x00, 0x00, 0x00,
0x00, 0x00, 0x00, 0x00, 0x00, 0x00, 0x00, 0x00, 0x58, 0x00, 0x08, 0x00, 0x00, 0x00, 0x00,
```

```
0x00, 0x00, 0x00, 0x00, 0x00, 0x00, 0x00, 0x40, 0x00, 0x08, 0x00, 0x00, 0x00, 0x00, 0x00,
0x00, 0x00, 0x00, 0x00, 0x00, 0x00, 0x40, 0x00, 0x04, 0x00, 0x00, 0x00, 0x00, 0x00, 0x00,
0x00, 0x00, 0x00, 0x00, 0x00, 0x80, 0x00, 0x02, 0x00, 0x00, 0x00, 0x00, 0x00, 0x00, 0x00,
0x00, 0x00, 0x00, 0x00, 0x80, 0x00, 0x01, 0x00, 0x00, 0x00, 0x00, 0x00, 0x00, 0x00, 0x00,
0x00, 0x00, 0x01, 0x00, 0x00, 0x00, 0x70, 0x38, 0x00, 0x00, 0x00, 0x00, 0x00, 0x00, 0x08,
0x00, 0x06, 0x00, 0x00, 0x0F, 0xC0, 0x00, 0x00, 0x00, 0x00, 0x00, 0x00, 0x18, 0x00,
0x18, 0x00, 0x00, 0x00, 0x01, 0x00, 0x00, 0x00, 0x00, 0x00, 0x00, 0x00, 0x18, 0x00, 0xE0,
0x00, 0x00, 0x00, 0x00, 0x80, 0x00, 0x00, 0x20, 0x00, 0x00, 0x00, 0x17, 0xFF, 0x00, 0x00,
0x00, 0x00, 0x00, 0x60, 0x00, 0x00, 0x20, 0x00, 0x00, 0x00, 0x20, 0x00, 0x00, 0x00, 0x00,
0x00, 0x00, 0x1C, 0x00, 0x00, 0xF8, 0x00, 0x00, 0x00, 0x40, 0x00, 0x00, 0x00, 0x00, 0x00,
0x00, 0x07, 0xE0, 0x1F, 0x04, 0x00, 0x00, 0x01, 0x80, 0x00, 0x00, 0x00, 0x00, 0x00, 0x00,
0x38, 0x1F, 0xE0, 0x03, 0x00, 0x00, 0x02, 0x00, 0x00, 0x00, 0x00, 0x00, 0x00, 0x00, 0x40,
0x04, 0x00, 0x00, 0xE0, 0x00, 0x1C, 0x00, 0x00, 0x00, 0x00, 0x00, 0x00, 0x80, 0x02,
0x00, 0x00, 0x1F, 0x03, 0xE0, 0x00, 0x00, 0x00, 0x00, 0x00, 0x00, 0x00, 0x80, 0x02, 0x00,
0x00, 0x00, 0xFC, 0x00, 0x00, 0x00, 0x00, 0x00, 0x00, 0x00, 0x00, 0xC0, 0x02, 0x00, 0x00,
0x00, 0x00, 0x00, 0x00, 0x00, 0x00, 0x00, 0x00, 0x00, 0x01, 0xE0, 0x0C, 0x00, 0x00, 0x00,
0x00, 0x00, 0x00, 0x00, 0x00, 0x00, 0x00, 0x00, 0x06, 0x1F, 0xF0, 0x00, 0x00, 0x00, 0x00,
0x00, 0x00, 0x00, 0x00, 0x00, 0x00, 0x00, 0x08, 0x08, 0x00, 0x00, 0x00, 0x00, 0x00, 0x00,
0x00, 0x00, 0x00, 0x00, 0x00, 0x7C, 0x08, 0x00, 0x00, 0x00, 0x00, 0x00, 0x00, 0x00,
0x00, 0x00, 0x00, 0x00, 0x83, 0xF0, 0x00, 0x00, 0x00, 0x00, 0x00, 0x00, 0x00, 0x00,
0x00, 0x00, 0x00, 0x00, 0x82, 0x00, 0x00, 0x00, 0x00, 0x00, 0x00, 0x00, 0x00, 0x00, 0x00,
0x00, 0x00, 0x00, 0x7C, 0x00, 0x00, 0x00, 0x00, 0x00, 0x00, 0x00, 0x00, 0x00, 0x00, 0x00,
0x00, 0x00,
};
```

⑤ 最后一个文件 lcd12864_co0511_main. c 是要对液晶进行初始化,并调用绘图函数库中的函数,完成图片的移动载入,规定区域反白,动画清屏,画直线,画三角形,画矩形,画圆,画椭圆等任务。具体程序如下:

```
# include <avr/io.h>          //包含 AVR 单片机寄存器头文件
# include <lcd12864_co0511_drive.h>
# include <picture.h>
# include <avr/pgmspace.h>
# include <stdlib.h>
# include <stdio.h>
# include <math.h>
# include "libgraph.h"
int main(void)
  {
    unsigned int cartoon_graph;
    lcd_inital();
    ScreenrClr(0);
```

```
timer_delay(5);
UpDataToLcd();
timer_delay(5);
while(1)
    {
     ScreenrClr(0);                    //清除缓冲
    //载入存储在程序区任意大小图片函数演示
    for(cartoon_graph = 64;cartoon_graph > = 1;cartoon_graph - - )
    {
    BLoadP(cartoon_graph * 2,cartoon_graph,112,60,Graph_pic,1); //载入图片
    UpDataToLcd();                     //更新液晶屏
    //timer_delay(1);                  //延时
    }
  UpDataToLcd();                       //更新液晶屏
  DelayLong(1);                        //延时
  //规定区域取反函数演示
  for(cartoon_graph = 0;cartoon_graph < = 8;cartoon_graph + + )
    {
    LimitReverse(4,36,116,49);         //将坐标内区域反向
    UpDataToLcd();                     //更新液晶屏
    timer_delay(100);                  //延时
    }
DelayLong(1);                          //延时
//动画清除屏幕
for(cartoon_graph = 0;cartoon_graph < = 31;cartoon_graph + + )
{
  MoveUp(0,0,63,31,0);
  MoveLeft(0,0,63,31,0);
  MoveLeft(0,0,63,31,0);
  MoveUp(64,0,127,31,0);
  MoveRight(64,0,127,31,0);
  MoveRight(64,0,127,31,0);
  MoveDown(0,32,63,63,0);
  MoveLeft(0,32,63,63,0);
  MoveLeft(0,32,63,63,0);
  MoveDown(64,32,127,63,0);
  MoveRight(64,32,127,63,0);
  MoveRight(64,32,127,63,0);
  UpDataToLcd();                       //更新液晶屏
  timer_delay(1);                      //延时
}
//画直线函数演示
```

```
   Line(0,0,100,50,1);
   Line(30,60,50,10,1);
   //画三角形演示
   Trigon(10,10,30,45,60,50,1);
   //画矩形函数演示
   Box(38,38,46,56,0,1);      //不填充
   Box(28,28,56,36,2,1);      //网格填充
   //画圆函数演示
   Circle(80,40,15,1);
   //绘制椭圆函数演示
   Ellipe(80,20,20,8,1);
   UpDataToLcd();                            //更新液晶屏
   DelayLong(1); //延时
   //画圆函数演示
   for(cartoon_graph = 0;cartoon_graph< = 64;cartoon_graph + + )
     {
       Circle(63,31,cartoon_graph,1);
       UpDataToLcd(); //更新液晶屏
       timer_delay(3); //延时
     }
   DelayLong(1); //延时
   //载入图片
   for(cartoon_graph = 128;cartoon_graph> = 1;cartoon_graph - - )
       {
         BLoadP(cartoon_graph,0,112,60,test_pic,1);   //载入图片
         UpDataToLcd(); //更新液晶屏
         timer_delay(1); //延时
       }
   DelayLong(1); //延时
   //动画清除屏幕
   for(cartoon_graph = 0;cartoon_graph< = 31;cartoon_graph + + )
     {
     MoveUp(0,32,128,64,0);
     MoveDown(0,0,128,31,0);
     UpDataToLcd(); //更新液晶屏
     timer_delay(1); //延时
     }
   }
}
```

需要说明的是,绘图库程序是本书第 2 作者宋彦佑编写的,宋彦佑已将绘图函数这部分程序进行编译了,生成 libgraph. a 文件,将此文件复制到读者自己建立的工程

所在文件夹里,并打开 AVR Studio 4 软件菜单 Project 下的 Configuration Options,打开后如图 13-25 所示。在图 13-25 左侧,单击矩形框圈起的 Libraries,出现如图 13-26 所示的界面。在图 13-26 中单击右上方的文件夹图标,设置 libgraph. a 文件所在的路径,则 libgraph. a 文件就会出现在 Available Link 栏中,用鼠标选中 libgraph. a 文件,并单击用矩形框圈起的"dd Library --",则 libgraph. a 文件就出现在 Link with These 栏中了,表示添加库文件 libgraph. a 成功,最后单击"确定"按钮即可。剩下的步骤就和普通工程一样了,正常编译,然后用下载软件下载程序就 OK 了。

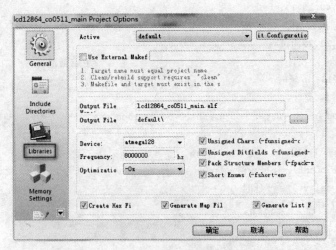

图 13-25　工程设置主界面

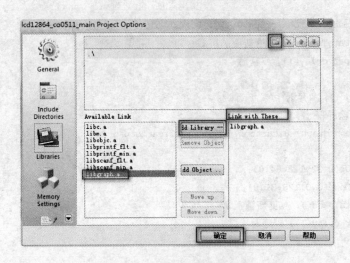

图 13-26　设置库文件包含路径

还有一个问题需要补充,在文件 lcd12864_co0511_drive. c 文件中,有一个函数 "void UpDataToLcd(void)",这个函数的作用是整屏更新液晶显示内容。本来这个函数可以很简洁,但是由于会图库设计时,默认液晶上数据的排列是横向的,而在本书中使用的液晶 CO0511FPD - SWE 的数据排列是纵向的,所以在函数"void Up-DataToLcd(void)"中包含将横向数据旋转 90°的内容,即需要将缓冲区内的行数据转换成列数据,具体实现方法是将液晶屏分割成均等的 16×8 块儿,每块有 8 个字节的数据,即每个块为 8×8 位大小,将每个横向排列的数据转换为纵向排列的数据,如图 13 - 27 所示。可以参考函数"void UpDataToLcd(void)"中的程序进行理解。

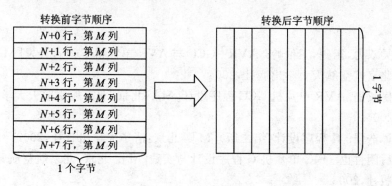

转换前字节顺序

| N+0 行,第 M 列 |
| N+1 行,第 M 列 |
| N+2 行,第 M 列 |
| N+3 行,第 M 列 |
| N+4 行,第 M 列 |
| N+5 行,第 M 列 |
| N+6 行,第 M 列 |
| N+7 行,第 M 列 |

1 个字节

转换后字节顺序

1 字节

图 13 - 27　数据块横向转换成纵向示意图

　　【练习 13.7.3.1】:试结合 12 章有关 AVRX 操作系统的知识,应用 AVRX 操作系统重新完成本小节的演示程序。

　　【练习 13.7.3.2】:应用绘图函数库完成一个简单动画设计(动画内容自行设计)。

　　【练习 13.7.3.3】:试着自己编写一个函数,实现将显示缓冲区中任意规定区域进行移动(移动方向可以是向上、向下、向左或向右,每次移动行(列)数可以是 1 也可以是 8 或者是 16 可选)。

参考文献

[1] 吴双力,崔剑,王伯岭. AVR-GCC 与 AVR 单片机 C 语言开发[M]. 北京：北京航空航天大学出版社,2004.

[2] 佟长福. AVR 单片机 GCC 程序设计[M]. 北京：北京航空航天大学出版社,2006.

[3] 谭浩强. C 程序设计(第二版)[M]. 北京：清华大学出版社,2002.

[4] 后闲哲也. PIC 单片机 C 程序设计与实践[M]. 北京：北京航空航天大学出版社,2008.

[5] 范红刚,魏学海,任思璟. 51 单片机自学笔记[M]. 北京：北京航空航天大学出版社,2010.

[6] 周坚. 单片机 C 语言轻松入门 [M]. 北京：北京航空航天大学出版社,2006.

[7] 吴金戎,沈庆阳,郭庭吉. 8051 单片机实践与应用[M]. 北京：清华大学出版社,2005.